国家林业和草原局普通高等教育"十三五"规划教材

蛋白质分离纯化实验技术

韩召奋　主编

U0237529

中国林业出版社

内 容 简 介

本教材是在近些年来蛋白质纯化技术和实验教学发展的基础上，以蛋白质纯化技术为核心，对其基本原理及应用实例做了详细的阐述。主要内容包括实验技术理论、实验室基本知识、基础性实验和综合大实验。其中，实验技术理论部分主要阐述了蛋白质纯化的前期准备、目的和原则；详述了蛋白质纯化的过程，在样品前期处理的基础上，分别介绍了沉淀、萃取、离心、层析、电泳以及相关的蛋白质结晶、测序和质谱鉴定技术。基础性实验包括不同生物材料、组织中蛋白的提取、分离以及各种蛋白质定性和定量的检测方法，本部分内容也适用于生物类和农科类各相关专业生物化学实验基本技能的训练。综合大实验主要包括生物活性蛋白和重组蛋白的纯化，适用于相关专业本科生综合性实验技能的提升和训练，也可用于研究生教学及科研工作者参考。

本教材知识体系完整、内容丰富、实用性强，在强化基础训练的基础上，拓展了综合大实验的教学内容，兼具广度和深度，符合高等教育对学生综合能力和素质培养的需求。适合于综合性大学、农林类大学等高校生物化学、生物技术、分子生物学相关专业本科生和研究生、实验室工作者使用；也适用于生物制药、食品、药品、医学、临床检验、环境监测等企业单位的研究人员，以及企业的研发者和决策者参考使用。

图书在版编目（CIP）数据

蛋白质分离纯化实验技术 / 韩召奋主编 . —北京：
中国林业出版社，2021.8
国家林业和草原局普通高等教育"十三五"规划教材
ISBN 978-7-5219-1339-2

Ⅰ.①蛋… Ⅱ.①韩… Ⅲ.①蛋白质-分离-实验技术-高等学校-教材②蛋白质-提纯-实验技术-高等学校-教材 Ⅳ.①Q51

中国版本图书馆 CIP 数据核字（2021）第 174681 号

中国林业出版社·教育分社

策划编辑：高红岩　　　责任编辑：高红岩　李树梅　　　责任校对：苏　梅
电话：(010) 83143554　　传真：(010) 83143516

出版发行　中国林业出版社(100009　北京市西城区德内大街刘海胡同 7 号)
　　　　　E-mail：jiaocaipublic@163.com　电话：(010)83143500
　　　　　http：//www.forestry.gov.cn/lycb.html
印　　刷　北京中科印刷有限公司
版　　次　2021 年 8 月第 1 版
印　　次　2021 年 8 月第 1 次印刷
开　　本　787mm×1092mm　1/16
印　　张　14.25
字　　数　360 千字　　其他数字资源 70 千字
定　　价　38.00 元

《蛋白质分离纯化实验技术》编写人员

主　编　韩召奋
副主编　丰胜求　张新梅
编　者（按姓氏拼音排序）
　　　　　丰胜求（华中农业大学）
　　　　　韩召奋（西北农林科技大学）
　　　　　李　信（南京农业大学）
　　　　　牟少亮（福建农林大学）
　　　　　芮　琪（南京农业大学）
　　　　　宋　渊（兰州大学）
　　　　　徐　虹（西北农林科技大学）
　　　　　杨海灵（北京林业大学）
　　　　　杨彦涛（西北农林科技大学）
　　　　　张新梅（西北农林科技大学）
　　　　　赵亚兰（西北农林科技大学）
主　审　陈　鹏（西北农林科技大学）

前　言

　　蛋白质是构成细胞的生物大分子，是生命活动的主要承担者。一个典型的真核细胞包含数以千计的蛋白质，其分子结构、理化性质和功能差异很大。随着生命科学的发展和研究的不断深入，研究人员意识到仅靠基因组的分析来阐明生命活动的现象和本质是远远不够的，深入开展包括蛋白质和蛋白质组学等方面的研究，才能更好地把握生命现象和规律，从而揭示其本质。要研究蛋白质，首先要得到高纯度、具有生物学活性、相对稳定的目标蛋白质，而蛋白质在组织或细胞中一般都是以复杂混合物的形式存在。因此，高效的蛋白质纯化技术和分析方法是蛋白质研究的基础和关键之一。

　　长期以来，高等学校生物学、农林学科类相关专业的蛋白质纯化综合大实验、生物技术综合大实验等综合实践课程，缺乏合适的配套教材，尤其是农林学科的相关院校更是缺乏适合农林特色和农林学生特点的教材。而现有的蛋白质分离纯化技术相关书籍内容过于庞杂、晦涩难懂，与本科实践教学要求的实际内容严重脱节；或者内容泛泛、实验内容过于陈旧、实用性差、实验内容单一，没有紧跟近年的生物学研究实践需求以及实验技术的发展，难以满足综合性实践课程的要求，无法达到切合实际的培养创新型及综合性人才的目标。因此，亟待编写一本适合于本科生物类实践教学的综合性实验教材，以满足创新人才培养的需要。

　　本教材主要内容包括4部分：实验技术理论、实验室基本知识、基础性实验和综合大实验。其中，实验技术理论部分主要阐述了蛋白质纯化的前期准备、目的和原则；重点阐述了沉淀、萃取、离心、层析、电泳以及相关的蛋白质结晶、测序和质谱鉴定等技术，并初步介绍了蛋白质互作相关技术。教材围绕蛋白质分离纯化实验技术体系，分层次、分模块，系统设置了实验内容。在介绍基本原理的基础上，重点阐述每种方法的操作过程和应用实例。基础性实验包括不同生物材料、组织中蛋白质的提取、分离以及各种蛋白质定性和定量的检测方法。同时编入经典实用的蛋白质纯化综合实验实例，对每个实验均详细叙述其材料设备、试剂配制、操作步骤和结果分析等，供学生自主实验使用。教材重组了本科教学的基本内容，加强开放式、综合性、研究型实验；深化基础技术训练、巩固中级技术训练、加强综合性技能与研究性实验训练，将过去实验教学过程中的单一技能训练转化为自主、创新、综合性实验技能训练。

　　本教材编写风格简明、实用，编写中特别突出实验的可行性、可操作性、实用性、综合性和创新性。在实验课程体系和内容设置方面以系统综合大实验为核心，并以科学研究思路为线索设计系列教学实验，同时增加了视频、图片、实验结果等数字资源。使大学生和科研工作者可以更好地掌握蛋白质的提取和纯化技巧及相关理论知识。从整体上了解生命科学研究的思路和方法，培养学生的科研思维和操作技能，提高综合素质。

　　最后我们要特别提及的是，全国兄弟院校的一些专家、学者，西北农林科技大学生命科学学院和国家级作物逆境及分子生物学实验中心的同事，通过多种途径和方式给予我们大力支持和帮助，在此一并表示衷心地感谢！蛋白质纯化与分析技术随着生命科学的发展而日新月异，内容涉及广泛，加之编者专业范围和水平有限，教材中的疏漏、错误之处在所难免，恳请读者提出宝贵意见、批评指正。

编　者

2021 年 3 月

目　录

第 1 章

蛋白质的分离纯化技术理论

　　蛋白质是 20 种天然氨基酸(amino acid，AA)缩合成的生物大分子，结构复杂，相对分子质量从数万至数百万。1952 年，丹麦生物化学家 Linderstrom-Lang 提出蛋白质三级结构概念，把蛋白质研究引入正轨。越来越多的证据表明，蛋白质的功能与其特殊的结构有着十分密切的内在联系，结构是特定功能的内在依据，功能则是特定结构的外在表现。目前，对于蛋白质功能的认识包括以下 3 个方面：①蛋白质对生命活动的贡献，即其生物学意义。②蛋白质的分子功能，即其参与完成的生化活动。③蛋白质的亚细胞定位，即其发挥功能的位置与环境。以水通道蛋白(aquaporin)为例，它的四聚体定位于红细胞、肾细胞等的质膜中，形成一个通道，其功能就是允许水分子通过，为维持细胞内外渗透压平衡做出贡献。因此，阐明蛋白质的分子结构及其与功能的关系是现代生命科学的基本命题，是揭示生命运动规律的必经之路，应当受到所有生命科学工作者的关注。随着这些蛋白质大分子及其复合物精确三维结构的测定结果以指数曲线增长，已累积了较多的有关数据。在此基础上，十多年来形成了以研究生物大分子及其复合物和组装体的三维结构、运动和相互作用，以及它们与生物学功能和病理现象的关系为主要内容的新兴学科——结构生物学，把生命科学推进新的时代。

　　蛋白质的结构特点及基本理化性质是蛋白质分离纯化的基础，而有关蛋白质的基本结构层次(一、二、三、四级结构)、蛋白质的理化性质、分类和生物学功能，读者可以参考《生物化学》教材。下面我们首先了解蛋白质的分离纯化基本策略。

1.1　蛋白质的分离纯化策略

　　每种组织或者每种类型的细胞都含有成千上万种不同的蛋白质。为了研究蛋白质的结构与功能，需要将其分离纯化，即尽量除去不需要的和变性的蛋白质，提高单位质量蛋白质中目标蛋白质的含量或者活性。蛋白质分离纯化包括两个环节，即分离和纯化。分离是要将蛋白质从原料中抽提出来，并尽可能少地引入杂质，得到粗提液；纯化则是要把蛋白质和杂质分开，或者有选择地将蛋白质从包含杂质的溶液中分离出来，得到一定纯度的目标蛋白质。蛋白质的分离纯化工作在科学研究和实际应用中都有重要意义。研究蛋白质的性质、结构及功能时，蛋白质必须达到一定的纯度，而在应用蛋白质制品时，经过一定纯化的蛋白质性能更加稳定。

　　蛋白质的分离纯化是一项繁杂的工作，必须根据所分离蛋白质的性质、含量、分离的目标选择一套适当的程序。蛋白质分离纯化的一般程序可以分为前处理阶段、粗分级阶段和细分级阶段。

　　(1)前处理阶段　　首先要求以适当的方式将组织细胞破碎，使蛋白质以溶解状态释放出来，并保持其天然构象和原有的生物活性。动植物组织，一般可以用捣碎法、匀浆法和超声波破碎法；植物组织有时还需加石英砂研磨或者用纤维素酶处理；微生物细胞则用超声波、高压挤压或者加溶菌酶处理。组织破碎需加入适当缓冲液并在低温下进行，必要时加入蛋白酶抑制剂、巯基试剂等，以免蛋白质变性或者被内源性蛋白酶降解。如果所要的蛋白质与生物膜结合，通常需要加入去垢剂使膜结构瓦解，再用适当的介质提取。若所要的蛋白质主要存在于某一细胞组分，如线粒体、叶绿体、细胞核等，可先用差速离心法将其分开，再以该细胞组分作为下一步分离提纯的材料。

（2）粗分级阶段　组织匀浆或者经离心分离得到的粗蛋白溶液可以利用蛋白质的溶解、沉淀特点进行初步分级。通常用盐析、等电点沉淀、超滤、有机溶剂分级等简便、处理量大的方法，从蛋白质混合液中除去大量杂质，得到浓缩蛋白质溶液。粗分级阶段用到的各种沉淀技术简单、经济、快速，适宜于大量制备，既有利于除去大量杂质，又有利于蛋白质溶液浓缩，以便于后续细分级操作。

（3）细分级阶段　选用分辨率高的方法，将粗分级的样液进一步提纯，最常用的技术就是各种液相色谱，如凝胶过滤、吸附层析、离子交换层析、反向高效液相层析、亲和层析、凝胶电泳、等电聚焦等。其中，亲和层析以其非常高效的纯化能力倍受重视，细分级阶段通常需要采用几种技术配合使用。

1.1.1　蛋白质分离纯化一般原则

1.1.1.1　基本要求

结构决定功能，蛋白质的生物活性依赖于它的一级结构及高级结构。整个分离纯化过程难免会使蛋白质所处的温度、pH 值、压力等发生变化，或接触有机溶剂，这些操作可能会使蛋白质结构发生变化，导致蛋白质变性失活，这将使纯化工作失去意义。因此，要成功地将蛋白质分离纯化，首要原则是防止蛋白质的变性失活，这一原则应该贯穿蛋白质纯化工作的始终。尤其在纯化后期更为突出，因为随着目标蛋白质逐渐纯化，杂蛋白逐渐移除，溶液中的蛋白质浓度逐渐下降，蛋白质间的相互保护作用减弱，蛋白质的稳定性随之降低。一般来说，有助于预防蛋白质变性的方法与措施涉及以下几个方面：

（1）蛋白质溶液的贮存及所有操作都必须在低温条件下进行　尽管有些蛋白质不耐低温，如线粒体 ATP 酶，但大多数蛋白质是低温稳定的。蛋白质溶液的贮存及操作一般选择在 4℃左右，特别是在有机溶剂存在的情况下更应小心。当温度超过 40℃时蛋白质极不稳定，大多数蛋白质失活，但有些蛋白质甚至在煮沸情况下仍有活性，如极端嗜热酶。后面介绍的选择性热变性法就是利用了目标蛋白质耐热性强的特点。

（2）选择合适的缓冲体系　蛋白质作为两性电解质其结构受 pH 值的影响，大多数蛋白质在 pH<4 或 pH>10 的情况下不稳定。应控制整个系统不要过酸或过碱，也要避免在调整 pH 值时产生的局部酸碱过量。实际上最好让蛋白质处于合适的缓冲体系中，这样可避免操作过程中 pH 值的剧烈变化。

（3）操作时尽量减少泡沫形成　蛋白质常易在溶液表面或者界面处形成薄膜而变性，故操作时要尽量减少泡沫形成，如需搅拌则必须缓慢。

（4）加入适量的金属螯合剂　重金属离子可能引起蛋白质失活，加入适量的金属螯合剂有利于保护蛋白质，避免因重金属离子导致的变性。

（5）纯化过程中添加底物及其类似物、抑制剂等　对于有生物亲和性的蛋白质，如酶和它作用的底物及其底物类似物、竞争性抑制剂等，根据这种亲和特性发展出各种亲和分离法。同时，在纯化过程中添加这些物质也往往会使蛋白质的理化性质和稳定性发生一些有利的变化。

（6）防止微生物的污染，抑制蛋白酶的活性　微生物污染及蛋白酶的存在都能使蛋白质被降解破坏，可以通过无菌过滤除去其中的微生物，也可以在溶液中加入防腐剂，如叠氮化钠等。在蛋白质提取过程中需要加入蛋白酶抑制剂防止蛋白质水解，常用的蛋白酶抑制剂：苯甲基磺酰氟，抑制丝氨酸蛋白酶和巯基蛋白酶；乙二胺四乙酸（EDTA），抑制金属蛋白水解酶；胃蛋白酶抑制剂，抑制酸性蛋白酶；抑蛋白酶肽，抑制丝氨酸和巯基蛋白酶；胰蛋白酶抑制剂，抑制丝氨酸蛋白酶。还可将蛋白酶抑制剂混合使用，一般未经纯化的蛋白质不适合长期保存。

（7）防止玻璃容器等的表面效应使酶蛋白变性　在纯化后期蛋白质溶液浓度低，蛋白质经常迅速失活，可能是玻璃容器等的表面效应导致蛋白质变性，可以在溶液中加入高浓度的其他蛋白质[如牛血清白蛋白（bovine serum albumin，BSA）]来防止这种作用。在理想情况下，为了避免加入"污染"蛋白质，应立刻将稀释的蛋白质溶液浓缩。然而，蛋白质的变性反应通常是在比较低的浓度下进行，因此加入 BSA 是十分必要的。另外，由于玻璃表面的非特异性吸附会损失大量的纯化蛋白质（$5m^2$ 玻璃表面可吸附 $1\mu g$ 蛋白质），在溶液中加入 BSA 可大大降低这一吸附作用。通常在蛋白质储备液中，可以加入 10mg/mL BSA。

1.1.1.2　纯化方法的选择

可供纯化的方法很多，传统的沉淀法、吸附法、离子交换法、选择性变性法仍然应用很普遍，而近年来，凝胶过滤层析、亲和层析和聚焦层析等也得到了快速发展，应用日益广泛。分离纯化蛋白质的方法可以粗略地分为以下几类：

（1）以分子大小和形态的差异为依据的方法　差速离心、区带离心、超滤、透析和凝胶过滤层析等。

（2）以溶解度的差异为依据的方法　盐析、萃取、分配层析、选择性沉淀和结晶等。

（3）以电荷差异为依据的方法　电泳、电渗析、等电点沉淀、吸附层析和离子交换层析等。

（4）以生物学功能专一性为依据的方法　亲和层析等。

（5）根据稳定性差异建立的方法　选择性沉淀等。

每种纯化方法都各有优缺点，具体见表 1-1-1 所列。

总体来说，评价纯化效果的标准有 3 点，即纯化倍数、回收率和重现性。为了计算纯化倍数和回收率，纯化过程的每一步都应该进行蛋白质活力和蛋白含量的测定。

①纯化倍数：是纯化后和纯化前样品比活力的比值，较大的纯化倍数，表明比活明显提高，说明操作的有效性，即纯度得到有效提高。

②回收率：是纯化后样品的活性占纯化前样品的总活性的百分比，这一比值越高表明该操作步骤对蛋白质活性的保存率越高，导致蛋白质活性的损失越少。纯化操作的每一步都不可避免地造成活性损失，原因可能有两种：一是由于蛋白质的部分变性；二是由于各种纯化方法的分辨率有限，部分目标蛋白质同杂蛋白一起被除去。

③较好的重现性：是任何方法可行性的必要条件，这就要求操作材料有较好的稳定性，操作条件易于控制。生化制备一般都在溶液中进行，影响因素很多，方法经验性较强。为了提高制备批次之间的重现性，必须严格规定材料、方法、条件和试剂。

表 1-1-1　常见蛋白质分离纯化方法及其特点

方法	原理	优点	缺点	应用范围
沉淀法	蛋白质的沉淀作用	操作简便，成本低廉，对蛋白质和酶有保护作用，重复性好	分辨力低，纯化倍数低，蛋白质沉淀中混杂大量盐分	蛋白质和酶的分级沉淀
有机溶剂沉淀	脱水作用和降低介电常数	操作简便，分辨力较强	对蛋白质或酶有变性作用，成本较高	各种生物大分子的分级沉淀
选择性沉淀	等电点、热变性、酸碱变性等沉淀作用	选择性较强，方法简便，种类较多	应用范围较窄	各种生物大分子的沉淀
结晶	溶解度达到饱和，溶质形成规则晶体	纯化效果较好，可除去微量杂质，方法简单	样品的纯度、浓度都要很高，时间长	蛋白质或酶等
吸附层析	化学、物理吸附	操作简便	易受离子干扰	各种生物大分子的分离、脱色和去热源
离子交换层析	离子基团的交换	分辨力高，处理量较大	需酸碱处理树脂，平衡、洗脱时间长	能带电荷的生物大分子
凝胶过滤层析	分子筛的排阻效应	分辨力高，不会引起变性	各种凝胶介质昂贵，处理量有限制	分子质量有明显差别的可溶性生物大分子
分配层析	溶质在固定相和流动相中分配系数的差异	分辨力高，重复性较好，能分离微量物质	影响因素多，上样量太小	各种生物大分子的分析鉴定
亲和层析	生物大分子与配体之间有特殊亲和力	分辨力很高	一种配体只能用于一种生物大分子，局限性大	各种生物大分子
聚焦层析	等电点和离子交换作用	分辨力高	进口试剂昂贵	蛋白质和酶
固相酶法	待分离物与固相载体之间有特异亲和力	分辨力高，用于连续生产	有局限性	抗体、抗原、酶和底物
等电聚焦电泳	等电点的差异	分辨力很高，可连续制备	仪器、试剂昂贵	蛋白质和酶
高速与超速离心	沉降系数或密度的差异	操作方便，容量大	离心机设备昂贵	各种生物大分子
超滤	相对分子质量大小的差异	操作方便，可连续生产	分辨力低，只能部分纯化	各种生物大分子
高效液相色谱法	凝胶过滤、离子交换、反向色谱	分辨力很高，直接制备出纯品	制备柱和高效液相色谱仪器昂贵	各种生物大分子

　　有时候较高的纯化倍数和较高的回收率之间存在矛盾，如盐析操作时，沉淀范围越宽，回收率越高，而纯化倍数越低。所以，应根据该操作步骤在整个纯化过程中所处的位置和作用，平衡考虑这两个因素，从而确定合适的操作条件。一个正常的、较合理的纯化程序，随着纯化的进行，总蛋白量逐渐减少，比活力不断增加，纯化倍数提高了，但回收率降低。

1.1.1.3　天然蛋白质纯化策略

　　蛋白质能否高效率地制备成功，关键在于分离纯化方案的正确选择和各个分离纯化方法实验条件的探索。选择与探索的依据是生物大分子与杂质之间的生物学和物理化学性质上的差异。由本章前述的蛋白质制备的各种方法特点可以看出，分离纯化方案必然是千变万化的。

在开始纯化以前，要始终记住两点：第一，纯化策略是一个系统化的途径和方法。整个策略要考虑的因素很多，包括纯化过程中的应用条件、限制因素以及产物的最终用途等，最终要实现高效、经济的生产。第二，尽量缩减纯化步骤，力求简单。一般而言，步骤越多，最终产品获得率越低。

(1) 设定目标　在纯化蛋白质的过程中，要想经济高效地获得产品，首要的一点便是设定目标，包括设定纯度要求、蛋白质质量、生物活性保留度及可支配的时间和成本。纯度的要求必须考虑到原料的性质、终产物的预期用途和特殊的安全性问题。其他因素同样会影响目标的优先顺序。例如，高获得率通常被定为最主要的目标，但如果产量只要求很少，它就显得不那么必要了。下面是设定目标的具体内容：①根据产物的最终用途设定其纯度要求。②确定最关键的杂质。③尽早确认可能残留杂质的性质。④虽然纯化的步骤越少越好，但必须保证终产物的质量。如果产物未达到纯度要求且混有未知性质的杂质，则后续的任何实验结果都是不可靠的。⑤应尽早除去可引起目标蛋白质降解、失活或者干扰分析的杂质。在每个纯化步骤中都应该考虑维持蛋白质的生物活性。第一步就应当除去蛋白酶，并且把目标蛋白质转移到一个更友好的环境中。⑥在一定的经济条件下，下游的蛋白质生产加工应该达到规定的纯度，并得到安全可靠的产品。⑦如果产品将应用于生物制药方面，纯化过程要考虑特殊的安全性问题，如检测或者除去传染因素，产生免疫性的污染物、产生肿瘤的危害物等。

(2) 明确目标蛋白质与主要杂质的性质　检查在什么条件下目标蛋白质比较稳定，至少检查 pH 值和离子强度两个条件。所有关于目标蛋白质和关键杂质的性质信息，都有助于指导人们在纯化过程中选择分离技术和操作条件。目标蛋白质的相关信息包括分子质量大小、等电点、溶解度等。单向、双向聚丙烯酰胺凝胶电泳可以用于指示样品成分、目标蛋白质与主要杂质的基本性质。充分认识目标蛋白质的稳定性质，可有效避免蛋白质变性失活。表 1-1-2 显示了目标蛋白质的不同性质是如何影响选择纯化策略的。

表 1-1-2　目标蛋白质的性质及其对纯化策略的影响

样品性质	对纯化策略的影响
温度稳定性	迅速，且在低温下操作
pH 值稳定性	对提取及纯化所用缓冲液的选择，对离子交换、亲和色谱或反相色谱条件的选择
溶解稳定性	对反相色谱条件的选择
离子强度	对沉淀及疏水亲和色谱条件的选择
蛋白酶敏感性	需去除蛋白酶或者添加抑制剂
金属离子敏感性	需在缓冲液中添加 EDTA 的金属螯合剂
氧化敏感性	需添加还原剂
相对分子质量	对凝胶过滤介质的选择

(3) 建立快速、有效的分析方法　选择快速有效的检测方法要了解每个纯化步骤的效率，实验室应该建立以下分析通道：①一个快速可靠的分析目标蛋白质的方法。②蛋白质纯度的检测方法。③总蛋白质质量的检测方法。④对必须清除的杂质的分析方法。

(4) 尽量减少对样品的处理操作步骤　分离纯化步骤前后要有科学的安排和衔接，尽可能减少工序，提高效率。例如，吸附不可以放在盐析之后，以免大量盐离子影响吸附效率；离子交换要放在凝胶过滤之前，因为离子交换层析的上样量可以不受限制，只要不超过柱交换容量即可。纯化过程中不宜重复相同的步骤和条件，否则只能使蛋白质的活力下降而并不能进一步提高目标蛋白质的纯度。必要时也可以重复使用同一种分离纯化方法，如有机溶剂沉淀、分段盐析、连续两次凝胶过滤层析或离子交换层析等。

（5）减少添加剂的使用　从本质上说，可以稳定目标蛋白质或者改善提取效果时才使用添加剂，只选用容易去除的添加剂。

（6）尽早去除有破坏性的杂质　在实验室通常使用预装柱如凝胶过滤以达到简单的纯化，适用于相对分子质量大于 5 000 的蛋白质，这个步骤的作用是使蛋白质脱盐、更换新的缓冲体系、去除低相对分子质量的杂蛋白等。

（7）其他　尽早采用高效分离方法，将最昂贵、最费时的分离方法放在最后阶段。也就是说，通常先运用非特异性低分辨率的操作方法，如沉淀、超滤和吸附等，这一阶段的主要目的是尽快缩小样品的体积，提高产物的浓度，去除最主要的杂质，包括非蛋白质类的杂质，随后是高分辨率的纯化方法，如具有高选择性的离子交换色谱，凝胶过滤色谱和亲和色谱，把这些分离规模小，分离速率慢的操作放在最后，这样可以提高分离效率。

不同的纯化方法有各自的特点和作用，这就决定了它们适用于纯化过程的不同阶段。例如，选择性热变性法由于能以很小的代价除去大量的杂蛋白质，而且不需要引入其他杂质，也不增加液体的体积，所以可以放在分离纯化的早期进行。吸附法操作简便迅速，而且可以处理的样品量比较大，吸附法不一定要求脱盐，因此也可以考虑安排在前面的步骤进行。盐析的回收率一般比较高，又能同时达到浓缩样品的目的，但分辨率不高，所以可以放在比较靠前的位置，但大体积液体量的脱盐是比较麻烦的。结晶技术虽然可以达到一定的纯化目的，但它要求蛋白质溶液已经达到一定的纯度和浓度，无疑应该放在靠后的环节。有机溶剂沉淀要求低温快速处理，如果蛋白质溶液体积较大，这种方法往往受设备容量的限制。但另一方面随着纯度的提高，稳定性也随着降低，这个时候，再用有机溶剂处理即使目标蛋白质不变性，也会导致回收率下降，所以这个方法不宜放的靠前，也不宜放的靠后。其他如凝胶过滤层析、聚焦层析、亲和层析，虽然分辨率很高，但应用于大体积操作目前还存在问题，因此常常放在分离纯化后期。

总之在进行纯化工作之前，不仅要了解目标蛋白质的物理化学性质，还要对各种纯化分离方法的优缺点及对样品的要求等有所了解，才能做到心中有数，同时注意前后步骤的衔接，考虑前一步骤对后面操作的影响，才可能机动灵活地加以应用，使纯化工作有序、高效地进行。

1.1.1.4　重组蛋白质纯化策略

现代生物化学与分子生物学相关研究中，对蛋白质的功能与结构研究越来越多，对蛋白质表达和纯化的要求也越来越高，外源表达并纯化重组蛋白质成为了分子生物学研究不可或缺的技术手段。

为了能够达到研究目的、简化重组蛋白质的纯化工作，在设计之初就要考虑重组蛋白质的外源表达体系和亲和标签选择。一般大肠杆菌为代表的原核表达体系被广泛采用，因为原核表达系统成熟稳定、蛋白质表达量高、简单、快速、经济；而对于一些复杂真核蛋白质、需要修饰的蛋白质等，则可以选择酵母、昆虫细胞等真核表达系统，真核表达系统相对较复杂、经济性低。亲和标签不仅能方便重组蛋白质的分离纯化和检测，有些标签还有助于融合蛋白质的可溶性表达和稳定性。重组蛋白质的表达量要综合优化细胞系、表达载体、融合标签、培养基组成、培养温度、诱导剂浓度等条件。

蛋白质纯化的基本指导原则是保持简单化，几条原则供参考：①明确纯化目标，确定要达到的纯度、活性和产量要求。②明确目标蛋白质的特性和关键杂质。③有快速、有效的蛋白质活性、回收率检测技术。④样品处理精简化，减少步骤，提高活性和回收率。⑤少用添加剂和对样品有损伤的物质。⑥根据目的蛋白质的性质，尽量每步选用不同的纯化技术。

样品制备是蛋白质纯化的准备阶段。收集表达细胞，清洗后用合适溶液悬浮并裂解细胞，然后高速离心并用滤膜过滤上清液以净化样品。细胞裂解要考虑细胞的量、溶液体积、破碎方式、温度和时间等因素，溶液要有合适的 pH 缓冲体系、一定浓度盐离子以保证蛋白质组分稳定，尽量选用柔和的破碎方式，在冰上低温操作，避免蛋白质变性沉淀。

带有亲和标签的重组蛋白质纯化优先选择通过亲和层析富集浓缩主要目标蛋白质，去除大部分杂质。根据重组蛋白质和标签的信息，亲和层析可得到不同纯度蛋白质样品，优化溶液成分、淋洗条件和体积等，可能获得纯度达到 95% 以上的高浓度蛋白质样品。

中度纯化阶段可尝试离子交换层析、疏水层析、羟基磷灰石吸附层析及 Heparin 等非特异亲和层析，去除主要杂蛋白。根据目标蛋白质的等电点可以选择阴离子或阳离子交换层析，也可交替使用两种离子交换层析手段，可以尝试强弱不同离子交换介质以优化纯化效果。根据目标蛋白质疏水性质尝试合适疏水层析介质，因为疏水层析需要高盐溶液上样，所以常跟硫酸铵沉淀结合使用，硫酸铵沉淀去除部分杂质，用高盐溶液复溶后直接上疏水层析柱，而疏水层析柱用低盐洗脱，又可以结合离子交换层析。对于一些核酸结合蛋白质也可尝试 Heparin、羟基磷灰石吸附层析。

如有需要，可将有一定纯度的蛋白质样品浓缩尝试凝胶过滤层析。凝胶过滤层析对样品体积有严格限制，上样体积一般在柱床体积的 2% 以下，洗脱体积比较大，会稀释样品；另外，凝胶过滤层析分离对目标蛋白质和杂蛋白的相对分子质量差异也有要求，一般两者相对分子质量差异在一倍以上才能够获得较好的分离效果。精细纯化阶段也可以采用精细的离子交换层析柱做最后分离，如 Mono Q、Mono S 等凝胶颗粒小等层析柱，有较高的分辨率，又能浓缩蛋白质样品。

蛋白质的表达和纯化是一项复杂的课题，涉及分子生物学、生物信息学、生物物理学、化学、生物工程等多个学科知识，可调控和优化的因素多，需要根据具体课题具体分析，要充分准备，合理设计，谨慎操作。

1.1.2　蛋白质产物的纯度鉴定

为了解所获得的蛋白质样品是否均一以及纯度情况，还要通过其他方法进行纯度鉴定。鉴定方法主要有以下几种：

(1)电泳法　电泳方法需要的样品量小而且具有较高的分辨率，是目前最为常用的方法。常采用的有聚丙烯酰胺凝胶电泳和聚焦电泳等。样品在凝胶电泳上显示一个区带，可以作为纯度的一个指标。但这只能说明样品在质荷比方面是均一的，达到了电泳纯。如果在不同 pH 值下电泳都得到了一条带，则提高了结果的可靠性。常用的十二烷基硫酸钠-聚丙烯酰胺凝胶电泳(sodium dodecyl sulfate polyacrylamide gel electrophoresis，SDS-PAGE)只能说明样品在相对分子质量方面是均一的，且只适用于含有相同亚基的蛋白质。等电聚焦是根据等电点不同来分辨的，它有很高的灵敏度。

(2)色谱分析　用线性梯度离子交换法或者分子筛检测样品时，如果制剂是纯的，则各个部分的比活力应当恒定。分析型高效液相色谱法(high performance liquid chromatography, HPLC)在证明蛋白质纯度方面的分辨率接近于电泳法。

(3)化学结构分析法　对于一个纯蛋白质来说,通过 N 末端的定量测定分析可以发现,每摩尔蛋白质应当有整数摩尔的 N 末端氨基酸,少量其他末端基团的存在,常表示存在着杂质。如果只是定性的测定 N 末端,那么此法只适用于仅有一条肽链的蛋白质。对样品进行总的氨基酸分析,也是检测纯度的一种方法。纯蛋白质中所有氨基酸都成整数比。

(4)超离心沉降分析法　在高达 65 000r/min 的情况下观测离心谱带,若出现明显的分界线,或者分步取出离心管中的样品,管号对样品浓度作图后,组分的分布是对称的则表明样品是均一的。此法的优点是时间短、用量少,但灵敏度较差。

(5)免疫学法　应用免疫扩散技术、免疫电泳技术,使纯化的样品在琼脂凝胶上与相应的抗体进行免疫反应,根据得到的沉淀线的数量、位置及形状,以及分析标本中所含组分的性质来判断样品的纯度。

(6)其他方法　纯蛋白质的 A_{280}/A_{260} 为 1.75,可用分光光度法检测蛋白质中有无核酸存在。需要说明的是,"纯"是一个相对的概念,是指在某一检验方法的情况下,检测不到其他杂蛋白。因为检测方法灵敏度的不同,相对纯度也会有所不同。例如,进行聚丙烯酰胺凝胶电泳后可以进行考马斯亮蓝染色,也可进行银染,后一种的分辨率远远高于前一种。也就是说用考马斯亮蓝染色显示纯净无杂时,银染条件下则可能检测出其他杂蛋白。

按照严格的要求,只用一种方法鉴定蛋白质纯度是不够的,至少应该用两种以上的方法,而且是用两种不同的分离原理的方法来判断纯度才比较可靠。蛋白质纯度用百分比来表示,要求 95%、99% 或者 99.9%。应用目的不同,对纯度要求也有很大不同,应选择满足实际需要纯度的检测方法。一般用来进行研究用的蛋白质要求达到电泳纯度。

1.2　蛋白质分离纯化的前处理

预处理阶段,首先要根据研究目的选择一定生长时期、一定部位的生物材料。材料选定后要尽可能保持新鲜,尽快加工处理。动物组织要先除去结缔组织、脂肪等非活性部分,粉碎后在适当的溶剂中提取,如果所要求的成分在细胞内,则要先破碎细胞。植物要先去壳、除脂。微生物材料要及时将菌体与发酵液分开。生物材料如暂不提取,应冷冻保存。动物材料则需深度冷冻保存。

1.2.1　细胞破碎

细胞破碎是指利用外力破坏细胞膜和细胞壁,使细胞内容物包括目的产物成分释放出来的技术,是分离纯化细胞内合成的非分泌型生化物质(产品)的基础。结合重组 DNA 技术和组织培养技术上的重大进展,以前认为很难获得的蛋白质现在可以大规模生产。

由于细菌、酵母、真菌、植物都有细胞壁,但成分不同,且同类细胞结成的网状结构不同,因此其细胞壁的坚固程度不同,总体呈现递增态势。动物细胞虽没有细胞壁,但具有细胞膜,也需要一定的细胞破碎方法来破膜,达到提取产物的目的。

细胞破碎可以分为机械破碎法、物理破碎法、化学破碎法和酶促破碎法,但在实际应用时应当根据具体情况选用适宜的细胞破碎方法,有时也可以采用两种或者两种以上的方法联合使用,以便达到细胞破碎的效果,又不会影响蛋白质的活性。

1.2.1.1　机械破碎法

通过机械运动所产生的剪切力的作用，使细胞破碎的方法称为机械破碎法。常用的破碎机械有组织捣碎器、细胞研磨器、匀浆器等。按照所使用的破碎机械的不同，可以分为捣碎法、研磨法和匀浆法 3 种。

（1）捣碎法　利用捣碎机高速旋转叶片所产生的剪切力将组织细胞破碎。此法常用于动物内脏、植物叶芽等比较脆嫩的组织细胞的破碎，也可以用于微生物特别是细菌细胞的破碎。使用时，先将组织细胞悬浮于水或者其他介质中，置于捣碎机内进行破碎。一般转速可高达 10 000r/min 以上。由于旋转叶片的机械剪切力很大，制备一些较大分子（如核酸）则很少使用。

（2）研磨法　利用研钵、石磨、细菌磨、球磨等研磨器械所产生的剪切力将组织细胞破碎。必要时可以加入精制石英砂、小玻璃球、玻璃粉、氧化铝等作为助磨剂，以提高研磨效果。此法设备简单，可以采用人工研磨，也可以采用电动研磨，常用于微生物和植物组织细胞的破碎。

（3）匀浆法　利用匀浆器产生的剪切力将组织细胞破碎。匀浆器是一个内壁经磨砂的管和一根表面经磨砂的研杆组成，管和研杆必须配套使用，研杆和管壁之间仅有几百微米的间隙。具体方法：先将剪碎的组织置于管中，再套入研杆来回研磨，上下移动，即可将细胞研碎。匀浆器的研钵磨球和玻璃管内壁之间间隙保持在十分之几毫米距离。制作匀浆器的材料，除玻璃外，还可以用硬质塑料、不锈钢、人造荧光树脂等。此法细胞破碎程度比高速组织捣碎机高，适用于量少、动物脏器组织的破碎。存在的问题：较易造成堵塞的团状或丝状真菌，较小的革兰阳性菌及有些亚细胞器，质地坚硬、易损伤匀浆阀者，不适合用该法处理。

1.2.1.2　物理破碎法

通过温度、压力、声波等各种物理因素的作用，使组织细胞破碎的方法称为物理破碎法。物理破碎法多用于微生物细胞的破碎。常用的物理破碎法有温度差破碎法、压力差破碎法和超声波破碎法等。

（1）温度差破碎法　利用温度的突然变化，由于热胀冷缩的作用而使细胞破碎的方法称为温度差破碎法，又称反复冻融法。一方面，由于冷冻能使细胞膜的疏水键结构破裂，从而增加细胞的亲水性能；另一方面，胞内水结晶形成冰晶粒，引起细胞膨胀而破裂。如将在 $-18℃$ 冷冻的细胞突然放进较高温度的热水中，或者将较高温度的热细胞突然冷冻反复多次可达到破壁作用。此法对于那些较为脆弱易于破碎的细胞（如革兰阴性细菌）有较好的破碎效果。但是，在提取蛋白质时要注意不能在过高的温度下操作，以免引起蛋白质的生物学活性丧失，该方法很难用于规模化生产。

（2）压力差破碎法　通过压力的突然变化，使细胞破碎的方法统称为压力差破碎法。常用的有高压冲击法、突然降压法及渗透压变化法等。

①高压冲击法：利用超高压能量使样品通过狭缝瞬间释放，在剪切效应、空穴效应、碰撞效应的作用下，使细胞破碎。全过程在 4~6℃ 低温循环水浴中进行，以保持原有物质活性。具体方法：在很结实的容器中装入细胞和冰晶、石英砂等混合物，然后用活塞或者冲击锤施以高压冲击，冲击压力可以达到 50~500MPa，从而使细胞破碎。此法可连续操作，适宜于处理大量样本，主要用于从微生物样本中提取蛋白质等胞内产物。

②突然降压法：一种形式是将细胞悬浮液装进高压容器，加高压至 30MPa 甚至更高，

打开出口阀门，使细胞悬浮液迅速流出，出口处的压力突然降低到常压，细胞迅速膨胀而破碎。另一种形式是爆炸式降压法，将细胞悬浮液装入高压容器，通入氮气或者二氧化碳，加压至 5~50MPa，振荡几分钟使气体扩散到细胞内，然后突然排出气体，压力骤降，使细胞破碎。突然降压法对细胞的破碎效果，取决于下列几个因素：首先是压力差，一般压力差要达到 3MPa 以上才有较好的破碎效果。其次是压力降低的速度，压力降低的速度越快，破碎效果越好，压力若是在瞬间骤降，可以达到爆炸性效果。最后是细胞的种类和生长期，此法对大肠杆菌等革兰阴性菌的破碎效果较佳，最好使用对数生长期的细胞。

③渗透压变化法：是较温和的一种破碎方法，将细胞放在高渗透压的溶液中（如一定浓度的甘油或蔗糖溶液），由于渗透压的作用，细胞内水分便向外渗出，细胞发生收缩，当达到平衡后，将介质快速稀释，或将细胞转入水或缓冲液中，由于渗透压的突然变化，胞外的水迅速渗入胞内，引起细胞快速膨胀而破裂。使用时，先将对数生长期的细胞分离出来，悬浮在高渗透压溶液（如 20%左右的蔗糖溶液）中平衡一段时间，然后离心收集细胞，迅速投入 4℃左右的蒸馏水或其他低渗溶液中，由于细胞内外的渗透压差别而使细胞破碎。采用渗透压变化法进行细胞破碎，特别适用于膜结合蛋白质、细胞间质蛋白质等的提取，但是对革兰阳性菌不适用。主要由于革兰阳性菌的细胞壁由肽多糖组成，可以承受渗透压的变化而不致细胞破裂。

（3）超声波破碎法　利用一定功率的超声波发生器所发出的声波或超声波的作用，处理细胞悬液，使细胞急剧振荡而破碎的方法称为超声波破碎法。

超声对细胞的作用主要有热效应、空化效应和机械效应。超声波破碎法的效果与输出功率和破碎时间有密切关系，同时受到细胞浓度、溶液黏度、pH 值、温度及离子强度等的影响，必须根据细胞的种类和蛋白质的特性加以选择。此法具有简便、快捷、效果好、重复性较好的特点，特别适于微生物细胞破碎。存在的问题：超声波产生的化学自由基团能使某些敏感性的活性物质变性失活，应慎用；大容量装置的声能传递、散热均有困难，应采取相应降温措施。

1.2.1.3　化学破碎法

通过各种化学试剂改变细胞膜的通透性，从而使细胞破碎的方法称为化学破碎法。常用的化学试剂有甲苯、丙酮、丁醇、氯仿等有机溶剂和 Triton、Tween 等表面活性剂。

有机溶剂可以使细胞膜的磷脂结构破坏，从而改变细胞膜的通透性，使细胞内容物释放到细胞外。为了防止蛋白质变性，操作时应当在低温条件下进行。

表面活性剂和细胞膜中的磷脂以及脂蛋白质相互作用，使细胞膜结构破坏，从而增加细胞膜的通透性。表面活性剂有离子型、非离子型之分。离子型表面活性剂对细胞破碎的效果较好，但会破坏蛋白质的空间结构，从而影响其生物学活性，所以在蛋白质提取方面一般采用非离子型的表面活性剂。

1.2.1.4　酶促破碎法

通过细胞本身的酶系或外加酶制剂的催化作用，使细胞结构受到破坏，从而达到细胞破碎的方法称为酶促破碎法或者酶学破碎法。

将细胞在一定的 pH 值、温度条件下保温一段时间，利用细胞本身酶系的作用使细胞破坏，从而使细胞内容物释放出来的方法称为自溶法。自溶法效果的好坏取决于温度、pH 值、离子强度等自然条件的选择与控制。为了防止其他微生物在自溶细胞液中生长，必要时可以添加少量的甲苯、氯仿、叠氮化钠等防腐剂。

利用细胞外层结构的特点，还可以外加适当的酶作用于细胞，使细胞壁破坏，并在低渗透压的溶液中使细胞破裂。例如，革兰阳性菌主要依靠肽多糖维持细胞的结构和形状，外加溶菌酶作用于肽多糖的 β-1,4-糖苷键，而使细胞壁破坏；酵母细胞的破碎是外加葡聚糖酶，使其细胞壁的 β-1,3-葡聚糖水解；霉菌可用几丁质酶进行细胞破碎；纤维素酶、半纤维素酶和果胶酶的混合使用，可以使各种植物细胞壁受到破坏，对植物细胞有良好的破碎效果。

要根据细胞壁的结构特点选择适宜的酶，并根据酶的动力学性质，控制好各种催化条件以达到良好的破碎效果。有些细菌对溶菌酶不敏感，加入少量巯基试剂或 8mol/L 尿素处理后，使之转为对溶菌酶敏感而溶解。此法具有作用条件温和、内含物成分不易受到破坏、细胞壁损坏的程度可以控制等优点，但存在易造成产物抑制作用、酶价格高、通用性差等缺点。

1.2.2　蛋白质的粗提取

蛋白质的粗提取是指在一定条件下，用适当的溶剂处理含蛋白质原料，使目标蛋白质充分溶解到溶剂中的过程，也称作抽提。"提取"是在分离纯化之前将经过预处理或破碎的细胞置于溶剂中，使被分离的生物大分子充分地释放到溶剂中，并尽可能保持原有的天然状态、不丢失生物活性的过程。这一过程是将目的产物与细胞中其他生物大分子分离，即由固相转入液相，或从细胞内的生理状况转入外界特定的溶液中。

提取时首先应根据蛋白质的结构和溶解性质，选择适当的溶剂。一般来说，根据相似相溶原理，极性物质易溶于极性溶剂中，非极性物质易溶于非极性溶剂中。温度升高，溶解度加大；远离等电点的 pH 值，溶解度增加。大多数蛋白质能溶解于水，通常用水或稀酸、稀碱、稀盐溶液提取，有些蛋白质与脂质结合或含较多的非极性基团，则可用有机溶剂提取。

1.2.2.1　提取方法

根据提取时所采用的溶剂或者溶液的不同，蛋白质的提取方法主要有水溶液提取和有机溶剂提取等。

（1）水溶液提取　蛋白质和酶的提取一般以水溶液为主。稀盐溶液和缓冲液对蛋白质的稳定性好，溶解度大，是提取蛋白质和酶最常用的溶剂。

（2）有机溶剂提取　一些和脂类结合比较牢固或分子中非极性侧链较多的蛋白质和酶难溶于水、稀盐、稀酸或稀碱中，常用不同比例的有机溶剂提取。常用的有机溶剂有乙醇、丙酮、异丙醇、正丁酮等。例如，植物种子中的玉蜀黍蛋白质、麸蛋白质，常用 70%~80% 乙醇提取，动物组织中一些线粒体及微粒上的酶常用丁醇提取。有些蛋白质和酶既溶于稀酸、稀碱，又能溶于含有一定比例的有机溶剂的水溶液中，在这种情况下，采用稀的有机溶液提取常常可以防止水解酶的破坏，并兼有除去杂质提高纯化效果的作用。

（3）表面活性剂提取　表面活性剂是一类既具有亲水基又具有疏水基的物质，有阳离子型、阴离子型和中性表面活性剂 3 类。表面活性剂一般具有乳化、分散和增溶 3 种作用。常用的中性表面活性剂 Tween、TritonX-100 等适于提取蛋白质和酶，而阴离子型表面活性剂十二烷基硫酸钠（SDS）常用于核酸提取。

1.2.2.2　影响提取的主要因素

凡能影响物质溶解度的因素均能影响提取效率，大致涉及溶剂本身、提取操作方法和条件两个方面。最主要的影响因素包括：目的产物在提取的溶剂中溶解度的大小；由固相扩散到液相的难易；溶剂的 pH 值和提取时间等。

（1）盐浓度（即离子强度）　离子强度对生物大分子的溶解度有极大的影响。绝大多数蛋白质和酶，在低离子强度的溶液中都有较大的溶解度，如在纯水中加入少量中性盐，蛋白质的溶解度比在纯水时大大增加，称为"盐溶"现象。

盐溶现象的产生主要是少量离子的活动，减少了偶极分子之间极性基团的静电吸引力，增加了溶质和溶剂分子间相互作用力的结果。所以，低盐溶液常用于大多数生化物质的提取。例如，稀盐溶液可使绝大多数球蛋白质和酶的溶解度增加，一般用稀盐溶液而不用纯水来提取蛋白质。在此条件下，稀盐溶液还有稳定提取物生理活性的作用。通常使用 $0.02\sim0.05mol/L$ 缓冲液或 $0.09\sim0.15mol/L$ NaCl 溶液提取蛋白质和酶。

不同的蛋白质极性大小不同，为了提高提取效率，有时需要降低或提高溶剂的极性。向水溶液中加入蔗糖或甘油可使其极性降低，增加离子强度[如加入 KCl、NaCl、NH_4Cl 或 $(NH_4)_2SO_4$]可以增加溶液的极性。

（2）pH 值　蛋白质、酶、核酸的溶解度和稳定性与 pH 值有关。

溶剂 pH 值对生化物质的提取有两方面的影响，一是影响生物高分子的结构与活性；二是通过影响溶质的解离状态而改变其溶解度。一般来说，非解离的分子状态易溶于有机溶剂，而离子状态的物质都易溶于水。对于酸性或碱性物质，可利用一定 pH 值的水溶液溶提出来，再改变溶液 pH 值抑制其解离，使其呈分子状态，再转溶于有机溶剂。这样，对其进一步分离纯化十分有利。然而像氨基酸这样的两性物质，除了在等电点时溶解度最低外，在任何 pH 值条件下都呈离子状态，所以一般不用有机溶剂（乙醇例外）提取氨基酸。

过酸、过碱均应尽量避免，一般控制在 pH 6~8 范围内，提取溶剂的 pH 值应在蛋白质和酶的稳定范围内，通常选择偏离等电点的两侧。碱性蛋白质选在偏酸一侧，酸性蛋白质选在偏碱的一侧，以增加蛋白质的溶解度，提高提取效率。例如，胰蛋白酶为碱性蛋白质，常用稀酸提取，而肌肉甘油醛-3-磷酸脱氢酶属酸性蛋白质，则常用稀碱来提取。

（3）温度　为防止变性和降解，制备具有活性的蛋白质和酶，提取时一般在 0~5℃ 的低温操作。但少数对温度耐受力强的蛋白质和酶，可提高温度使杂蛋白变性，有利于提取和下一步的纯化。

（4）防止蛋白酶或核酸酶的降解作用　在提取蛋白质、酶和核酸时，常常受自身存在的蛋白酶或核酸酶的降解作用而导致实验的失败。为防止这一现象的发生，常常采用加入抑制剂或调节提取液的 pH 值、离子强度或极性等方法使这些水解酶失去活性，防止它们对欲提纯的蛋白质、酶及核酸的降解作用。例如，在提取 DNA 时加入 EDTA 络合脱氧核糖核酸酶（DNase）活化所必需的 Mg^{2+}。

（5）搅拌与氧化　搅拌能促使被提取物的溶解，一般采用温和搅拌为宜，速度太快容易产生大量泡沫，增大了与空气的接触面，会引起酶等物质的变性失活。因为一般蛋白质都含有相当数量的巯基，有些巯基常常是活性部位的必需基团，若提取液中有氧化剂或与空气中的氧气接触过多都会使巯基氧化为分子内或分子间的二硫键，导致酶活性的丧失。在提取液中加入少量巯基乙醇或半胱氨酸以防止巯基氧化。

为了提高蛋白质的提取率并防止蛋白质的变性失活，在提取过程中需要注意控制好温度、pH 值等各种条件。提高温度、降低溶液黏度、增加扩散面积、缩短扩散距离、增大浓度差等都有利于提高酶分子的扩散速度，改善提取效果。

1.3　沉淀分离技术

溶液中的溶质由液相变成固相析出的过程称为沉淀。沉淀分离法就是通过改变某些条件或添加某种物质，使蛋白质的溶解度降低，而从溶液中沉淀析出与其他溶质分离的技术过程。该法的基本原理是根据不同物质在溶剂中的溶解度不同而达到分离的目的，不同溶解度的产生是由于溶质分子之间及溶质与溶剂分子之间亲和力差异引起的。制备沉淀可起到浓缩或部分纯化的作用，沉淀物也便于保存或进一步处理。

1.3.1　中性盐沉淀法

向蛋白质或酶的水溶液中加入中性盐，可产生两种现象：低浓度的中性盐溶液可增加蛋白质的溶解度（盐溶现象）。如在纯水中加入少量中性盐，蛋白质的溶解度比在纯水时大大增加。但中性盐的浓度增加至某一界限后，蛋白质的溶解度随盐浓度升高而降低，直至沉淀析出，称为"盐析"现象。

中性盐沉淀法就是根据目标蛋白质和杂质在高盐浓度的溶液中溶解度存在差异，而能够依次分别沉淀的原理建立起来的分离纯化方法。除了蛋白质和酶以外，还有多肽、多糖和核酸等都可以用盐析法进行沉淀分离。

1.3.1.1　盐析法的基本原理

蛋白质和酶均易溶于水，因为该分子的—COOH、—NH$_2$ 和—OH 都是亲水基团，这些基团与极性水分子相互作用形成水化层，削弱了蛋白质分子之间的作用力，蛋白质分子表面极性基团越多，水化层越厚，蛋白质分子与溶剂分子之间的亲和力越大，因而溶解度也越大。蛋白质溶液是胶体溶液，亲水胶体在水中的稳定因素有两个：电荷和水化膜。中性盐是强电解质，中性盐的亲水性大于蛋白质、酶分子的亲水性，所以加入大量中性盐后，夺走了水分子，破坏了蛋白质胶体颗粒表面的水化膜，暴露出疏水区域，同时又中和了电荷，破坏了亲水胶体，从而使水中蛋白质颗粒积聚而沉淀析出。盐析可使蛋白质沉淀下来，但并不会使蛋白质变性。

可用于盐析的中性盐种类很多，如硫酸铵、氯化钠、硫酸钠等，但最常用的首推硫酸铵。这是因为硫酸铵与其他常用盐类相比有十分突出的优点：①溶解度大，受温度变化影响较小。②分离效果好。③不易引起变性。④价格便宜。

1.3.1.2　盐析的操作方法

最常用的是固体硫酸铵加入法。欲从较大体积的粗提取液中沉淀蛋白质时，往往使用固体硫酸铵，加入之前要先将其研成细粉不能有块，要在搅拌下缓慢均匀、少量多次地加入，尤其到接近计划饱和度时，加盐的速度更要慢一些，尽量避免局部硫酸铵浓度过大而造成不应有的蛋白质沉淀。

盐析后要在冰浴中放置一段时间，待沉淀完全后再离心与过滤。在低浓度硫酸铵中盐析可采用离心分离，高浓度硫酸铵常用过滤方法，因为高浓度硫酸铵密度太大，要使蛋白质完全沉降下来需要较高的离心速度和较长的离心时间。

用于盐析的硫酸铵应该有较高的纯度。盐析时硫酸铵的浓度以饱和溶液的百分数来表示，称为百分饱和度。各种饱和度下需加固体硫酸铵的量可由本书的附录 2 中查出。由于把固体硫酸铵加到水溶液中去时，会出现相当大的非线性体积变化，计算浓度比较麻烦，为了克服这一困难，研究者经过精心测量，确定出 1L 纯水提高到不同浓度所需加入硫酸铵的量，附录 2 中的实验数据以饱和浓度的百分数表示，使用时查表即可，十分方便。

调整溶液硫酸铵饱和度除了直接加入固体盐外，也可滴加饱和盐溶液，但不管采用哪种方式，操作时都要注意以下几点：

①根据溶液温度，查表计算该温度条件下硫酸铵加入量，避免错误。具体调整盐浓度的方式如下：

a. 饱和溶液法（添加饱和硫酸铵溶液）。易于迅速混合均匀，一般终饱和度不超过40%。适用于蛋白质溶液体积不太大，而达到的盐浓度又不太高时。

b. 固体盐添加法。不会大量增加溶液体积。适用于蛋白质溶液原来体积已经很大，而要达到的盐浓度又很高时。

②加盐时要分次缓慢加入，同时适当搅拌，以免造成局部过浓，影响分离效果。

③盐析后一般放置 0.5~1h，待沉淀完全后再分离，可提高回收率。

④沉淀再溶解后可用超滤、透析或层析方法脱盐。

1.3.1.3　盐析曲线的制作

如果要分离一种新的蛋白质和酶，没有文献数据可以借鉴，则应先确定沉淀该物质的硫酸铵饱和度。具体操作方法如下：取已测定的蛋白质或酶的活性与浓度的待分离样品液，冷至 0~5℃，调至该蛋白质稳定的 pH 值，分 6~10 次分别加入不同量的硫酸铵，第一次加硫酸铵至蛋白质溶液刚开始出现沉淀时，记下所加硫酸铵的量，这是盐析曲线的起点。继续加硫酸铵至溶液微微混浊时，静止一段时间，离心得到第一个沉淀级分。然后取上清液再加至混浊，离心得到第二个级分。如此连续可得到 6~10 个级分。按照每次加入硫酸铵的量，查出相应的硫酸铵饱和度。将每一级分沉淀物分别溶解在一定体积的适宜的pH 缓冲液中，测定其蛋白质含量和酶活力。以每个级分的蛋白质含量和酶活力对硫酸铵饱和度作图即可得到盐析曲线。

1.3.1.4　影响蛋白质盐析的因素

（1）蛋白质的浓度　通常高浓度的蛋白质用稍低的硫酸铵饱和度即可将其沉淀下来，但若蛋白质浓度过高，则易产生各种蛋白质的共沉淀作用，除杂蛋白的效果会明显下降。对低浓度的蛋白质，要使用更大的硫酸铵饱和度，共沉淀作用小，分离纯化效果较好，但是回收率会降低。蛋白质浓度过高或过低，都不太适合盐析。一般蛋白质浓度取 2.5%~3.0% 较为合适，否则应适当稀释或浓缩。

（2）pH 值对盐析的影响　溶液的 pH 值影响蛋白质解离状况和溶解度大小。蛋白质所带净电荷越多，它的溶解度就越大。改变 pH 值可改变蛋白质的带电性质，因而就改变了蛋白质的溶解度。远离等电点处溶解度大，在等电点处溶解度小，因此调整溶液 pH 值在蛋白质等电点附近，盐析效果最好。

（3）温度的影响　对于蛋白质、酶和多肽等生物大分子，在高离子强度溶液中，温度升高，它们的溶解度反而减小。在低离子强度溶液或纯水中蛋白质的溶解度大多数还是随温度升高而增加的。在一般情况下，对蛋白质盐析的温度要求不严格，可在室温下进行。但对于某些对温度敏感的酶，为了盐析完全和防止蛋白质变性，要求在 0~4℃ 操作。

（4）离子强度　离子强度大小对蛋白质的溶解度起着决定性作用，一般来说，离子强度越高，蛋白质溶解度越低，盐析越易发生。为了防止蛋白质的共沉淀作用，盐析时并非离子强度越高越好。不同蛋白质发生盐析时所需要的离子强度不同，据此，可以用不同离子强度的分步盐析，对混合物中各组分进行分离或部分纯化。

在盐析条件下，蛋白质的溶解度与盐溶液的离子强度之间有如下关系：

$$\log \frac{S}{S_0} = -K_s I$$

式中　S——离子强度为 I 时的蛋白质的溶解度（g/L）；

　　　S_0——离子强度为 0 时（即在纯溶剂中）蛋白质的溶解度（g/L）；

　　　I——离子强度（mol/kg）；

　　　K_s——盐析系数，是与蛋白质和盐种类有关的特性常数，主要决定于盐的性质。

K_s 代表盐析效率，其含义是随着盐浓度的增加，蛋白质溶解度降低的速度，K_s 越大盐析效果越好。K_s 的大小和离子价数成正比，与离子半径和溶液的介电常数成反比，也与蛋白质结构有关。不同的盐对某种蛋白质有不同的盐析系数，同一种盐对于不同的蛋白质也有不同的盐析系数。

在温度和 pH 值等盐析条件一定时，S_0 为一常数。所以上式可以改写为

$$\log S = \log S_0 - K_s I = \beta - K_s I$$

式中　β——即 $\log S_0$，主要决定于蛋白质的性质，也和温度及 pH 值有关，当温度和 pH 值一定时，β 为一常数。

对于某一具体的蛋白质，在温度和 pH 值等盐析条件确定（即 β 确定），所使用的盐确定（即 K_s 确定）后，蛋白质在溶液中的溶解度取决于溶液的离子强度 I。离子强度 I 是指溶液中离子的强弱程度，与离子浓度和离子价数有关。即

$$I = \frac{1}{2} \sum m_i Z_i^2$$

式中　m_i——离子浓度（mol/L）；

　　　Z_i——离子价数，如 0.2μmol/L（NH$_4$）$_2$SO$_4$ 溶液中，铵离子浓度为 2×0.2μmol/L，价数为+1；硫酸根离子浓度为 0.2μmol/L，价数为+2。

则离子强度为　　　　　　　　$I = 0.5 \times (2 \times 0.2 \times 1^2 + 0.2 \times 2^2) = 0.6$

对含有多种蛋白质的混合液，可采用分段盐析法进行分离纯化。在一定的温度和 pH 值条件下（β 为常数），通过改变离子强度或盐浓度（即改变 I 值）使不同的酶或蛋白质分离的方法称为 K_s 分段盐析，常用于蛋白质的初步提纯；而在一定的盐浓度及离子强度的条件下（$K_s I$ 为常数），通过改变温度和 pH 值，使不同的酶或蛋白质分离的方法称为 β 分段盐析，常用于蛋白质纯化过程的后期，特别是某些蛋白结晶析出时。

1.3.2　有机溶剂沉淀法

有机溶剂沉淀法是利用酶与其他杂质在有机溶剂中的溶解度不同，通过添加一定量的某种有机溶剂，使酶或杂质沉淀析出，从而使酶与杂质分离的方法。使用的有机溶剂必须能和水互溶。常用于蛋白沉淀分离的有机溶剂有乙醇、丙酮、异丙醇、甲醇等。沉淀核酸、糖类、氨基酸和核苷酸最常用的沉淀剂是乙醇。有机溶剂沉淀法分辨能力比盐析法高，沉淀不需脱盐，过滤也比较容易，但容易使酶失活。在低温下操作可使这一缺点得到改善。总体来说，蛋白质和酶的有机溶剂沉淀法不如盐析法普遍。

1.3.2.1 有机溶剂沉淀法的基本原理

有机溶剂能降低水溶液的介电常数，例如，20℃时水的介电常数为80，而82%乙醇水溶液的介电常数为40。溶剂的极性与其介电常数密切相关，极性越大，介电常数越大。因此，向溶液中加入有机溶剂能降低溶液的介电常数，减小溶剂的极性，从而削弱溶剂分子与蛋白质分子间的相互作用力，增加蛋白质分子间的相互作用，导致蛋白质溶解度降低而沉淀。溶液的介电常数降低，就使溶质分子间的静电引力增大，互相吸引而易于凝集。

另外，由于使用的有机溶剂与水互溶，它们在溶解于水的同时从蛋白质分子周围的水化层中夺走了水分子，破坏了蛋白质分子的水膜，因而发生沉淀作用。

1.3.2.2 影响有机溶剂沉淀法的因素

（1）有机溶剂的种类 选择有机溶剂时需满足的首要条件是能和水混溶，其次需沉淀效果好，溶剂蒸气无毒且不易燃烧等。使用较多的有机溶剂是丙酮、乙醇、甲醇，还有二甲基甲酰胺、二甲基亚砜、乙腈和2-甲基-2，4-戊二醇等。

（2）温度 由于大多数蛋白质遇到有机溶剂很不稳定，特别是温度较高的情况下（如室温），很容易变性失活，所以操作应该在低温（0℃）下进行。有机溶剂必须预冷到$-20\sim-15℃$并在搅拌情况下缓慢加入。沉淀析出后应尽快在低温下离心分离，获得的沉淀还应立即用冷的缓冲液溶解，以降低有机溶剂的浓度。

（3）pH值 由于蛋白质处于等电点时溶解度最低，故有机溶剂沉淀法也多选在尽可能靠近目标蛋白质的等电点条件下进行。

（4）离子强度 中性盐在多数情况下，能增加蛋白质的溶解度，并且能减少变性的影响。在进行有机溶剂分级沉淀时，如果适当的添加某些中性盐，往往有助于改善分离效果。但盐的浓度一般不宜超过0.05mol/L，否则会使蛋白质过度析出，不利于沉淀分级，甚至没有沉淀。

（5）蛋白质浓度 由于蛋白质本身是多价离子，对溶液的介电常数有影响。当蛋白质浓度太低时，如果添加有机溶剂浓度过高会造成变性，这时候加入介电常数大的物质（如甘氨酸）可以避免蛋白质的变性。蛋白质浓度过高，溶液介电常数也相应提高，造成共沉淀现象而影响分离效果。所以，合适的蛋白质浓度也是必须加以考虑的，一般为5~20mg/mL。

1.3.3 选择性变性沉淀法

利用蛋白质、酶和核酸等生物大分子与非目的生物大分子在物理化学性质等方面的差异，选择一定的条件使杂蛋白等非目的物变性沉淀而分离提纯，称为选择性变性沉淀法。常用的方法有热变性、表面活性剂和有机溶剂变性、选择性酸碱变性。

1.3.3.1 热变性

利用对热的稳定性不同，加热破坏某些蛋白质，而保留目的蛋白质，可以达到除去杂蛋白的目的。例如，利用杂蛋白在不同温度下产生沉淀，将样品溶液升温至45~65℃，保温一定时间，使杂蛋白形成最大程度的沉淀，同时目的蛋白质的活性损失最少。由于不少蛋白酶在此温度范围内比较稳定，为了避免样品中发生酶解而造成目的蛋白质的活性损失，操作前可适当加入蛋白酶抑制剂。此方法最为简便，不需消耗任何试剂，但分离效率较低，通常用于生物大分子的初期分离纯化。

1.3.3.2　表面活性剂和有机溶剂变性

不同蛋白质和酶对表面活性剂和有机溶剂的敏感性不同，在分离纯化过程中使用它们可以使那些敏感性强的杂蛋白变性沉淀，而目的物仍留在溶液中。使用此法时通常都在冰浴或冷室中进行，以保护目的物的生物活性。

1.3.3.3　选择性酸碱变性

利用蛋白质和酶等对溶液中酸碱 pH 值稳定性不同而使杂蛋白变性沉淀，通常是在分离纯化流程中附带进行的一个分离纯化步骤。等电点沉淀法是 pH 值变性法中的一种变体。很多蛋白质在 pH 5.0 或以下被沉淀，只有少数蛋白质在中性或碱性条件下形成沉淀。如果目的蛋白质在此 pH 值范围内能够保持稳定，就可以通过调节 pH 值来除去杂蛋白。这样的例子很多，如用 2.5% 三氯乙酸处理胰蛋白酶、抑肽酶或细胞色素 C 粗提液，均可除去大量杂蛋白，而对所提取的酶活性没有影响。该方法还适用于初步纯化原核微生物表达的重组蛋白质，因为很多细菌蛋白质的等电点在 5.0 左右，通过调节 pH 值至其等电点可以先除去这部分杂蛋白质。调节 pH 值时，常用乙酸（醋酸）、柠檬酸或碳酸钠，也可采用高氯酸、三氯乙酸等强酸，但是需要注意安全。加入 10% 三氯乙酸可以沉淀大部分的蛋白质，20% 三氯乙酸可以沉淀相对分子质量低于 20 000 的蛋白质，操作时需在冰水浴中进行。

1.3.4　等电点沉淀法

等电点（pisoeletric point, pI）沉淀法是利用具有不同等电点的两性电解质，在达到电中性时电荷排斥力最小，分子互相吸引，溶解度最低，易发生沉淀，从而实现分离的方法。

蛋白质等两性电解质在等电点时溶解度最低，以及不同的两性电解质有不同的等电点这一特性，通过调节溶液的 pH 值，使蛋白质或杂质沉淀析出，从而使蛋白质与杂质分离。例如，工业上生产胰岛素时，在粗提液中先调 pH 8.0 去除碱性蛋白质，再调 pH 3.0 去除酸性蛋白质。

利用等电点除杂蛋白时必须了解制备物对酸碱的稳定性，不能盲目使用。不少蛋白质与金属离子结合后，等电点会发生偏移，故溶液中含有金属离子时，必须注意调整 pH 值。因蛋白质在等电点时仍有一定的溶解度，沉淀往往不完全，故一般很少单独使用，多与其他方法联合使用。等电点法常与盐析法、有机溶剂沉淀法或其他沉淀方法联合使用，以提高其沉淀能力。

1.3.5　非离子多聚物沉淀法

非离子多聚物是 20 世纪 60 年代发展起来的一类重要沉淀剂，最早应用于提纯免疫球蛋白、沉淀一些细菌和病毒，近年来广泛用于核酸和酶的纯化。这类非离子多聚物沉淀剂包括不同分子质量的聚乙二醇（polyethylene glycol, PEG）、壬苯乙烯化氧（NPEO）、葡聚糖、右旋糖酐硫酸钠等，其中应用最多的是 PEG。它的亲水性强，溶于水和许多有机溶剂，对热稳定，有广泛的相对分子质量，在生物大分子制备中用的较多的是相对分子质量为 6 000~20 000 的 PEG，用来分离蛋白质效果较好。

有关非离子多聚物沉淀现象的解释有以下 4 点：①认为沉淀作用是聚合物与生物大分子发生共沉淀作用。②由于聚合物有较强的亲水性，使生物大分子脱水而发生沉淀。③聚合物与生物大分子之间以氢键相互作用形成复合物，在重力作用下形成沉淀析出。④通过空间位置排斥，使液体中生物大分子被迫挤聚在一起而发生沉淀。

用非离子多聚物沉淀生物大分子和微粒，一般有两种操作方法：

①选用两种水溶性非离子多聚物组成液液两相体系，使生物大分子或微粒在两相系统中不等量分配，而造成分离。此方法基于不同生物分子表面结构不同，有不同分配系数。并外加离子强度、pH 值和温度等影响，从而扩大分离效果。

②选用一种水溶性非离子多聚物，使生物大分子在同一液相中，由于被排斥相互凝聚而沉淀析出。该方法操作时先离心除去大悬浮颗粒，调整溶液 pH 值和温度至适度，然后加入中性盐和多聚物至一定浓度，冷贮一段时间，即形成沉淀。

本方法操作条件温和，不易引起生物大分子变性；沉淀效率高，使用很少量的 PEG，即可沉淀相当多的生物大分子；沉淀后有机聚合物容易去除。所以，此法在细菌、病毒、核酸、蛋白质和酶的分离中经常使用。

1.3.6　其他沉淀法

如盐复合物沉淀法，在蛋白质溶液中加入某些物质，使它与蛋白质形成复合物而沉淀下来，从而使蛋白质与杂质分离。盐复合物沉淀法适用于多种化合物，特别是小分子物质的沉淀。

1.3.6.1　金属复合盐法

许多有机物质包括蛋白质在内，在碱性溶液中带负电荷，能与金属离子形成沉淀。根据有机物与它们之间的作用机制，可分为羧酸、胺及杂环等含氮化合物类，如铜、锌和镉；亲羧酸含氮化合物类，如钙、镁和铅；亲硫氢基化合物类，如汞、银和铅。蛋白质-金属离子复合物的重要性质是它们的溶解度对溶液的介电常数非常敏感，调整水溶液的介电常数(如加入有机溶剂)，即可沉淀多种蛋白质。

1.3.6.2　有机盐法

含氮有机酸(如苦味酸、苦酮酸、鞣酸等)能与有机分子的碱性基团形成复合物而沉淀析出。但此法常发生不可逆的沉淀反应，故用于制备蛋白质时，需采用较温和的条件，有时还需加入一定的稳定剂。

1.3.6.3　无机复合盐法

无机复合盐有磷钨酸盐、磷钼酸盐等，以上盐类复合物都具有很低的溶解度，极易沉淀析出。若沉淀为金属复合盐，可通以硫化氢气体使金属变成硫化物而除去，若为有机酸盐或磷钨酸盐，则加入无机酸并用乙醚萃取，把有机酸和磷钨酸等移入乙醚中除去，或用离子交换法除去。值得注意的是此类方法常使蛋白质发生不可逆沉淀，应用时必须谨慎。

1.4　膜分离技术

用人工合成的某种材料作为两相之间的不连续区间，实现不同物质分离的技术称为膜分离。膜的作用是分隔两相界面，并以特定的形式限制和传递各种化学物质。它可以是均相的或非均相的、对称型的或非对称型的、中性的或荷电性的、固体的或液体的，其厚度可以从几微米到几毫米。膜分离操作简单，效率较高，没有相变，节省能耗，特别适合处理热敏性物质。

1.4.1　膜的分类

1.4.1.1　根据膜的物理结构和化学性质分类

（1）对称膜　对称膜是结构与方向无关的膜，这类膜或者是具有不规则的孔结构，或者所有的孔具有确定的直径、厚度。

（2）非对称膜　非对称膜有一个很薄的（0.2pm）但比较致密的分离层和一个较厚的（0.2mm）多孔支撑层。两层材质相同，所起作用不同。

（3）复合膜　这种膜的选择性膜层（活性膜层）沉积于具有微孔的底膜（支撑层）表面上，但表层与底层的材质不同。复合膜的性能受上下两层材料的影响。

（4）荷电膜　即离子交换膜，是一种对称膜，溶胀胶（膜质）带有固定的电荷，带有正电荷的膜称为阴离子交换膜，从周围流体中吸引阴离子。带有负电荷的膜称为阳离子交换膜，从周围流体中吸引阳离子。阳离子交换膜一般比阴离子交换膜稳定。

（5）微孔膜　孔径为 $0.05 \sim 20\mu m$ 的膜。

（6）动态膜　在多孔介质（如陶磁管）上沉积一层颗粒物（如氧化锆）作为有选择作用的膜，此沉积层与溶液处于动态平衡，但很不稳定。

1.4.1.2　根据制膜材料的不同分类

（1）改性天然物膜　醋酸纤维素、丙酮-丁酸纤维素、再生纤维素、硝酸纤维素等。

（2）合成产物膜　聚胺（聚芳香胺、共聚胺、聚胺肼）、聚苯并咪唑、聚砜、乙烯基聚合物、聚脲、聚呋喃、聚碳酸酯、聚乙烯、聚丙烯。

（3）特殊材料膜　聚电解络合物、多孔玻璃、氧化石墨、氧化锆、聚丙烯酸、油类。

在以上这些材料中，以改性纤维素和聚砜应用最广。

1.4.2　膜的性能

由于造膜材料、造膜方法和膜结构的不同，膜的性能有很大的差异。通常用以下参数描述膜的性能。

（1）孔道特征　包括孔径、孔径分布和孔隙度，是膜的重要性质。膜的孔径有最大孔径和平均孔径。孔径分布是指膜中一定大小的孔的体积占整个孔体积的百分数，孔径分布窄的膜比孔径分布宽的膜要好。孔隙度是指整个膜中孔所占的体积百分数。

（2）水通量　为单位时间内通过单位膜面积的水体积流量，也称为透水率。在实际使用中，水通量将很快降低，如处理蛋白质溶液时，水通量通常为纯水的 10%。各种膜的水通量虽然有所区别，但由于溶质分子的沉积，这种区别会变得很不明显。

（3）截留率和截断分子质量　截留率（δ）是指对一定相对分子质量的物质，膜能截留的程度。定义为

$$\delta = 1 - c_P/c_B$$

式中　c_P——某一瞬间透过液浓度（$kmol/m^3$）；

c_B——截留液浓度（$kmol/m^3$）。

如果 $\delta = 1$，则 $c_P = 0$，表示溶质全部被截留；如果 $\delta = 0$，则 $c_P = c_B$，表示溶质能自由通透。

用已知相对分子质量的各种物质进行实验，测定其截留率，得到的截留率与相对分子质量之间的关系称为截断曲线，如图 1-4-1 所示。

较好的膜应该有陡直的截断曲线，可使不同分子质量的溶质完全分离。

截断分子质量为相当于一定截留率（通常为90%或95%）的相对分子质量。显然，截留率越高、截断相对分子质量的范围越窄的膜越好。

另外，膜的性能参数还有抗压能力、pH 值适用范围、对热和溶剂的稳定性、毒性等。

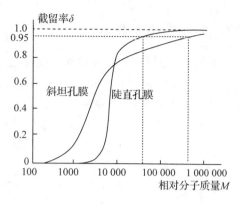

图 1-4-1　截断曲线

1.4.3　膜的使用寿命

膜的使用寿命受许多因素影响，除了贮存条件外，还受下列因素的影响。

（1）膜的压密作用　在压力作用下，膜的水通量随运行时间的延长而逐渐降低，这是由于膜体受压变密所致。引起压密的主要因素是操作压力和温度，压力、温度越高，压密作用越大。为了克服或减轻压密作用，可控制操作压力和进料温度（20℃左右）。最根本的措施是改进膜的结构，使其抗压密性增强。

（2）膜的水解作用　醋酸纤维素是酰类化合物，比较容易水解。为延长膜的使用寿命，可控制进液 pH 值和温度。

（3）膜的浓差极化　浓差极化现象是随着运行时间的延长而产生的一种必然现象，虽然不能完全消除，但操作得当，可以有所减弱，如提高进液流速，采用湍流促进器或采用浅道流动系统等。

（4）膜污染　膜面沉积附着层或固体堵塞膜孔，都能造成膜污染，它不仅使膜的渗透通量下降，而且使膜发生劣化或报废。最好对料液进行适当的预处理，并改变操作条件，以防止可能的膜污染。一旦发生了膜污染，常用物理或化学清洗方法进行处理。

1.4.4　主要膜分离技术

膜分离过程中，薄膜的作用是选择性的让小于其孔径的物质颗粒或分子通过，而把大于其孔径的颗粒截留。膜的孔径有多种规格可供使用时选择。根据物质颗粒或分子通过薄膜的原理和推动力的不同，膜分离技术可以分为三大类。

1.4.4.1　加压膜分离

加压膜分离是以薄膜两边的流体静压差为推动力的膜分离技术。在静压差的作用下，小于孔径的物质颗粒穿过膜孔，而大于孔径的颗粒被截留。根据所截留的物质颗粒的大小不同，加压膜分离可以分为微滤、超滤和反渗透等。

（1）微滤（microfiltration，MF）　当膜的平均孔径为 0.05~14μm，压力差为 0.1MPa 时，可以除去溶液中的较大颗粒、细菌菌体等而获得比较澄清的溶液，这叫作微滤或微孔过滤。微滤是以微滤膜或用非膜材料作为过滤介质的膜分离技术。微滤膜所截留的颗粒直径为 0.2~2μm。微滤过程所使用的操作压力，一般在 0.1MPa 以下。在实验室和生产中通常利用微滤技术，除去细菌等微生物，达到无菌的目的，如无菌室和生物反应器的空气过滤，热敏性药物和营养物质的过滤除菌，纯生啤酒、无菌水、软饮料的生产等。

（2）超滤（ultrafiltration，UF）　超滤即超过滤，自 20 世纪 20 年代问世后，直到 60 年代才开始发展迅速，很快由实验室规模的分离手段发展成重要的工业单元操作技术。超滤现已成为一种重要的生化实验技术，广泛用于含有多种小分子溶质的各种生物大分子(如蛋白质、酶、核酸等)的脱盐、脱水浓缩、分离和纯化等。

超滤是一种加压膜分离技术，即在一定的压力下，使小分子溶质和溶剂穿过一定孔径的特制的薄膜，而大分子溶质不能透过，留在膜的一边，从而使大分子物质得到了部分的纯化。所以，超滤也是以压力差为推动力的膜分离技术之一。优点是操作简便，成本低廉，不需添加任何化学试剂，尤其是超滤技术的实验条件温和，与蒸发、冷冻干燥相比没有相的变化，而且不引起温度、pH 值的变化，因而可以防止生物大分子的变性、失活和自溶。

超滤技术的关键是膜。膜有各种不同的类型和规格，可以根据工作的需要来选用。早期的膜是各向同性的均匀膜，即现在常用的微孔薄膜。近几年来生产了一些各向异性的不对称超滤膜，常用的膜一般是由醋酸纤维或硝酸纤维或二者的混合物制成。还发展了非纤维型的各向异性膜，如聚砜膜、聚砜酰胺膜和聚丙烯腈膜等。超滤膜的基本性能指标主要有：水通量$[cm^3/(cm^2 \cdot min)]$、截留率(以百分率来表示)、化学物理稳定性(包括机械强度)等。

不同孔径的膜有不同的透过性。膜的透过性一般用流率表示，流率是指每平方厘米的膜每分钟透过的流体的量。超滤膜的流率一般为 $0.01 \sim 5.0mL/(cm^2 \cdot min)$，超滤膜的孔径大，流率也大。影响流率的主要因素是膜孔径的大小。此外，颗粒的形状与大小，溶液的浓度，操作压力，温度和搅拌等条件对超滤膜的流率也有显著影响。

颗粒的大小和形状对超滤流率有明显影响。一般说来相对密度小的颗粒透过性较好，球状分子比相同分子质量的纤维状分子透过性好，小分子比大分子的透过性好。溶液的浓度越高，超滤流率越小。所以，超滤时溶液浓度不宜太高，高浓度的溶液在进行处理时，可以通过补充溶剂水进行稀释，以提高超滤流率。超滤的操作压力对超滤流率的影响比较复杂。一般情况下压力增加，超滤流率也增加。但是对于一些胶体溶液，当压力高到一定程度后，再增加压力，超滤流率不再增加。对于一般溶质分子而言，压力增加时，其透过性降低，但是某些溶质分子可以随着压力增加而提高其透过性。在蛋白质超滤分离过程中，压力一般由压缩空气来维持，操作压力一般控制在 $0.1 \sim 0.5MPa$。此外，适当提高温度，增加搅拌速度等都有利于提高超滤流率。但是温度和搅拌速度不能太高，以免引起蛋白质变性。

超滤装置一般由若干超滤组件构成，通常可分为板框式、管式、螺旋卷式和中空纤维式 4 种主要类型。由于超滤法处理的液体多数含有水溶性生物大分子、有机胶体、多糖及微生物等，这些物质极易黏附和沉积于膜表面，造成严重的浓差极化和堵塞，这是超滤法最关键的问题。要克服浓差极化，可采取的措施：①提高膜面水流速度，以减小边界层厚度，并使被截留的溶质及时由水带走。②采取物理或化学的洗涤措施。

(3)反渗透(reverse osmosis，RO)　反渗透和超滤、微过滤均属加压膜分离技术，其区别是膜的孔径、膜两侧压力大小不同。如果在渗透装置的膜两侧造成一个压力差并使其大于溶液的渗透压(通常为 $1 \sim 8MPa$)，就会发生溶剂倒流，使得浓度较高的溶液进一步浓缩，称为反渗透。所以反渗透又称逆渗透，是一种以压力差为推动力，从溶液中分离出溶剂的膜分离操作。对膜一侧的料液施加压力，当压力超过它的渗透压时，溶剂会逆着自然渗透的方向做反向渗透。从而在膜的低压侧得到透过的溶剂，即渗透液；高压侧得到浓缩的溶液，即浓缩液。如用反渗透处理海水，在膜的低压侧得到淡水，在高压侧得到卤水。

反渗透通常使用非对称膜和复合膜。反渗透所用的设备，主要是中空纤维式或卷式的膜分离设备。反渗透膜能截留水中的各种无机离子、胶体物质和大分子溶质，从而取得净制的水；也可用于大分子有机物溶液的预浓缩。由于反渗透过程简单、能耗低，近20年来得到迅速发展。现已大规模应用于海水和苦咸水（卤水）淡化、锅炉用水软化和废水处理，并与离子交换结合制取高纯水，其应用范围正在扩大，开始用于乳品、果汁的浓缩、生化和生物制剂的分离和浓缩方面。

（4）纳米过滤（nanofiltration，NF）　又称低压反渗透，是膜分离技术的一种新兴领域。纳滤是一种介于反渗透和超滤之间的压力驱动膜分离过程，但所需外加压力比反渗透低得多，能从溶液中分离出300~1 000相对分子质量的物质而允许盐类透出，是集浓缩与透析于一体的节能膜分离方法，已在许多工业中得到有效的应用。纳滤与其他压力驱动型膜分离过程相比，出现较晚。它的出现可追溯到20世纪70年代末 J. E. Cadotte 的 NS-300 膜的研究。之后纳滤发展得很快，于80年代中期商品化。纳滤分离性能介于反渗透和超滤之间，允许一些无机盐和某些溶剂透过膜，从而达到分离的效果。如纳滤用于将相对分子质量较小的物质（无机盐或葡萄糖、蔗糖等小分子有机物）从溶剂中分离出来。

纳滤膜大多从反渗透膜衍化而来，如醋酸纤维膜、三醋酸纤维膜、芳族聚酰胺复合膜和磺化聚醚砜膜等。纳滤膜孔径在1nm以上，一般1~2nm，是允许溶剂分子或某些低分子质量溶质或低价离子透过的一种功能性的半透膜。纳滤膜具有热稳定性、耐酸、耐碱和耐溶剂等优良性质，是一种特殊而又很有前途的分离膜品种。它被广泛地应用于去除地表水的有机物和色度，降低地下水的硬度，部分去除溶解性盐、浓缩果汁及分离药品中的有用物质等。

1.4.4.2　电场膜分离

电场膜分离是在半透膜的两侧分别装上正、负电极，在电场作用下小分子带电物质或者离子向着与其本身所带电荷相反的电极移动，透过半透膜，而达到分离的目的。电渗析和离子交换膜电渗析即属于此类。

（1）电渗析　在电场中交替装配阴离子和阳离子交换膜，形成一个个隔室，使溶液中的离子有选择地分离或富集，这就是电渗析，它使离子与非离子化合物分离。具体步骤为：用两块半透膜将透析槽分隔成3个室，在两块膜之间的中心室通入待分离的混合溶液，在两侧室中装入水或者缓冲液并分别接上正负电极，接正电极的称为阳极槽，接负电极的称为阴极槽。接通直流电源后，中心室溶液中的阳离子向负极移动，透过半透膜到达阴极槽；而阴离子则向正极移动，透过半透膜移向阳极槽；大于半透膜孔径的物质分子则被截留在中心室中，从而达到分离。实际应用时，可由上述相同的多个透析槽连在一起组成一个透析系统。渗析时要控制好电压和电流强度，渗析开始的一段时间，由于中心室溶液的离子浓度较高，电压可低些。当中心室的离子浓度较低时，要适当提高电压。电渗析主要用于酶液及其他溶液脱盐、海水淡化、纯水制备及其他带电荷小分子的分离，也可以将凝胶电泳后含有蛋白质或者核酸的凝胶切开，置于中心室，经过电渗析，使带电荷的大分子从凝胶中分离出来。

（2）离子交换膜电渗析　离子交换膜电渗析的装置与一般电渗析相同，只是以离子交换膜代替一般的半透膜而组成。离子交换膜的选择透过性比一般半透膜低。一方面，它具有一般半透膜截留大于孔径的颗粒的特性；另一方面，由于离子交换膜上带有某种基团，根据同性电荷相斥异性电荷相吸的原理，只让带异性电荷的颗粒透过，而把带同性电荷的物质截留。离子交换膜电渗析在酶液脱盐、海水淡化和从发酵液中分离柠檬酸、谷氨酸等带有电荷的小分子发酵产物都有应用。

1.4.4.3　扩散膜分离

扩散膜分离是利用小分子物质的扩散作用，不断透过半透膜扩散到膜外，而大分子被截留，从而达到分离效果。渗透是溶剂跨膜扩散的过程，在膜两侧渗透压差的推动下，溶剂从渗透压较小的一侧穿过膜流向渗透压较大的另一侧。

透析法就是利用半透膜进行的一种选择性扩散膜分离。由于透析是利用小分子能通过，而大分子不能通过半透膜的原理，从而除去小分子杂质的一种重要手段。一般和盐析法配合使用。自 Thomas Graham 1861 年发明透析方法至今 100 多年，透析已经成为生物大分子最简便最常用的分离纯化技术之一。在生物分子的制备过程中，除盐、除少量有机溶剂、除生物小分子杂质和浓缩样品等都要用到透析技术。

透析法操作简易，只需要选用专用的透析膜即可完成。具体使用时，通常是将处理好的半透膜制成袋状，用橡皮筋或线绳扎紧一端，也可以使用特制的透析袋夹夹紧，由另一端灌满水，用手指(带上干净手套)稍加压，检查不漏方可装入待透析液。把料液盛于透析袋内，袋内留有挤去空气的空余部分，通常要留 $1/3 \sim 1/2$ 的空间，以防由于溶剂渗入造成料液体积增加而引起透析袋胀破。把透析袋置于透析外液中(水中或缓冲液中)。样品溶液中的相对分子质量大的生物大分子被截留在袋内，而盐和小分子物质不断扩散透析到袋外，直到袋内外的浓度达到平衡为止。保留在透析袋内未透析出的样品溶液称为保留液，透析袋或者膜外的溶液称为渗出液或透析液。

由于透析的动力是扩散压，扩散压是横跨膜两边的浓度梯度形成的。透析的速度与膜的厚度成反比，与欲透析的小分子溶质在膜内外两边的浓度梯度成正比，还与膜的面积和温度成正比。通常是在温度为 4℃ 透析，升高温度可加快透析速度。为获得较快的透析速度，还常常采取一些措施保持膜两侧浓度差具有最大值，如经常更换透析外液，或对流水做透析。连续搅动外液，或在透析袋内放置一些玻璃珠搅动内液，或在真空系统里做减压透析，都能有效地加快透析速度。但是透析外液尽量不用纯水，常使用一定 pH 值的低盐缓冲液，这样可以避免袋内料液 pH 值的变化和过分地稀释。

透析膜可用火棉胶、动物膜和玻璃纸等，但用的最多的还是用纤维素制成的透析膜。商用透析膜都用 10% 甘油处理过，并含有极微量的硫化物、重金属和一些具有紫外吸收的杂质，它们对蛋白质和其他生物活性物质有害，用前必须除去。可先用 50% 乙醇煮沸 1h，再依次用 0.01mol/L 碳酸氢钠和 0.001mol/L EDTA 溶液洗涤，最后用蒸馏水冲洗即可使用。使用后的透析袋洗净后可存于 4℃ 蒸馏水中，若长时间不用，可加少量叠氮化钠，以防长菌。使用时应注意透析袋的类型(截留分子质量)。

透析法主要用于酶等生物大分子的分离纯化，从中除去无机盐等小分子物质。透析设备简单，操作容易。但是透析时间较长，透析结束时，透析膜内侧的保留液体积较大，浓度较低，难于工业化生产。

1.4.4.4　膜分离技术的种类及特点比较

膜分离技术的种类及特点见表 1-4-1 所列。表中分别给出了按分离原理和按被分离物质的大小区分的分离膜技术种类，由此可以看出，除了透析膜主要用于医疗用途以外，几乎所有的分离膜技术均可应用于任何分离、提纯和浓缩领域。反渗透和纳滤作为主要的水及其他液体分离膜之一，在所有分离膜领域内占重要地位。

表 1-4-1　膜分离技术的种类及特点

种类	膜的功能	分离驱动力	透过物质	被截留物质
微滤	多孔膜、溶液的微滤、脱微粒子	压力差	水、溶剂和溶解物	悬浮物、细菌类、微粒子、大分子有机物
超滤	脱除溶液中的胶体、各类大分子	压力差	溶剂、离子和小分子	蛋白质、酶、细菌、病毒、胶体、微粒子
反渗透和纳滤	脱除溶液中的盐类及低分子物质	压力差	水和溶剂	无机盐、糖类、氨基酸、有机物等
透析	脱除溶液中的盐类及低分子物质	浓度差	离子、低分子物质、酸、碱	无机盐、糖类、氨基酸、有机物等
电渗析	脱除溶液中的离子	电位差	离子	无机、有机离子
渗透气化	溶液中低分子及溶剂间的分离	压力差、浓度差	蒸气	液体、无机盐、乙醇
气体分离	气体、气体与蒸气分离	浓度差	易透过气体	不易透过液体

1.5　萃取分离技术

萃取分离是利用样品中各组分在两相中溶解度或分配比的不同来达到分离纯化目的的技术。根据两相的状态,萃取可分为:液相-液相、固相-液相、气相-液相和超临界萃取等。其中,应用最广泛的为液-液萃取分离法(也称溶剂萃取分离法),包括有机溶剂萃取、双水相萃取、反胶束萃取等。该法分离过程中涉及的两相一般为互不相溶或部分相溶的两种液相。

1.5.1　双水相萃取

近几十年来,双水相萃取技术(aqueous two-phase extraction,ATPE)已经发展成十分引人注目的新型分离技术,特别适用于直接从含有菌体等杂质的酶液中提取纯化目标酶。此法不仅可以克服离心和过滤中的限制因素,而且还可以使酶和多糖、核酸等可溶性杂质分离,具有一定的提纯效果,实用价值很高。

1.5.1.1　基本原理

早在 1896 年 Beijerinck 发现,当明胶与琼脂或可溶性淀粉溶液相混时,得到一个混浊不透明的溶液,随之分为两相:上相富含明胶,下相富含琼脂(或淀粉),这种现象称为聚合物的不相溶性,从而产生了双水相体系(aqueous two-phase system,ATPS)。

当两种亲水性高分子聚合物的水溶液混合时,若两种高聚物分子之间存在相互排斥作用,也就是说,某种分子希望在其周围是同种分子,而不是异种分子,则混合液达到平衡后,就有可能分成两相,两种分子分别进入其中一相,这种现象称为高聚物的不相溶性。这是大多数亲水性高聚物的水溶液混合后最常见的现象。基于不相溶性形成的两相中,水分占有很高的比例(达 85%~95%),故称"双水相"系统。生物活性大分子或细胞器在此多水体系中不会失活,而是以不同的分配比例分散于两相之中。这就是双水相系统中不同生物大分子或细胞器等得以分离纯化的基本依据。

双水相萃取就是利用样品中各组分,在互不相溶的两种双水相液层中分配系数的不同实现分离目标组分的一种技术，是依据样品中目的组分在两相间的分配系数不同来进行选择性分离，利用的是生物物质在双水相体系中的选择性分配。

1.5.1.2　相图

相图是双水相形成条件定量处理的一种图解方式。例如，两种高聚物双水相系统的相图。图 1-5-1 中分别以高聚物 P 和 Q 的质量百分浓度作横坐标和纵坐标。只有 P、Q 达到一定浓度时才会形成两相。图中的曲线为均相区域和双相区域的分界线，称为双节线。双节线下面的区域是均相区，上面的区域为双相区。图中任意一点 M 都代表整个系统的组成，该系统实际上由两相组成，过 M 点做一直线，交双节线于 T 和 B，它们代表平衡的两相，T 代表上相，B 代表下相。T 和 B 相连的直线称为系线。在同一条系线上的各点分成的两相，具有相同的组成，但体积比不同。在系线上各点处系统的总浓度不同，但均分成组成相同而体积不同的两相。令 V_T、V_B 分别代表上相和下相的体积，则有

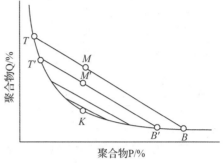

纵轴：聚合物Q/%

横轴：聚合物P/%

图 1-5-1　相图

$$\frac{V_T}{V_B} = \frac{BM(B \text{ 点与 } M \text{ 点之间的距离})}{MT(M \text{ 点与 } T \text{ 点之间的距离})}$$

当系线向下移动时，长度逐渐减小，这说明两相的差别减少，达到 K 点时，系线长度为零，两相差别消失，任何溶质在两相中的分配系数均为 1。系线长度代表了系统达到平衡时上、下相和总组成的关系，在临界点附近系线的长度趋向于零，上相和下相的组成相同，因此，分配系数应该是 1。随着聚合物和成相盐浓度增大，系线的长度增加，上相和下相相对组成的差别就增大，产物(如酶)在两相中的界面张力差别也增大，这将会极大地影响分配系数，使酶富集于上相。点 K 称为临界点或褶点。双节线的位置和形状与高聚物的分子质量有关。分子质量越高，相分离所需的浓度越低；两种高聚物的分子质量相差越大，双节线的形状越不对称。

1.5.1.3　几个常用术语

(1) 分配系数　和溶剂萃取相同，被抽提物在两相间的分配行为，用分配系数 K 描述。在一定温度、压力下，溶质分布在两个互不相溶的溶剂里，达到平衡后，溶质在两相中的浓度比为一常数。

$$K = c_1/c_2$$

式中　c_1——上相被抽提物浓度(mol/L)，可用 c_T 表示；

　　　c_2——下相被抽提物浓度(mol/L)，可用 c_B 表示。若做相反规定，则需加以注明。

(2) 相比　上相溶液体积与下相溶液体积之比，即上述体积比，$R = V_T/V_B$。

(3) 萃取率　蛋白质在上相、下相中分配量与其总量的百分率。

$$Y\% = \frac{\text{该相中被抽提物质的量}}{\text{体系同被抽提物质的总量}} \times 100\%$$

在酶分离过程中，被抽提物质的量常以酶的活力表示。

1.5.1.4　常见双水相体系

制备双水相体系时，首先根据待分离组分的性质选择合适的溶质，再配制一定浓度的溶液，按特定比例将两种溶液充分混合，静置一段时间即可形成双水相。常见的双水相体

表 1-5-1　常见的双水相体系

高聚物 A	高聚物 B 或低分子物质
聚丙烯乙二醇	甲氧基聚乙二醇、磷酸钾、葡萄糖、硫酸葡聚糖钠盐
聚乙二醇（PEG）	聚乙烯醇、聚蔗糖、葡聚糖、磷酸钾、硫酸镁、硫酸铵、硫酸钠、甲酸钠、酒石酸甲钠
聚丙二醇	甲基聚乙二醇、聚丙二醇、聚乙烯醇、聚乙烯吡咯烷酮、羟丙基葡聚糖、葡聚糖
甲基纤维素	葡聚糖、羧甲基葡聚糖、羧甲基葡聚糖钠盐
甲氧基聚乙二醇	磷酸钾
乙基羟乙基纤维素	葡聚糖
羟丙基葡聚糖	葡聚糖
聚蔗糖	葡聚糖
聚吡咯烷酮	甲基纤维素

系见表 1-5-1 所列。

　　双水相萃取中常采用的双聚合物系统为 PEG/葡聚糖，该双水相的上相富含 PEG，下相富含葡聚糖。聚合物与无机盐的混合溶液也可形成双水相，如 PEG/磷酸钾、PEG/磷酸铵、PEG/硫酸钠等常用于生物产物的双水相萃取。PEG/无机盐系统的上相富含 PEG，下相富含无机盐。

1.5.1.5　影响物质分配的因素

　　当样品加入双水相体系后，由于表面性质、电荷作用和各种作用力（如疏水键、氢键和离子键等）的存在及环境条件的影响，各组分在两相中的浓度不同。由于分配系数 K 等于系统平衡时两相中目标组分的浓度比，因此在双水相萃取体系中可以利用各组分 K 值的不同对物质进行分离。影响被分离组分在双水相体系中分配的主要因素有以下几个方面：

　　①双水相体系组成成分和两相溶液的比例：不同物质在同一双水相体系中或同一物质在不同双水相体系中的分配系数差别很大。例如，用 PEG/磷酸铵体系分离脂肪酶时，PEG 质量分数为 0.1、硫酸铵质量分数为 0.21 组成的体系，K 为 1.7；而当 PEG 质量分数为 0.12、硫酸铵质量分数为 0.129 时，K 为 0.85。

　　②高分子聚合物的相对分子质量、浓度和极性：同一聚合物的疏水性随相对分子质量的加大而增大，在两相中的分配系数也随之变化。例如，用 PEG/磷酸铵体系分离蛋白质，当 PEG 的相对分子质量较小时，蛋白质富集在上层；较大时，富集在下层。

　　③电解质、体系的温度和 pH 值：电解质加入双水相体系中，由于阴、阳离子在两相中的分配差异，形成穿过相界面的电位，从而影响带电大分子物质在两相中的分配。pH 值通过改变物质的电荷，从而影响在两相间的分配。温度主要对分配系数产生影响，大规模双水相萃取操作一般在室温下进行，不需冷却。这是基于以下原因：成相聚合物 PEG 对蛋白质有稳定作用，常温下蛋白质一般不会发生失活或变性；常温下溶液黏度较低，容易相分离；常温操作节省冷却费用。

　　④溶质的理化性质（酶的分子质量、电荷极性及等电点）：双水相萃取已经用于多种生物酶的分离。例如，利用 PEG/磷酸盐双水相体系提取天然发酵物中的碱性木聚糖酶，利用 PEG/羟丙基淀粉体系从黄豆中分离磷酸甘油酸激酶和磷酸甘油醛脱氢酶，利用 PEG/磷酸钾双水相体系萃取纯化葡糖淀粉酶，利用 PEG/葡聚糖双水相体系分离过氧化氢酶等。此外，α-淀粉酶、胆固醇氧化酶、脂肪酶、纤维素酶、L-天冬酰胺酶等在双水相体系中

也得到较好的分离。

1.5.1.6　双水相萃取技术的特点

ATPE 作为一种新型的分离技术，对生物物质、天然产物、抗生素等的提取、纯化表现出以下优势：

①含水量高(70%~90%)，在接近生理环境的体系中进行萃取，不会引起生物活性物质失活或变性。

②可以直接从含有菌体的发酵液和培养液中提取所需的蛋白质(或者酶)，还能不经过破碎直接提取细胞内酶，省略了破碎或过滤等步骤。

③分相时间短，自然分相时间一般为 5~15min。

④界面张力小，有助于两相之间的质量传递，界面与试管壁形成的接触角几乎是直角。

⑤不存在有机溶剂残留问题，高聚物一般是不挥发物质，对人体无害。

⑥大量杂质可与固体物质一同除去。

⑦易于工艺放大和连续操作，与后续提纯工序可直接相连接，无须进行特殊处理。

⑧操作条件温和，所需设备简单，整个操作过程在常温常压下进行。

⑨亲和双水相萃取技术可以提高分配系数和萃取的选择性。

起初此法仅应用于粗提取液的处理，现在已发展到用于后处理工艺的精制阶段，即经过几次连续的双水相抽提，使产品达到相当高的纯度。此法与其他分离提纯方法结合使用，可使提纯工艺更为有效、连续和经济。所以说双水相萃取技术是生物化工中一种极具开发前途的蛋白质、酶分离纯化技术。但也存在问题：含水量高，后续分离需经浓缩；含高分子聚合物或盐类，分离后需进一步分离纯化以除去。

1.5.2　反胶束萃取

反胶束又称反胶团，是表面活性剂在非极性有机溶剂中形成的极性头向内、非极性尾朝外的含有水分子内核的纳米级透明的、热力学稳定的聚集体。此聚集体内部接近细胞内环境，不仅能溶解亲水性分子(如氨基酸、多肽和蛋白质等)，而且能保持它们的活性。反胶束萃取(reversed micelles extraction)就是利用反胶束将酶或其他蛋白质从混合样品中萃取出来的一种分离技术。它具有成本低、萃取效率高、条件温和、不会引起生物活性物质变性、分离浓缩同时进行、溶剂可反复利用、适用范围广等特点。

1.5.2.1　萃取原理

当蛋白质样品与反胶束混合时，由于反胶束溶液表面和蛋白质表面的相互作用，在两相界面形成了包含蛋白质的反胶束团，此时蛋白质以最大限度扩散进入反胶束中，从而实现蛋白质的正萃取。然后，含有蛋白质的反胶束与另一水相接触，通过改变水相条件(如pH 值、离子强度等)，可以调节蛋白质反萃回水相，从而实现正萃取或反萃取过程，回收目的蛋白质。

1.5.2.2　操作过程

(1)正萃取蛋白质　对于水溶性蛋白质，将含有蛋白质的水溶液与含表面活性剂的有机相缓慢搅拌混匀，部分酶蛋白从水相萃取到有机相中，直至到平衡状态。对于水不溶性酶蛋白，将酶蛋白样品与含水的反相微胶束有机溶剂一起搅拌混匀，形成含酶蛋白的反胶束。

(2)反萃取蛋白质　通过改变水相条件，将酶蛋白从胶束转移到第二水相中，从而将酶蛋白从有机相中分离出来。

1.5.2.3　影响因素

影响反胶束萃取蛋白质的主要因素有以下5点，只要通过对这些因素进行系统的研究，确定最佳操作条件，就可得到合适的目标蛋白质萃取率，从而达到分离纯化的目的。

(1)水相 pH 值　它决定了蛋白质分子表面可电离基团的离子化程度。当蛋白质的静电荷与反胶束内表面活性剂所带的电荷性质相反时，由于静电引力，蛋白质溶于反胶束中。对于阴离子表面活性剂，当水相 pH 值低于蛋白质等电点时，蛋白质带正电荷，由于静电引力，蛋白质进入反胶束中而被萃取；反之，溶入反胶束的蛋白质被反向萃取出来。对于阳离子表面活性剂，情况则相反。水相 pH 值是影响反胶束萃取蛋白质的最重要因素。

(2)离子强度　它决定了带电荷表面所赋予的静电屏蔽程度。它可以减弱蛋白质与反胶束间的静电作用并影响反胶束颗粒的大小。

(3)表面活性剂和助表面活性剂　表面活性剂的种类决定能否形成反胶束，以及反胶束颗粒直径的大小，从而决定能否有效萃取蛋白质。在表面活性剂中添加另一种离子型或非离子型的助表面活性剂，可改变反胶束的含水率，增大萃取条件的操作范围。

(4)温度和相比　温度的变化对反胶束系统中的物理化学性质有剧烈的影响，增加温度能够增加蛋白质在有机相的溶解度。相比是指有机相和水相的体积比值，对蛋白质的萃取率和活性产生影响。

(5)蛋白质的种类和浓度　不同相对分子质量的蛋白质与反胶束的相对大小及蛋白质的浓度都会影响萃取效率。

反胶束萃取已经用于多种蛋白质的分离，如利用十六烷基三甲基溴化铵(CTAB)、异辛烷/正辛醇反胶束溶液萃取纤维素酶，利用二烷基磷酸盐/异辛烷反胶束溶液萃取溶菌酶，利用 1,4-二(2-乙基己基)丁二酸酯磺酸钠盐(AOT)/异辛烷反胶束溶液提取发酵液中的碱性蛋白酶和 α-淀粉酶等。此外，胰蛋白酶、碱性蛋白酶、异柠檬酸脱氢酶、β-羟丁酸脱氢酶、脂肪酶等也可利用反胶束萃取进行分离。

1.6　离心技术

离心技术是离心分离技术(centrifugal separation method)的简称，是分离细胞器和生命大分子物质(核酸、蛋白质和酶等)必备的技术手段之一，也是纯化和测定分析某些物质性质的一种方法。

当物体围绕一中心轴做圆周运动时，物体就受到离心力的作用。旋转速度越高，做圆周运动的物体所受到的离心力越大。当装有悬浮液或高分子溶液的容器进行高速旋转时，强大的离心力作用于溶剂中的悬浮颗粒或高分子，使其沿着离心力的方向运动。在相同转速条件下，容器中不同大小的悬浮颗粒或高分子溶质以不同的速率沉降，从而实现不同悬浮颗粒或高分子溶质的有效分离。离心技术就是基于上述原理设计的技术手段。

离心机是实施离心技术的装置。按照使用目的的不同，离心机可分为两类：制备型离心机和分析型离心机。前者主要用于分离制备生物材料，一般分离样品的体积比较大；而后者一般用于研究纯品大分子物质的理化性质，一般用于分析的样品溶液体积较小。分析型离心机根据待测物质在离心场中的行为(用离心机中的光学系统连续监测)，可以推断其纯度、形态和分子质量等参数。由于两类离心机的用途不同，所以主要结构有差异。离心技术在生物化学和分子生物学研究中的应用十分广泛，本节将着重介绍离心技术的基本原理、离心机的类型、构造以及离心机在生物大分子分离方面的应用。

1.6.1　基本原理

1.6.1.1　离心沉降速率的影响因素

　　盛有某种悬浮物液体的容器静置时，在重力场作用下悬浮颗粒会逐渐沉降下来。假设悬浮颗粒是具有刚性结构的球状物质，在自然沉降过程中会同时受到地球引力(重力，F_g)、溶液浮力(F_b)和黏滞力(介质的摩擦力，F_f)的共同作用，并显示出不同的运动。

　　重力为

$$F_g = mg = V\rho_p g = 4/3\pi r_p^3 \rho_p g \tag{1-1}$$

式中　F_g——重力(N)；

　　　m——质量(kg)；

　　　g——重力加速度(9.8m/s^2)；

　　　V——体积(m^3)；

　　　ρ_p——悬浮颗粒的密度(kg/m^3)；

　　　r_p——悬浮颗粒的半径(m)。

　　浮力为

$$F_b = 4/3\pi r_p^3 \rho_m g \tag{1-2}$$

式中　F_b——浮力(N)；

　　　ρ_m——溶液介质的密度(kg/m^3)。

　　黏滞力为

$$F_f = 6\pi \eta r_p v \tag{1-3}$$

式中　η——溶液介质的黏度系数(N·s/m^2)；

　　　v——悬浮颗粒的沉降速率(m/s)，即单位时间内沉降的距离。

　　当悬浮颗粒呈匀速沉降时，作用在悬浮颗粒上的作用力为零，因此

$$F_g - F_b = F_f \tag{1-4}$$

　　从式(1-4)中可推出悬浮颗粒在介质中的自然沉降速率(v)为

$$v = 2r_p^2(\rho_p - \rho_m)g/9\eta \tag{1-5}$$

　　由式(1-5)可以看出，悬浮颗粒随颗粒密度与介质密度的变化呈现不同运动。当$\rho_p > \rho_m$时，颗粒下沉；当$\rho_p < \rho_m$时，颗粒上浮；当$\rho_p = \rho_m$时，颗粒停留在某区域。

　　悬浮颗粒仅依靠重力场的作用而自然沉降是不可能的，特别是细微颗粒在介质中的沉降速度是极其微弱的，这时就需要借助外力作用使其沉降，即离心力。离心力是在离心力场中产生的，颗粒在离心力场中受到的加速度是$\omega^2 r$。因此，悬浮颗粒在离心力场中的沉降速率为

$$v = 2r_p^2(\rho_p - \rho_m)\omega^2 r/9\eta \tag{1-6}$$

式中　ω——角速度(弧度/s)；

　　　r——旋转力臂半径(m)。

　　式(1-6)仅适用于球状颗粒，对于非球状颗粒，沉降过程中悬浮颗粒与悬浮介质之间的摩擦系数f不同于球状颗粒与介质之间的摩擦系数f_0。经校正可得一般状况下的沉降速

率为

$$v = 2r_p^2(\rho_p - \rho_m)\omega^2 r/9\eta(f/f_0) \qquad (1\text{-}7)$$

因此，影响离心沉降速率的因素有悬浮颗粒半径 r_p、颗粒与介质的密度差 $(\rho_p - \rho_m)$、离心加速度 $\omega^2 r$、介质黏度系数 η 及颗粒形状（影响摩擦系数 f）。当确定了悬浮颗粒和介质时，沉降速率主要取决于离心加速度 $\omega^2 r$。

1.6.1.2　相对离心力与转速

离心力 $F_c(m\omega^2 r)$ 通常用地球引力的倍数表示，因而被称为相对离心力（relative centrifugal force，RCF）。RCF 可用下列公式计算：

$$RCF = m\omega^2 r/mg = \omega^2 r/g \qquad (1\text{-}8)$$

其大小用重力加速度 g 的倍数来表示，如 $10\,000g$。

因转头旋转一次等于 2π 弧度，故转头的角速度以每分钟旋转的次数表示时，角速度 ω 与离心机转速 n 的关系是：

$$\omega = 2\pi n/60 \qquad (1\text{-}9)$$

式中　ω——角速度（弧度/s）；

n——离心机转速（r/min）。

因此，将式（1-9）代入式（1-8），相对离心力与转速的关系是：

$$RCF = (\pi n/30)^2 r/g = \pi^2 n^2 r/900g = 1.118 \times 10^{-5} n^2 r \qquad (1\text{-}10)$$

式中　g——重力加速度（$9.8\,\text{m/s}^2$）；

r——旋转半径（cm）；

其他符号同前。

只要知道旋转半径，相对离心力和离心机转速可以相互换算。其中，旋转半径以半径的平均值（r_{mean}）代替，即最大半径（r_{max}）与最小半径（r_{min}）之和的 1/2。最大半径一般指从离心管底到旋转轴中心的半径，而最小半径是指从离心管口到旋转轴中心的半径。

根据相对离心力和转速的公式，Dole 和 Cotzias 制作了转头转速与半径相对应的 RCF 的测算图（图 1-6-1），从图中数值可以方便地测出转速和相对离心力的对应关系。换算时，在 r 标尺上取已知的半径，在转速标尺上取已知的离心机转数，用直尺连接这两点，直尺与图中相对离心力标尺上的交叉点即为相应的相对离心力数值。或在 r 标尺上取已知的半径，在相对离心力标尺上取所达到的相对离心力数值，用直尺连接这两点，直尺与图中转速标尺上的交叉点即为所需达到的转速。

1.6.1.3　离心技术

离心技术就是利用离心机产生一定大小的离心力，使不同大小的悬浮颗粒或大分子溶质以不同的速率沉降，从而实现不同悬浮颗粒或大分子溶质的有效分离的技术手段。为讨论方便，在此仅考虑球形颗粒的沉降行为，而不计算颗粒在溶液中的扩散作用和布朗运动对沉降行为的影响。

当将质量为 m 的球形颗粒置于介质溶液中，离心机以角速度 ω 进行旋转时，该颗粒受到的离心力（其方向为轴心向外的一种作用力）为

$$F_c = m\omega^2 r = 4\pi^2 n^2 mr/3\,600 \qquad (1\text{-}11)$$

由式（1-11）看出，离心力的大小取决于离心机转头转速及半径和颗粒质量（密度和大小）。通过精确控制转速或 RCF，就能使质量大小和半径不同的颗粒物质得以分离。

颗粒在离心力场中的沉降速率除受离心力的作用外，还受到重力、浮力和黏滞力的影

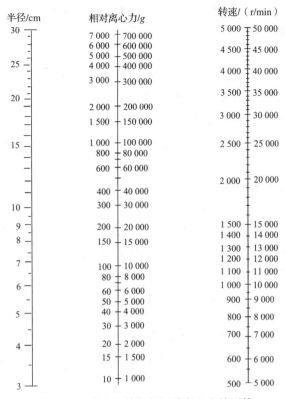

图 1-6-1　离心机转数与相对离心力的测算

响。颗粒在离心力场中的行为与重力场的非常相似，一般在 800r/min 的离心力场中，离心力远远大于重力，故重力可忽略不计。颗粒在离心力场中受到的离心力远大于重力场中受到的重力，而且离心力可精确控制，因此能完成不同大小颗粒的分离、纯化及某些性质的鉴定。

1.6.1.4　沉降系数

任何一种悬浮颗粒物质在离心力的作用下，将以一定的速率向管底方向沉降，其沉降速率可用式(1-7)表示：

$$v = 2r_p^2(\rho_p - \rho_m)\omega^2 r / 9\eta(f/f_0)$$

当一种大小和密度的颗粒悬浮在一种已知密度和黏度系数的液体中进行沉降时，它的 r_p、ρ_p、ρ_m、η 和 f/f_0 将是一个定值，因此沉降速率可写成下列公式：

$$v = S\omega^2 r \qquad (1-12)$$

式中，比例常数 S 称为沉降系数(sedimentation coefficient)，表示单位离心力场下的沉降速率，即通过单位离心力场所需要的时间。S 的单位是秒(s)，很多生命大分子物质的沉降系数大于 10^{-13}s，加之这种分析方法的创始人是 Svedberg，所以规定 10^{-13}s 为一个 Svedberg 单位(S)。经常用沉降系数值粗略表示生物大分子的大小，如具有 18×10^{-13}s 沉降系数的 rRNA 表示为 18S rRNA，具有 70×10^{-13}s 沉降系数的核糖体表示为 70S 核糖体。大多数蛋白质和核酸的沉降系数是 4S~40S，核糖体及其亚基为 30S~80S。

从沉降速率的公式可以看出，悬浮颗粒(或样品分子)的大小、形态、密度及所处介质的黏度和密度等因素都会影响其沉降速率。因此，采用不同条件测定沉降系数时，得到的 S 是有差异的。建立标准化的程序显得十分必要，沉降系数是指溶质在 20℃ 时，水溶液中的沉降速率($S_{20,w}$)。在任何条件下测得的沉降系数可换算成标准状态（20℃，纯水）下的 S 值($S_{20,w}$)。换算公式如下：

$$S_{20,w} = S_{t,m}[\eta_{t,m}(\rho_w - \rho_{20,w})/\eta_{20,w}(\rho_p - \rho_{t,m})] \tag{1-13}$$

式中　$S_{t,m}$——在 m 介质（溶剂）中温度为 t 时（℃）测定的沉降系数（S）；

　　　$\eta_{t,m}$——在 t 温度时介质 m 的黏度系数（N・s/m²）；

　　　$\eta_{20,w}$——在 20℃ 纯水的黏度系数（N・s/m²）；

　　　ρ_w——悬浮颗粒在纯水中的密度（kg/m³）；

　　　ρ_p——悬浮颗粒在介质中的密度（kg/m³）；

　　　$\rho_{20,w}$——在 20℃ 纯水的密度（kg/m³）；

　　　$\rho_{t,m}$——t 温度下介质 m 的密度（kg/m³）。

在生物大分子的研究中，沉降系数有两个用途，即预计沉降时间和测定物质分子质量。沉降速率与沉降系数关系的公式为：$v = dr/dt = S\omega^2 r$，可以改写成 $Sdt = dr/r\omega^2$，对上述公式进行定积分得

$$S = (\ln r_2/r_1)/\omega^2(t_2 - t_1) \tag{1-14}$$

式中　r_1，r_2——分别是离心测定起始与终止时颗粒与转轴中心的距离（m）；

　　　$t_2 - t_1$——测定终止与起始的时间差（s）。

当 S 已知时，根据上述公式可以计算出颗粒完成沉降所需要的时间（$t_2 - t_1$）。

已知某物质的沉降系数 S，根据 Svedberg 公式可计算其相对分子质量：

$$M = RTS_{20,w}/D_{20,w}(1 - V\rho) \tag{1-15}$$

式中　M——相对分子质量（×10³）或摩尔质量（kg/mol）；

　　　R——气体常数（8.314 J・mol⁻¹・K⁻¹）；

　　　T——热力学温度（绝对温度，K）；

　　　$S_{20,w}$——标准状况下颗粒的沉降系数（m²/s）；

　　　$D_{20,w}$——标准状况（20℃的水为溶剂）时颗粒的扩散系数（m²/s）；

　　　V——偏微分比容（加入 1kg 干物质于无限大体积的溶剂中时，溶剂的体积增量），
　　　　　　等于溶质颗粒密度的倒数（m³/kg）；

　　　ρ——溶剂密度（kg/m³）。

1.6.2　离心机的类型及构造

离心机是生命科学研究中的常用的基本设备之一，由主机、转头和离心管 3 部分组成。按照使用目的离心机分为制备型离心机和分析型离心机。

1.6.2.1　制备型离心机

制备型离心机按其转速大小可分为普通离心机、高速离心机和超高速离心机。

（1）普通离心机　一般是室温下操作，其转速一般在 4 000～6 000r/min，虽然其转速低、无低温条件，但实验室却不可缺少。国产的普通离心机型号很多，主要用于固液沉淀，收集易沉降的大颗粒。

（2）高速离心机　可达 25 000r/min 的最大转速和 89 000g 的最大相对离心力。为消除空气和旋转转头之间摩擦而产生的热量，高速离心机一般都带有制冷配件，其温度是由装在离心腔内的热电偶控制的。常见的高速离心机有两种：低容量高速离心机和大容量高速

连续离心机。

①低容量高速离心机：低容量高速离心机是生物实验室最常用的仪器之一，其型号较多，最大容量可达 3L。它比普通离心机的速度控制精确，通过离心机底部热电偶可维持离心室的温度在 0~4℃。离心机上装有控制时间、转速及温度的调节器。低容量高速离心机配有可变换的角式转头或水平式转头，多用于收集微生物、细胞碎片、大的细胞器、硫酸铵沉淀物和免疫沉淀物等，但不能有效地沉降病毒、小细胞器(如核糖体)、蛋白质等大分子。

②大容量高速连续离心机：大容量高速连续离心机是由高速马达或汽涡轮驱动装置通过软离合器或微型调节结合到一个长管形转头上构成的。主要用途是从大体积培养液中收集酵母及细菌的细胞。当培养液从正在旋转的转头底部泵入(或虹吸)，并向转头顶部上升时，微生物细胞就沉淀到转头壁上，而上清液则通过上部出口流出，每分钟可处理 1~1.5L 培养液。当所有培养液都通过离心机后，取下转头后用长刮匙挖出压实的细胞沉淀物即可。

(3)超速离心机　一般将转速在 30 000r/min 以上的称为超速离心。超速离心机转速可高达 80 000r/min，相对离心力可达 600 000g，是分离纯化细胞、细胞器、核酸、蛋白质、酶及病毒分离最为方便和有效的工具。

制备型超速离心机主要由驱动装置及速度控制、温度控制、真空系统和转头 4 部分组成。

①驱动装置及速度控制：大多数超速离心机的驱动装置是由水冷或风冷电动机通过精密齿轮箱或皮带变速，或直接用变频马达连接到转头轴构成的。转头的转速是利用变阻器和带有旋转计的控制器来选择的，同时装有过速保护系统，以防止转速超过测定范围时所引起的转头撕裂或爆炸事故。因此，离心腔总是使用能承受这种爆炸的装甲钢板密闭。

②温度控制：温度控制是通过安装在转头下面的红外线射量感应器直接进行连续监测转头的温度来完成的。它比高速离心机的热电偶控制装置更敏感、更准确。

③真空系统：超速离心机与高速离心机的主要差别是真空系统装置。离心机的速度在 20 000r/min 以下时，空气与旋转转头之间的摩擦只产生少量的热，速度超过 20 000r/min 时，由摩擦产生的热量显著增大，当速度在 40 000r/min 以上时，由摩擦产生的热量就成为非常严重的问题。为了消除摩擦产生的热量，在离心腔密封后，用两个串联工作的真空泵系统抽真空。第一个工作泵是机械真空泵，可抽真空至 3.33~6.66Pa。一旦离心腔内的压力降低到 3.33Pa 以下时，水冷扩散泵也开始工作。利用两个泵可使真空度达到并维持在 0.13~0.26Pa。只有在摩擦力降低的情况下，转速才可能达到所需的超高转速。

④转头：在低速或中速下使用的转头是由铝合金制成，而在高速下使用的转头则是由钛合金制成的。根据旋转时离心管中心线与离心机转轴间的夹角大小，离心机的转头一般可分为角式转头(角度在 20°~45°)、水平式转头(角度为 0°)和垂直式转头(角度为 90°)3 类。角式转头由一块完整的金属制成的，带有 6~12 个机制孔穴(装离心管用)，常用于全部成分的沉降，其优点是具有较大的容量。水平式转头由一个转头上悬吊着若干个自由活动的吊桶(离心管套)构成。当转头静止时，其吊桶垂直悬挂；当转头在离心力作用下，转速达 200~800r/min 时，吊桶甩平到 90°水平位置，这种转头主要适用于密度梯度沉降法的离心分析。其主要优点是梯度物质可加在保持垂直的离心管中，当离心时，离心管保持水平，在水平位置沉降到离心管不同区域的样品呈现横过离心管的带状，而不像角式转头中

样品沉降物呈角度形式。这类转头的缺点是形成区带所需要的时间较长。垂直式转头的结构与角式转头相似，其差异是装离心管的孔穴与转轴之间呈平行状态，这对保持样品离心后的区带恒定是有利的。

1.6.2.2　分析型离心机

分析型离心机是使用了特殊设计的转头和带有光学系统的超速离心机，能够连续地检测物质在离心力场中的沉降过程。

分析型离心机的转头是椭圆形的，通过一个有柔性的轴连接到一个高速的驱动装置上。转头在一个冷冻和真空的离心腔中旋转。转头上装有 2~6 个装离心杯的小室，离心杯呈扇形，可上下透光。离心机中装有一个光学系统，在整个离心期间都能监测离心杯中沉降的物质。用于光学观察离心杯中溶液浓度变化的方法：柱面透镜法、光干涉法、尺度法和光吸收法。前三者的原理是光折射，后者的原理是光度法。

在分析型离心机中所应用的光学系统，最简单的就是光吸收法的光学系统。光吸收法观察沉降界面的原理与光密度法测定溶液浓度的原理相同。光源波长的选择是依据样品的光吸收特性决定的。在沉降实验中，当光线通过离心杯溶液时，约 90% 的光线被吸收，所以底片上的感光程度很差，但在溶质分子向离心杯底沉降时，液面出现溶剂层，溶剂层透过的光线多，所以在图片上感光程度就比离心杯底部强。在界面区由于浓度的变化，光吸收也有不同程度的变化。底片上感光强与弱的交界区域，便是沉降界面区。利用光密度计（或电子扫描检测法）测定底片各部分的感光强度，就可求出离心杯中溶液至转轴中心不同距离的浓度分布。分析型离心机主要用于生物大分子的相对分子质量测定，评估样品的纯度和检测生物大分子构象的变化等。

1.6.3　制备型离心技术

制备型离心技术可用来分离纯化细胞、亚细胞组分或生物大分子。

1.6.3.1　制备型离心技术分类

根据分离原理的不同，制备离心法可分为差速离心法和密度梯度离心法。

（1）差速离心法　又称差速分级分离法，其原理是基于大小和密度不同的待测物质颗粒在离心力场中的沉降速率不同而进行分离。分离时，先将混合悬浮液进行低速离心，沉降速率最大的组分将沉淀在离心管底部而与上清液分开。然后把上清液转移至另一离心管，加大转速进行第二次离心，分离出第二部分沉淀。依次逐步加大转速，即可分离出沉降速率不同的沉淀物质（图 1-6-2）。用差速离心法分离得到的某一沉淀物质并非是均一的，沉淀中常混有部分沉降速率稍小一些的组分。此时，可在沉淀物质中添加相同介质使沉淀悬浮，再用较低转速离心，可获得较纯的沉淀而洗去大部分杂质。如此反复采用高速、低速离心操作，即可获得较纯的组分。

差速离心法是基于不同组分沉降速率不同而实现混合物分离的方法，操作比较简单。但差速离心的效率低、耗时长；得到的组分不均一，悬浮洗涤方法虽可提高组分纯度，但会降低其回收率；当组分密度大小差异过小时，差速离心法的分离效果不佳。

（2）密度梯度离心法　又称区带离心法，是用一定的介质在离心管内形成连续或不连续的密度梯度，待测混合悬浮液在离心力场中因沉降速率不同而在不同区域形成区带的分离方法。与差速离心法不同的是，密度梯度离心法的介质是密度梯度溶液，稳定性好、避免对流发生，可减少分离物的扩散作用。它能够克服差速离心法得到的组分不均一的缺

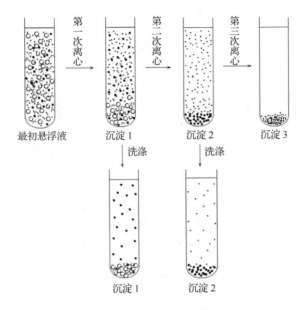

图 1-6-2　差速离心的操作步骤

点。密度梯度离心常用的介质为氯化铯、蔗糖和多聚蔗糖。对于介质的要求是能产生密度梯度，且密度高时黏度不高；pH 值中性或易调为中性；浓度大时渗透压不大；对细胞无毒。

制备不连续密度梯度介质时，用移液管小心地把密度逐渐降低（密度最大的在最下层，密度最小的在最顶层）的介质溶液一层又一层地铺到离心管中，4℃放置过夜。而制备连续密度梯度介质时一般使用密度梯度自动混合器。在密度梯度离心时，密度梯度的介质如果渗透到一些颗粒中，或能够与颗粒结合时，则会影响颗粒的密度，从而可能改变其在密度梯度溶液中的位置，影响分离效果。

密度梯度离心法又分为差速区带离心法（根据分离样品颗粒的不同沉降速率而分层）和等密度区带离心法（依据分离样品颗粒的不同密度而分层）两种类型。

①差速区带离心法（速率区带离心法）：当不同的颗粒间存在沉降速率差时，在一定的离心力作用下，颗粒以各自不同的速率沉降，在密度梯度介质的不同区域上形成区带而分离的方法称为差速区带离心法。离心管预先装好密度梯度介质溶液，样品液加在梯度介质的液面上。开始离心时速度很慢，以免扰乱溶液的密度梯度和加样层。离心时，由于离心力的作用，各种颗粒按不同的沉降速率向离心管底沉降，离心一段时间后，沉降的颗粒逐渐分开，形成一系列界面清楚的不连续区带（图 1-6-3）。沉降系数越大，沉降速率越快，所呈现的区带也越低。

预制密度梯度介质的作用有两个：一是支撑样品；二是防止离心过程中产生的对流对已形成区带的破坏作用。但是样品的颗粒密度必须大于密度梯度介质的最大密度，否则就不能使样品各组分得到有效分离。也正因如此，差速区带离心时间不能过长，必须在沉降速率最大的样品区带沉降到离心管底部之前就停止离心。否则，样品中所有的组分都将共沉降下来，不能达到分离的目的。梯度介质通常用蔗糖溶液，其最大密度和浓度可达 1.28g/cm^3 和 60%，根据不同的实验目的，可以设计不同的连续或不连续梯度。例如，进行亚细胞组分分离实验时，常采用不连续蔗糖密度梯度法（如 25%、35%、45%、55%的

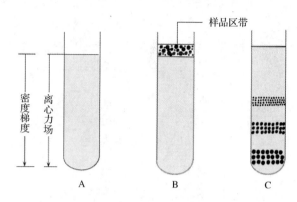

图1-6-3　在水平转头中的差速区带分离
A. 装满密度梯度液的离心管　B. 样品加在密度梯度溶液的顶部
C. 在离心力的作用下颗粒按照不同的速率移动

蔗糖)。进行血清、病毒、多核糖体分离实验时,则采用连续蔗糖密度梯度法(10%～40%蔗糖)。

差速区带离心法是根据样品中各组分沉降速率的差异而进行相互分离的。离心过程中,各组分的移动是相互独立的。因此,沉降系数值相差很小的组分也能得到很好的分离,这是差速沉降离心法做不到的。差速区带离心不适宜大量制备实验。

②等密度区带离心法(沉降平衡法):若离心管中介质的密度梯度范围包括待分离样品中所有组分的密度(介质的最大密度大于样品组分的最大密度),离心过程中各组分将逐步沉降至与它本身密度相同的地方形成区带,这种分离方法称为等密度区带离心法。其分离效果取决于各组分之间的密度差,与颗粒大小和形状无关,但颗粒大小和形状决定着达到平衡的速度、时间和区带宽度。

离心时间的延长或转速提高不会破坏已经形成的样品区带,也不会发生共沉淀现象。不过,提高转速可以缩短达到平衡的时间,离心所需时间以最小颗粒达到等密度点的时间为准,有时长达数日,如DNA在氯化铯梯度中形成相对密度区带需要36～48h。

等密度区带离心法梯度的产生有两种方式:一是样品预先与密度梯度介质溶液混合后装入离心管,通过离心形成梯度(图1-6-4);二是样品加在连续性或不连续性密度梯度介质液面上。等密度区带离心法常用的介质是氯化铯,其密度可达$1.7g/cm^3$。氯化铯溶液和

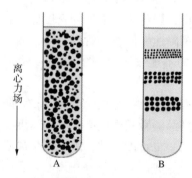

图1-6-4　等密度区带离心时颗粒的分离
A. 样品和密度梯度介质的均匀混合液　B. 在离心力作用下,梯度物质重新分布,
样品区带呈现在各自的等密度处

被分析样品通过离心达到平衡后，形成密度梯度溶液，样品下沉或上浮到与本身密度相等的密度梯度溶液中，产生高密度的铯盐溶液。此溶液适宜分离 DNA 分子，因为其浮力密度和鸟苷加胞苷的含量之间呈线性关系。但是，铯盐纯度一定要高，否则将影响核酸物质在 260nm 处的测定值。另外，铯盐有腐蚀作用，只能在耐腐蚀的转头和离心管中使用。

1.6.3.2　离心机的操作条件及注意事项

（1）操作概述　不同离心机操作方法大同小异，这里以高速低温离心机的操作为例作简要介绍。

①接通电源：打开离心机，调节温度并进行预冷。

②对称放置离心管：将待离心溶液倒入离心管中（其容量约为离心管的 2/3 体积），使离心管两两达到完全平衡（平衡时包括管盖），对称放入离心机的空穴中，盖好转头盖和离心机盖。对称离心管的平衡精度将直接影响离心机寿命，非对称的离心管之间溶液量要基本相同。但特殊离心机（如分析型的离心机）则需要所有离心管相互之间进行平衡。

③离心：调节离心时间和离心速度，开始离心。到离心时间后，离心机会自动缓慢停止。如果是低速离心机，转速须缓慢加大，直至达到所需要的转速，切忌突然提速或降速。严格按离心机操作程序操作。

④收集上清液或沉淀物：打开离心机盖和转头盖，小心取出离心管，千万不能晃动，以免破坏液面层。取出上清液（沉淀物压得比较结实时可直接倒出上清液，或者用宽口枪头小心吸出上清液）至准备好的试管中，或倒掉上清液保留沉淀物做进一步处理。

⑤清理离心机：关闭温度控制器，待离心机温度上升至近室温时，用干布清除离心腔内壁融化的霜雪和转头离心管管穴中的水分，干燥后再盖上转头盖和离心管盖，切断电源。

（2）离心管　离心管有各种大小不同的规格（0.2~2 400mL），所用材料也不一样。

①玻璃离心管：不能在高速和超速离心机上使用。

②聚酰胺（polyamide，PA）管：PA 是聚丙烯和聚乙烯的聚合物，化学性能稳定、半透明、不耐高温。

③聚丙烯（polypropylene，PP）管：化学性能稳定、半透明、耐高温、可消毒，但在低温下会变脆，不适于 4℃ 以下。

④聚碳酸酯（polycarbonate，PC）管：透明度好、硬度大、耐高温、可消毒。但不耐强酸、强碱及某些有机溶剂。主要用于 50 000 r/min 以上离心程序中。

⑤醋酸丁酯纤维素（cellulose acetate butyrate，CAB）管：质地较软、透明，但不耐强酸、强碱及某些有机溶剂，不能高压消毒。适合于蔗糖、甘油等密度梯度离心，便于收集离心物。

在选择离心管时，应综合考虑容量（由样品体积决定）、形状、最大相对离心力和耐腐蚀性等问题。

（3）离心条件的确定　离心分离效果的好坏与诸多因素有关，除上述的离心机种类、离心方法、离心介质及密度梯度等因素以外，还需要确定离心机的转速和离心时间。此外，还需要注意离心介质溶液的 pH 值和温度等条件。

①转速：离心力的大小取决于离心机转头转速及半径和颗粒质量，选择合适的转速，就能使质量（密度和大小）不同的颗粒物质以不同的沉降速率沉降而进行有效的分离。

②离心时间：离心方法不同，离心时间的选择是有差别的。对于差速离心来说，选择

的是某种颗粒完全沉降到离心管底部所需要的时间，可以通过计算求得 $[t_2 - t_1 = (\ln r_2/r_1)/\omega^2 S]$。差速区带离心所需要的时间是指形成界限分明区带的时间，而对等密度区带离心而言，离心时间是完全到达等密度点的平衡时间。差速区带离心和等密度区带离心所需区带的形成时间或平衡时间，影响因素很复杂，可通过实验来确定。

③温度和 pH 值：为了防止待分离物质的凝集、变性和失活，除了注意离心介质的选择外，还必须控制好温度及介质溶液的 pH 值等离心条件。离心温度一般控制在 4℃ 左右，对于某些热稳定性较好的酶等，离心也可在室温下进行。但在超速离心或高速离心时，转头高速旋转会发热而引起温度升高，故必须将温度控制在一定范围内。离心介质溶液的 pH 值应该是保持待分离物质活性的范围，必要时可采用缓冲液。另外，过酸或过碱还可能引起转头和离心机其他部件的腐蚀，应尽量避免。

（4）注意事项

①预冷转头：超速离心机若要在低于室温的温度下离心时，转头使用前应放置在冰箱或离心机的离心腔中预冷。

②拧紧转头盖：使用角式转头时务必盖上转头盖，否则会因离心腔内摩擦升温而增加离心机电机和制冷机的负担，缩短离心机的使用寿命。任何时候转头盖不能在未拧紧时放在转头上，以免转头盖飞出引发事故。

③合适加样量：使用角式转头高速离心时，液体应只加到离心管体积的 2/3，以防外溢污染转头和离心腔，影响感应器正常工作。超速离心时，离心管要加满，避免离心管在抽真空时变形。

④对称放置：离心前必须仔细检查，确保转头各孔内无异物。离心管必须两两平衡，对称放置，当离心转速达 10 000~50 000r/min 时，即使对称离心管相差 1g（转头半径为 5cm 时），也会引起 6~150kg 的不平衡力，其对离心机的转轴损伤极大，会缩短离心机的使用寿命。

⑤观察离心过程：在离心过程中，操作人员不得离开离心机室（特别是达到所需转速前一定要仔细观察），一旦发生异常情况，操作人员不能关闭电源，要按停止按钮。转速设定不得超过最高转速，以确保机器安全运转。

⑥开关离心机盖：离心机在预冷和离心时，离心机盖必须关闭。离心结束后，离心机盖处于打开状态，直至腔内恢复常温，清洁离心机腔体，擦干离心腔内冷凝水。

⑦保护转头：每个转头有其最高允许转速和使用累积时间限制，使用时查阅说明书，不得过速使用，不得超时使用。离心结束后必须取出转头，倒置于实验台上，如果长时间在轴上，可能生锈。转头需要定期清洁，用酒精棉球擦拭，以免长菌。

1.6.4　分析型超速离心技术

分析型超速离心是研究生物大分子的沉降特性、结构及大分子理化性质的主要技术手段之一，因此它使用了特殊的转子和检测手段，以便连续监视物质在一个离心场中的沉降过程。瑞典科学家 Theoder Svedberg 在 1925 年发明这一技术，并制造出第一台分析型超速离心机。目前，这一技术已广泛应用于生物制药、生命科学及高分子科学等研究领域。分析型超速离心机由主机、光学系统、转头及样本池组件等构成，可以实时监测样品沉降过程中溶质浓度随时间和距离的改变，从而计算得到蛋白质分子的沉降系数及相对分子质量。

1.6.4.1　沉降系数的测定

沉降系数是单位离心力场下待测样品颗粒的沉降速率。因样品颗粒小，通常将离心时样品颗粒界面的移动速率看作样品颗粒的平均沉降速率，一般使用 Schlieren 和光吸收系统来记录界面沉降图。在沉降图中，如果是对称峰，峰的最高点代表界面位置。其测量精度为 ±2%，但是如果界面图形表现为不对称峰型，或希望沉降系数测量精度达 ±1% 或更小时，可使用二阶距法计算界面位置。

在测定沉降系数时，只需要数十微克至数十毫克样品，配制成 1~2mL 溶液，装入分析池。经数小时离心，可获得一系列的样品离心沉降图。样品离心沉降图除可测定待测样品所含组分的沉降系数之外，还可测定各组分的性质、大致分子质量、样品纯度或不均一性及各组分的相对含量。

1.6.4.2　相对分子质量的测定

在测定某组分的沉降系数 S 后，可根据 Svedberg 公式可计算其相对分子质量：

$$M = RTS_{20,w}/D_{20,w}(1-V\rho)$$

相对分子质量的测定还可采用沉降平衡法。在离心过程中，离轴心远的外围高浓度区域的蛋白质分子有向中心低浓度区域扩散的作用。沉降和扩散是两个对立的作用。在转速较低的离心机中，当沉降与扩散作用互相平衡时，蛋白质分子浓度在离心管中的分布表现为稳定的状态。在平衡状态下观察并测定出离心管中的不同区域的蛋白质浓度，由下列方程计算出蛋白质的相对分子质量，这种方法称为沉降平衡法。

$$M = 2RT\ln(c_2/c_1)/\omega^2(1-V\rho)(x_2^2-x_1^2)$$

式中　c_1——离旋转轴心距离为 x_1(m) 时的蛋白质浓度 (mol/L)；

　　　c_2——离旋转轴心距离为 x_2(m) 时的蛋白质浓度 (mol/L)。

沉降平衡法的优点是不需要知道蛋白质的扩散系数，同时要求速率较低。

1.7　层析技术

层析 (chromatography) 技术是利用样品中各物质的物理及化学性质不同导致在流动相和固定相中的分配差异、随流动相的移动速度不同而分离各组分的一项技术。因早期使用该技术分离色素形成不同颜色的区带色谱，故层析技术又称为色谱技术。经过 100 多年的发展和完善，层析技术已经成为化工、医药科学、生物科学、环境科学、化学等领域的一项重要技术。

1.7.1　基本原理

层析技术在生物化学与分子生物学中核酸、蛋白质等生物大分子分离纯化过程中具有极其重要的作用。层析技术包含固定相、移动相、分配系数及分辨率等概念。

（1）固定相　固定相是层析过程中与待分离物质作用影响其移动速率，而自身不能移动的支撑物质，是层析分离体系中的必要组成基质。固定相可以是固体（如凝胶），也可以是液体（如结合在硅胶或纤维素上的液体）。固定相根据自身组成物质性质，可以与流动相中待分离物质发生物理阻挡、可逆吸附、溶解、交换等作用，从而影响待分离物质的迁移速度，起到分离作用。

（2）流动相　流动相是层析过程中推动待分离物质朝固定方向移动的流动物质。流动相可以是液体，也可以是气体或超临界流体。流动相在薄层层析中称为展开剂，在柱层析中称为洗脱剂。流动相与待分离物质直接接触并推动其在层析基质中移动，所以流动相对待分离物质的稳定性、迁移率、分离效果等方面都起重要作用，是层析分离中的重要影响因素之一。

（3）分配系数与比移值　分配系数是指在一定温度等条件下，物质在两种互不相容的溶剂中的含量（浓度）比值，在层析中表示在固定相和流动相中含量（浓度）的比值，是一个常数，用 K 来表示，反映了物质在两相中的迁移能力和分离效能，是层析技术分离纯化的主要依据。

$$K = c_s / c_m$$

式中　c_s——固定相中物质浓度（mol/L）；

　　　c_m——流动相中物质浓度（mol/L）。

分配系数与分离物质、流动相、固定相的性质、温度、压力等有关，在不同层析技术中表示不同意义，在离子交换层析中表示交换系数，凝胶过滤层析中表示渗透系数，吸附层析中表示吸附系数。

比移值（R_f）是薄层层析中物质在流动相中移动的距离与流动相前沿移动距离的比值，是鉴定物质的一种重要常数。与被分离物质性质、流动相性质、固定相性质等有关。

（4）分辨率（或分离度）　分辨率（Rs）表示层析分离过程中相邻两个组分峰的分开程度。Rs 越大表示两种组分分离的效果越好。固定相性质、流动相种类、流动速度及长度、温度等多种因素均可影响分辨率。

1.7.1.1　层析技术的发展

1903 年俄国植物学家 M. Tswett 将叶绿素的石油醚溶液通过碳酸钙管柱，并用石油醚淋洗，由于碳酸钙对叶绿素中各种色素吸附能力不同，各种色素逐渐分离，在玻璃管柱中形成不同颜色的谱带，称为色谱（chromatogram），而这种分离色素的方法称为色谱技术。这是层析技术的发明及最早应用，但早期该技术并未被大众关注，直到 1931 年 Kuhn 和 Lederer 用氧化铝柱分离胡萝卜素的两种同分异构体，显示出该技术的高分辨力，才引起人们的广泛关注。随着物理化学技术的发展，层析技术的应用范围也更加广泛，不带颜色的物质也可以用吸附层析法进行分离。1944 年，用滤纸作为固定相的纸层析法诞生，可用于微量分离及分析。

20 世纪 50 年代层析技术进入了快速发展阶段，英国生物学家 A. J. P. Martin 和 R. L. M. Synge 对该技术的发展做出了重要贡献。他们提出了色谱学的基础理论——塔板理论，并且根据液-液逆流萃取理论发明了液-液分配色谱。另外，他们还提出了两个具有远见卓识的预言：其一是可用气体代替液体作为流动相；其二是使用非常细的颗粒填料并在柱两端施加较大的压差将会大大提高分离效率。预言在 1952 年被诞生的气相色谱仪所证实，气相色谱给挥发性化合物的分离测定带来了划时代的变革；1968 年，Waters 公司发布首款商品化高效液相色谱仪，实现 HPLC 的实用化，现在 HPLC 已成为生物化学与分子生物学、化学等领域不可缺少的分析分离工具之一。基于此贡献，A. J. P. Martin 和 R. L. M. Synge 也于 1952 年被授予诺贝尔化学奖。

此后，随着硅胶、聚苯乙烯二乙烯基树脂、琼脂糖、葡聚糖、聚丙烯酰胺等人工合成介质的发明和应用，层析技术得到了快速发展，并应用到更广阔的领域。20 世纪 60 年代，Pharmacia 公司（后被 GE 公司合并）开始葡聚糖凝胶（Sephadex）层析柱材、Bio-Rad 公司

AG 系列层析树脂(Resin)的开发及相关商品化预装层析柱的应用，Waters 公司、Agilent 公司的 HPLC 及 Pharmacia 公司和 Bio-Rad 公司的快速蛋白质液相色谱(fast protein liquid chromatography，FPLC)等柱层析系统的商业化推广，使层析技术成为一种重要的分析、分离技术手段，深入科学研究和工业生产多种领域，发挥重要作用。

1.7.1.2　层析技术的基本原理

层析技术是根据待分离物质的物理、化学及生物学特性不同而进行分离和分析的技术方法。物质的溶解度、吸附力、立体化学特性、分子大小、带电情况及离子交换、亲和力的大小及特异生物学反应等方面差异，影响其在流动相和固定相间的分配系数，从而与其他物质分离。研究柱层析技术的理论基础是 A. J. P. Martin 和 R. L. M. Synge 提出的色谱塔板理论。

塔板理论是将色谱柱看作一个蒸馏塔，将一根连续的色谱柱设想成由许多小段组成，每一小段称作一个理论塔板(theoretical plate)，一个理论塔板的长度称为理论塔板高度(theoretical plate height)。每段塔板内空间由固定相和流动相占据，当待分离组分进入色谱柱后在两相间进行分配，假定每一小段内物质可以快速达到分配平衡，不同物质分配系数不同，经过多次分配平衡后，分配系数小的组分先离开蒸馏塔，分配系数大的组分后离开蒸馏塔，从而起到分离作用。由于色谱柱内的塔板数很多，即使物质分配系数差异微小，也能够较好地分离。理论塔板高度越低，单位长度色谱柱中塔板数越多，其分离效果就越好。决定理论塔板高度的因素有固定相的材质、色谱柱的均匀程度、流动相的理化性质及流速等。

塔板理论是基于热力学理论，在真实的色谱柱中并不存在一片片相互隔离的塔板，也不能完全满足塔板理论的前提假设。例如，塔板理论认为物质组分能够迅速在流动相和固定相之间建立平衡，还认为物质组分在沿色谱柱前进时没有径向扩散，这些都是不符合色谱柱实际情况的，因此塔板理论虽然能很好地解释色谱峰的峰型、峰高，客观地评价色谱柱的柱效，却不能很好地解释与动力学过程相关的一些现象，如色谱峰峰型的变形、理论塔板数与流动相流速的关系等。

1.7.1.3　层析技术的分类

层析技术根据不同分类标准可以分为多种类型。

(1)根据两相的形式分类　根据流动相的形式不同分为液相层析、气相层析和超临界层析。液相层析是指流动相为液体的层析，根据其固定相形式又可进一步分为液-固层析技术，液-液层析技术。液相层析是生物领域最常用的层析技术，适用于生物样品的分析、分离和制备。气相层析是指流动相为气体的层析，气相层析测定样品时需要气化，分析生物大分子和难以气化的物质时受限制，多用于氨基酸、核酸、糖类、脂肪酸等有机小分子的分析鉴定。超临界层析是利用 CO_2、Xe 或 NH_3 等作为流动相，在其液态-气态临界点条件下进行层析分离，该层析方法具有更高的专一性。

(2)根据层析原理分类　根据原理不同，层析可以分为吸附层析、疏水层析、亲和层析、凝胶过滤层析、离子交换层析等。吸附层析是以硅胶、氧化铝、活性炭等吸附剂为固定相，根据待分离物质与吸附剂之间吸附力不同而达到分离的层析技术。疏水层析是根据物质疏水性质不同而达到分离的一种层析技术。亲和层析是根据生物大分子和配体之间的特异性亲和力(如酶和抑制剂、抗体和抗原、激素和受体等)，将特定的配基连接在载体上作为固定相，根据固定相的配基与生物分子间的特殊生物亲和能力的不同来进行相互分离的技术。亲和层析是分离生物大分子较为有效的层析技术，具有特异性强、分辨率高等特性。凝胶过滤层析又称为分子筛或分子排阻层析，是以具有网状结构的凝胶颗粒作为固定相，根据物质分子大小、形状不同造成在凝胶颗粒的微孔中扩散的速度差异进行分离，大分子移动的速度快，先被洗脱出来，而小分子物质移动的速度慢，后被洗脱出来；凝胶过滤层析常用于脱盐、分离纯化及分子质量测定等。离子交换层析是以离子交换剂为固定相，是基于离子交换树脂上可电离的离子与流动相中具有相同电荷的溶质离子能进行可逆交换，由于特定 pH 值溶液中不同组分所带电荷不同，对交换剂具有不同的静电力而将其分离；多用于蛋白质、多肽、氨基酸、核酸、核苷酸等生物分子的分离。

(3)根据固定相基质的操作形式分类　根据固定相基质的使用形式不同，可以分为纸层析、薄层层析和柱层析。纸层析是以滤纸作为惰性支持物的分配层析。薄层层析是将基质在玻璃或塑料等光滑表面铺成薄层，在薄层上进行层析。柱层析则是将不溶性基质作为固定相填充到管中形成柱进行层析。纸层析和薄层层析主要适用于小分子物质的快速检测分析和少量分离制备。柱层析是常用的层析形式，适用于样品分析、纯化、制备等。生物化学中常用的凝胶过滤层析、离子交换层析、亲和层析、高效液相色谱等都通常采用柱层析形式。目前，有多品牌、多种类的开放性层析柱和预装层析柱可供选择，使用方便快捷，稳定性和重现性好。

1.7.2　柱层析系统

随着各种层析材料和层析柱的开发和运用，柱层析技术成为生物化学与分子生物学、化学、医学领域必不可少的一种研究手段。相对于其他层析方法，柱层析尤其是液相柱层析有明显的优点，如操作简便、分离效率高、速度快、柱材种类多、稳定性好、条件可控性强、规格易于控制、易于规模化生产、易于自动化等优点，使其成为蛋白质分离纯化、分析研究的重要技术。

常用的柱层析系统主要有层析柱、动力装置、检测装置、样品收集装置等部分。层析柱作为柱层析的核心，发挥着主要的分离、分析功能；动力装置为流动相溶液冲洗层析柱、分离样品提供动力；检测装置主要检测核酸、蛋白质浓度等信号信息；样品收集装置根据需要收集分离出的相应各组分。

1.7.2.1　层析柱

层析柱按不同标准可以分为多类。按填装固定相树脂类型分为亲和层析柱、离子交换层析柱、凝胶过滤层析柱、疏水层析柱、反相层析柱等；按操作压力分为加压型层析柱(如 HPLC、FPLC 用层析柱)、减压型层析柱、常压型层析柱(如重力柱、离心柱等)；按组装类型分为自装柱和预装柱。自装柱可根据实验需要自由组装定制，使用简单，成本相对较低；预装柱是公司按统一标准、规格封装生产，即买即用，性能稳定，重现性好，价格相对较高。

(1)自装柱　自装柱是相对于预装柱而言，自己手动灌装的层析柱。自装柱可根据实验需求购置大小、长度、材质、密封性不同的各类空柱(图 1-7-1)。自由灌装需要树脂介质，组装成符合自己实验需求的层析柱。空层析柱有不锈钢柱、玻璃或有机玻璃柱(聚丙烯等)、树脂柱等多种材质。不锈钢柱耐压性能好；玻璃柱透明度高便于观察；树脂柱不易碎、价格便宜。虽然介质类型、空柱材质不同，但操作使用方法基本相同，下面做简单介绍。

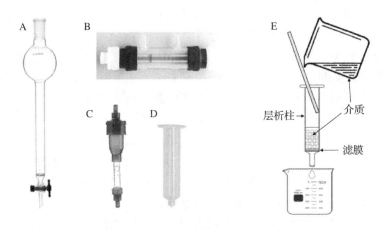

图 1-7-1　自装型层析柱及层析柱填装
A. 玻璃型层析柱　B、C. 商品化可密封层析柱　D. 开放型重力柱　E. 自装柱填装示意

①介质和空柱选择：商品化层析介质品牌、种类多样，功能各有差异，根据纯化蛋白质所带蛋白质标签类型选择对应亲和层析介质，如组氨酸标签选择 Ni-NTA/IDA 等亲和介质；根据目标蛋白质等电点和带电状况选择对应的阴阳离子交换介质；根据目标蛋白质分子质量大小选择合适的凝胶过滤介质型号。商品化介质有大小不同的颗粒，颗粒越小分离的精度越高，但是相对柱压会越高，而实验室常用的重力柱，多选用颗粒大、洗脱速度快的介质。空柱选择方面，常用重力柱多选择树脂或有机玻璃材质开放型柱，耐用并易于维护。搭配恒流泵等动力装置使用时选择上下有适配接头和管道的密封型空柱更简便。柱子一般选择细长形状（即长度与直径比值较大）为好，分辨率会更高，如凝胶过滤层析柱。但用结合能力强的介质时可选用短粗型，可以快速结合、冲洗、洗脱，提高效率，如普通亲和层析柱、离子交换层析柱等。

②装柱：根据层析需要，选择特定的层析介质，并将层析介质均匀填充在层析柱中。由于层析柱是发挥分离功能的重要部位，因此层析柱的填装质量是影响分离效果的关键。层析柱要求填装均匀，柱中层析介质无气泡与分层现象。

选择合适层析柱：确认下端滤膜完好不会泄露介质，并将空柱清洗干净，不得用硬物对内壁进行摩擦洗涤。

准备层析介质：常用商品化的凝胶介质有干粉和溶胀两种形式。干粉状的凝胶介质必须在充分溶胀后才能装柱，并在装柱前去除可能存在的细小的破碎凝胶颗粒，不同层析介质的溶胀和前处理方式不同，需参考专业技术公司的数据资料。溶胀好的层析介质在真空抽气后即可用于装柱。

灌装层析柱：将层析柱垂直固定，关闭层析柱出液口，将悬浮均匀的层析介质用玻璃棒引流缓慢注入层析柱中，使其自然沉降，打开层析柱出液口，控制适当流速，使层析介质均匀沉降，并不断加入层析介质悬液，直至填装到需要的高度。填装完成后给介质上加一层滤膜，会有助于介质上表面平整，减少流入溶液对介质平面的冲击。整个装柱过程中，层析介质表面应保持 2cm 左右的缓冲液。一些专业生物技术公司可以提供延长管或者大口径的装柱器以方便装柱。

③平衡：层析柱装柱完成后，用蒸馏水冲洗 3~5 倍柱床体积，用特定 pH 值和离子强度的缓冲液平衡柱床使介质环境形成特定的 pH 值和离子强度，同时去除装柱过程中可能

带进的污染物。平衡缓冲液的使用量一般为柱床体积的 3~5 倍。

④上样：不同的层析分离对上样的要求不同。上样前应考虑样品液的 pH 值和离子强度、上样的体积、样品的浓度等因素。样品液的 pH 值和离子强度应与层析柱平衡缓冲液相同。上样体积和样品的浓度与层析分离的原理有关。在凝胶过滤层析中，样品一般要有较高的浓度，且上样的体积有所限制；对于离子交换层析、亲和层析和疏水层析，对上样体积和浓度的要求相对较低，一般以不超过柱床的结合饱和量为限。

上样时，柱床上部的缓冲液尽量流到最少，液面接近介质上表面，迅速加入待分离的样品，打开出液口，待样品刚好完全进入层析介质时，用少量的缓冲液冲洗层析柱内壁，待此部分溶液刚好进入柱床时，持续加入缓冲液。上样过程中不得扰动柱床的表面。

⑤洗脱：洗脱的方式可分为简单洗脱、梯度洗脱和分步洗脱 3 种。

简单洗脱：层析过程始终用同一缓冲液洗脱，直到分离结束。该洗脱方式适合于被分离物质与固定相之间无明显相互作用的层析，如凝胶过滤层析。

梯度洗脱：当混合物中组分复杂且性质差异较小时，应采用梯度洗脱。洗脱缓冲液的洗脱能力连续递增，梯度可以指浓度、极性、离子强度或 pH 值等。最常用的是浓度梯度，如在离子交换层析中，洗脱缓冲液的离子强度连续梯度增加，在疏水层析洗脱时，离子强度连续梯度降低。连续离子强度的缓冲液一般通过梯度混合器制备。

分步洗脱：也称阶梯式洗脱，该方式采用洗脱能力非连续递增的洗脱液逐级洗脱，主要适用于待分离的混合物组成简单或各组分性质差异较大的情况。在梯度洗脱已获得较为确定的洗脱条件下，也可以选择此种方式提高分离操作的效率。

梯度洗脱和分步洗脱一般适用于待分离的组分在平衡缓冲液中可与层析介质结合的情况，在洗脱之前，往往会使用 3~5 倍柱床体积的平衡缓冲液洗涤柱床，以除去未结合的组分。

洗脱速度也是影响层析分离效果的重要因素。一般而言，对于简单洗脱，通常会选择较高的流速以降低洗脱过程中各分离组分在层析介质中的扩散；对于梯度洗脱，在待分离样品复杂程度未知的情况下，应首先选择较为缓和的梯度进行梯度洗脱，以初步确定纯化组分洗脱条件和洗脱效果，然后再细化洗脱液的组分或者采用分步洗脱。

⑥分步收集：在层析分离中，通常采用部分收集器收集各洗脱组分。对于组成复杂的样品，洗脱峰不一定代表一个单一的组分，因此在洗脱液收集中，每管收集的体积不宜过大，以防止将已经分离开的样品重新混合。考虑到待纯化样品的稳定性等问题，收集的各洗脱样品应尽快进行鉴定，以确定含有纯化目标的洗脱液。与此同时，采用电泳等方法评价纯化目标的纯度。

⑦层析介质的再生与保存：层析介质价格昂贵，绝大多数层析介质可通过再生重复使用。不同的层析介质再生方法不同，可参阅具体层析实验及有关介质产品使用说明和专业文献。

（2）预装柱　预装柱是各公司按一定标准、规格，预先将层析介质填装入相应柱子，统一封装销售的层析柱，这类层析柱买来可直接使用。为统一高标准封装，预装柱分离精度高、性能稳定、重现性好；预装柱一般有统一接口，方便连接各品牌 HPLC 或 FPLC 仪器使用，也可连接注射器手动操作，方便快捷。市售预装柱有 HPLC 用层析柱和 FPLC 用层析柱，各生物技术公司都有成熟多样的预装柱体系，同时随着国内科技发展，近年来，国内多家公司也陆续上市多种物美价廉的预装层析柱可供选择（图 1-7-2）。

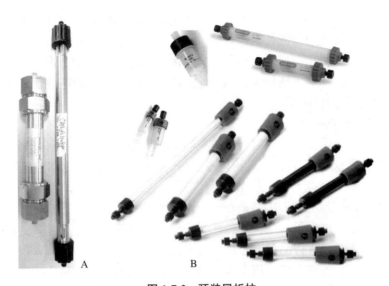

图 1-7-2　预装层析柱

A. HPLC 用预装层析柱　B. FPLC 用预装层析柱

1. 7. 2. 2　柱层析操作系统简介

对于一些样品量较少的亲和层析等操作可以使用重力柱或预装柱手动操作，方便快捷；样品较多又无需即时检测的实验可以连接恒流泵持续提供动力。实验室有一些简单的层析装置，可以集合供液、层析、检测和样品收集等于一体，方便层析分离样品，这些层析装置也是一体化 HPLC 和 FPLC 仪器的基础单元。基础层析装置包括溶液梯度混合器、恒流泵、层析柱、紫外核酸蛋白质检测仪（可连接计算机和显示器）和样品收集器，如图 1-7-3 所示。

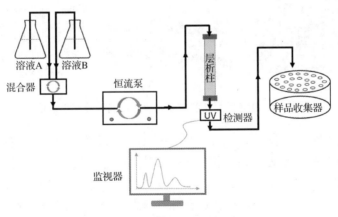

图 1-7-3　基础柱层析装置

不同浓度或 pH 值的两种溶液按比例进入混合器混合均匀供冲洗或洗脱层析柱使用，在洗脱需要特定物质线性梯度的溶液时，可以控制两种溶液比例梯度通过混合器制备。恒流泵是动力装置，以恒定速度向层析柱中输送溶液，其流速往往根据需要在一定范围内可以调节。层析柱是层析系统中发挥分离功能的核心单元，两端通过接头和管道与上游混合器和下游紫外检测仪连接。紫外检测器是用于连续监测洗脱液紫外吸收的装置，同时可以将光吸收数据转换为电信号，并输出到记录仪形成特定的洗脱曲线。样品收集器是按照特定的时间间隔或体积收集各洗脱组分的装置，便于后续收集特定的分离组分。一些专用的层析系统还配置了通过反应监测特定组分的装置，如洗脱组分为特定催化活性的酶时，各洗脱组分可与底物等检测试剂反应，再用分光光度法获得酶活性的数据。现代层析仪器设备的发展使层析装置的功能不断拓展，如 GE 公司的快速蛋白液相色谱仪配备了在线离子强度、pH 值检测、压力检测等功能。

1.7.2.3　常用液相系统简介

随着科技发展，多功能一体化层析系统不断更新，根据不同需要研发出了各种气相色谱仪、高效液相色谱仪、快速蛋白液相色谱仪等，蛋白质分离纯化和检测常用 HPLC 和 FPLC 系统。

（1）高效液相色谱仪　是应用高压液相色谱原理分离、分析各类有机化合物的仪器设备。它由储液器、泵、进样器、层析柱、检测器、记录仪等几部分组成。储液器中的流动相溶液被高压泵泵入系统，样品溶液经进样器进入流动相，被流动相载入层析柱内，经过高分辨率层析柱分离，各单个组分依次从柱内流出进入检测器，样品浓度被转换成电信号传送到记录仪，数据以图谱形式被记录并显示出来。自 1968 年 Waters 公司发布全世界首台商品化 HPLCALC100 HPLC 后，Agilent、Shimadzu 等公司也先后研发出了各自的商品化 HPLC（图 1-7-4），并且不断优化更新，为化学、生命科学、医学、环境科学等领域的科研鉴定做出了卓越贡献。

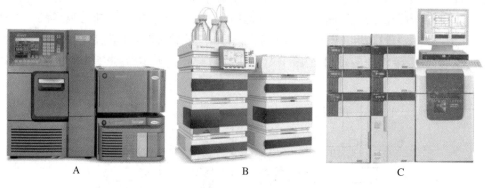

A　　　　　　　　B　　　　　　　　C

图 1-7-4　国内外生物科技公司生产的高效液相色谱仪

（2）快速蛋白液相色谱仪　1982 年，Pharmacia 公司开发出专门用来分离蛋白质、多肽及多核苷酸的系统——快速蛋白液相色谱仪。其原理与高效液相色谱仪类似，也是由输液泵、高灵敏检测器、梯度洗脱装置、自动收集装置和计算机控制等部分组成，差异在于采用中低压系统，不但保持了 HPLC 快速、分辨率高、分离效能高等特点，而且还具有柱容量大、回收效率高、不易使生物大分子失活、使用简便、成本相对较低等特性。因此，近年来在分离蛋白质、多肽及寡核苷酸等方面得到了广泛应用。近年来，GE 公司、Bio-Rad 公司等推出了不同功能配置的多系列快速蛋白液相色谱仪且不断优化更新设备，国内多家公司也推出了相应的设备和预装柱（图 1-7-5），并完善配套预装柱。

1.7.3　亲和层析

亲和层析（affinity chromatography）是利用生物大分子能与某些特定分子通过次级键进行特异识别并可逆结合的特性来分离纯化的层析方法。与生物大分子进行特异、可逆结合

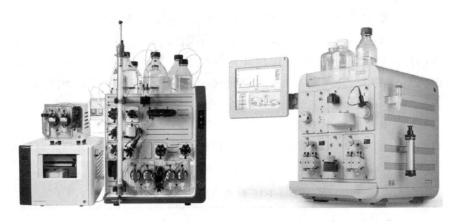

图 1-7-5　快速蛋白液相色谱仪

的化合物或基团称为配基(ligand)，亲和层析依赖于生物大分子特异性可逆结合配基的特性而实现纯化，大分子之间的相互作用具有高度选择性，可以一步、迅速完成纯化。纯化能力可达几百倍甚至近千倍，具有纯化的高效性，是当前最为理想的纯化方法。亲和层析的固定相为偶联有亲和配基的亲和层析介质。最常用的亲和体系有：酶与底物类似物、抑制剂或辅酶；抗体与抗原；凝集素与多糖、糖蛋白、细胞表面受体；核酸与具有互补碱基序列的片段、组蛋白、聚合酶、结合蛋白；过渡金属离子(Ni^{2+}、Co^{2+} 等)与组氨酸、赖氨酸或半胱氨酸等。其中，利用过渡金属离子与 $6 \times$ His 等序列作用的亲和层析又称为固定化金属离子亲和层析(immobilized metal ion affinity chromatography，IMAC)，是现在常用的一种高效亲和层析技术。

　　亲和层析的基本过程是选择欲分离生物大分子结合的配基，并将其与水不溶的载体，如葡聚糖凝胶、琼脂糖凝胶、纤维素等进行共价偶联形成亲和层析介质，装入层析柱。在有利于配基和大分子结合的条件下，将欲分离的生物大分子提取液加入到亲和层析柱中，与固定化配基亲和互作的生物大分子结合到层析柱上，而不被亲和结合的组分则被缓冲液冲洗下来，随后通过改变洗脱条件，如向洗脱液中加入游离的配基、改变 pH 值或离子强度等，使特异结合的生物大分子解离而被洗脱，从而得到高纯度目的组分。

　　亲和层析具有高特异性、可实现低浓度目标分子的富集、纯化效率高等显著优势。因此，亲和层析还可用作浓缩低浓度目标化合物，也可用于根据生物学功能分离蛋白质，如分离生物学活性有差异的同种蛋白质等。

　　亲和层析在蛋白质分离纯化，尤其是重组蛋白质纯化中发挥重要作用，可根据目标蛋白质的结构或功能特性选择合适的亲和层析介质，在重组蛋白质设计之时就可以根据需要加入合适的亲和标签(affinity tag)，提高重组蛋白质表达、纯化的效率。现在已有众多的商业化常用的亲和层析介质可供选择。下面简单介绍一下生化与分子生物学实验中常用的一些重组蛋白质亲和标签及相应的亲和层析介质。

1.7.3.1　常用重组蛋白亲和标签和配基

　　亲和标签在重组蛋白表达和纯化过程中发挥着非常重要的作用，带有亲和标签的重组蛋白可以与对应的亲和层析介质特异结合并得到纯化，可大大提高蛋白质分离纯化的效率。亲和标签的融合表达除了方便纯化，还有以下优点：①有的亲和标签可以提高目标蛋白质可溶性表达的水平。但要注意的是可溶性表达并不能保证正确的折叠，融合蛋白质可以形成可溶性的聚集体。②加入标签为检测目标蛋白质提供高灵敏度方法，如表位标签（epitope tags，又称蛋白质标签）可以使用酶联免疫吸附法（enzyme linked immunosorbent assay，ELISA）和 Western blotting 进行定性和定量检测。③亲和融合策略已广泛用于蛋白质——蛋白质相互作用研究和蛋白质复合物研究。④改善蛋白质的药物代谢动力学（pharmacokinetic）。

鉴于亲和标签在蛋白质表达纯化中的重要作用，多家公司开发了带有不同亲和标签的表达载体及纯化用亲和层析介质和层析柱，常用标签信息见表 1-7-1 所列。对最常用几种亲和标签做简单介绍。

表 1-7-1　常用的亲和标签

亲和标签	标签长度 氨基酸（AA）数目	结合配基	洗脱条件	备注
GST 标签	220AA	谷胱甘肽	还原性谷胱甘肽	载体：pGEX、pET-41、pET-42；有助于融合蛋白质可溶性表达
CBD 标签	52AA	几丁质	诱导剪切，碱液洗脱	载体：pTYB、pTWIN1
纤维素结合结构域标签	107AA，114AA，156AA	纤维素	乙二醇	载体：pET-34，pET-35，pET-36，pET-37 等；可增强表达蛋白质的热稳定性
MBP 标签	396AA	直链淀粉	麦芽糖	载体：pMAL 等；可改善可溶性表达
组氨酸标签	6AA，8AA，10AA，18AA	Ni^{2+} 或 Co^{2+} 等金属离子	咪唑/低 pH 值	载体：pET-15b，pET-21a，pTrcHis 等；可在变性条件下纯化
CBP 标签	26AA	钙调蛋白	EGTA 和 1mol/L NaCl	载体：pCAL 等
S 标签	15AA	RNase A 的 S 片段	低 pH 值	载体：pET-30a 等
T7 标签	11AA	单抗	低 pH 值	载体：pET-28a 等；可增强表达水平，可在弱变性条件下纯化

（1）谷胱甘肽 S 转移酶（glutathione S-transferase，GST）标签　GST 可特异识别并结合其底物谷胱甘肽（GSH）。基于此原理，GST 融合蛋白与固定化的底物 GSH 特异识别，并结合到 GST 亲和层析介质上，清洗杂蛋白后，加入高浓度游离的还原型谷胱甘肽，可通过竞争将融合蛋白洗脱下来。GST 标签可增加外源蛋白质的可溶性表达，能提高外源蛋白质的稳定性，且特异性高。目前，有 Glutathione Sepharose 等多种商品化亲和层析介质、GSTrap HP 等预装柱及各种纯化、检测试剂盒，纯化方便，是最常用的分离纯化、互作蛋白研究用标签。但是，由于该标签分子质量比较大，可能会对某些蛋白质功能有影响。可以在标签和目标蛋白质之间插入蛋白酶酶切位点，纯化后使用相应蛋白酶切除 GST 标签获得天然蛋白质。

（2）几丁质结合结构域（chitin binding domain，CBD）标签　CBD 是一段 52 个氨基酸残基的结构域（氨基酸序列为 TNPGVSAWQVNTAYTAGQLVTYNGKTYKCLQPHTSLAGWEPSNVPALWQLQ），可以特异结合几丁质。利用商品化几丁质树脂可以分离纯化得到高纯度的几丁质标签融合蛋白。pTYB、pTWIN1 等商品化原核表达载体在目的蛋白质和 CBD 标签之前插入了内含肽（intein），可以不需要专门的内切酶，有二硫苏糖醇（dithiothreitol，DTT）存在情况下发生自切，去掉标签，方便实用。

（3）麦芽糖结合蛋白（maltose binding protein，MBP）标签　MBP 是一个由 396 个氨基酸残基组成的蛋白质，可以结合麦芽糖和直链淀粉。含有 MBP 标签的融合蛋白可以结合到带有直链淀粉特异配基的琼脂糖等凝胶介质上，用麦芽糖温和洗脱得到融合蛋白。利用大肠杆菌原核表达融合蛋白时，MBP 标签通常放在目标蛋白的 N 端，能促进融合蛋白正确折叠和可溶性表达，尤其是对于真核蛋白、膜蛋白、病毒蛋白等难表达蛋白的可溶性表达有良好的促进作用。因为标签分子质量比较大，可能对目标蛋白质结构和活性有一定影响，可以在 MBP 标签后插入凝血酶、肠激酶等识别位点，利用蛋白酶切除标签。MBP 是实验室常用亲和标签之一，也有 MBP Sepharose 等多种商品化层析介质和预装柱可供使用。

（4）钙调蛋白结合肽（calmodulin binding peptide，CBP）标签　含有 CBP 标签（氨基酸序列为 KRRWKKNFIAVSAANRFKKISSSGAL）的融合蛋白在低浓度钙缓冲液中能够特异性地被钙调蛋白树脂亲和吸附，并且在中性环境中能够被 2mmol/L EGTA 洗脱，反应条件要温和许多。仅有 4 000 大小的 CBP 标签，与 GST 和 MBP 标签相比对蛋白质分子的影响非常小，纯化条件比组氨酸标签要温和。

（5）组氨酸标签（His-tag）　连续的（常用 6 个、8 个或 10 个）组氨酸残基或半胱氨酸可以和 Ni^{2+}、Co^{2+}、Cu^{2+}、Zn^{2+} 等过渡金属离子特异性配位结合，有很高特异性。利用连接在琼脂糖介质上的螯合配基将金属离子固定成层析介质，进行含组氨酸标签融合蛋白亲和层析的技术称为固定化金属亲和层析（IMAC），结合到固定化金属亲和介质上的组氨酸融合蛋白可以被咪唑竞争洗脱下来。组氨酸标签分子质量小，可插入目的蛋白质 C 端或 N 端，对目的蛋白质没有影响，也不会形成二聚体，一般不需要切除，与细菌转录翻译机制兼容性好，有利于蛋白质原核表达，还可以与 MBP 等其他标签构建成双标签表达，可用于多种蛋白质表达系统，而且组氨酸亲和介质挂载量远比 MBP、GST 等大，效率高，抗体及相关试剂盒丰富；以上多种优点决定了组氨酸标签成为了重组蛋白质首选亲和标签，得到了广泛使用。

IMAC 介质按金属离子螯合方式分为亚氨基二乙酸（IDA）、次氨基三乙酸（NTA）和三羧甲基乙二胺（TED）3 种，如图 1-7-6 所示。IDA 使二价离子呈三价配位，剩余 3 个自由配

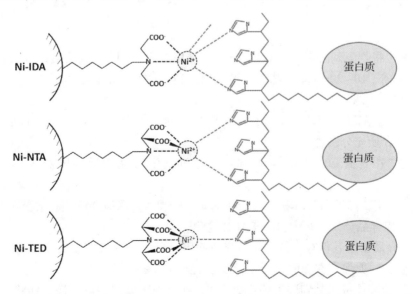

图 1-7-6　组氨酸标签中组氨酸残基与固定化金属亲和层析介质配基中金属离子的互作方式

位键与组氨酸残基咪唑环互作(目前确认两个键有互作，第 3 个不清楚)，金属离子与介质结合较弱，纯化过程中金属离子容易脱落；与组氨酸标签结合较强，纯化过程中可能会有较多非特异结合蛋白质。NTA 使二价离子呈四价配位，另外两个配位键与咪唑环作用，金属离子与介质结合比 IDA 牢固，与蛋白质结合力也较强，因此 Ni-NTA 是最常用的 IMAC 介质。TED 螯合介质结合蛋白质弱，纯化过程中蛋白质获取量比较少，但是金属离子与介质结合紧密，不易脱落，且能耐受一定浓度 EDTA 和 DTT。

按螯合的金属离子类型分为 Ni^{2+}、Co^{2+}、Cu^{2+}、Zn^{2+} 等不同固定化介质，一般 Ni^{2+} 的亲和介质与蛋白质结合力最强，Ni-NTA 商品化和使用最为广泛。Co^{2+} 也可以用于纯化组氨酸标签重组蛋白，尤其当希望目的蛋白质的结合能力弱的时候，获取纯度可能稍微提高。Cu^{2+} 和 Zn^{2+} 也经常用来纯化组氨酸标签蛋白，Fe^{3+} 和 Ca^{2+} 同其他金属离子可用来捕获磷酸化蛋白等非组氨酸标签蛋白，相比使用得更少一些。

1.7.3.2 亲和层析纯化程序

亲和层析因其具有富集功能、特异性强，常作为重组蛋白层析纯化的第一步。以组氨酸亲和标签重组蛋白和 Ni-NTA 层析介质为例，简单介绍亲和层析纯化过程，如图 1-7-7 所示。

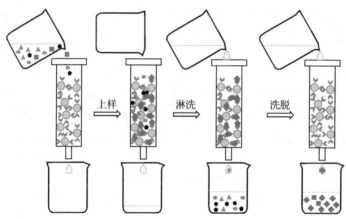

图 1-7-7　亲和层析示意

(1)裂解　将收集到的菌体细胞用 Tris(三羟甲基氨基甲烷)或磷酸缓冲液(pH 8.0)、300mmol/L NaCl、10~20mmol/L 咪唑悬浮，超声破碎或高压破碎，高速离心，去除沉淀，上清液过 0.4μm 滤膜。

(2)上样　裂解液上清低速流过 Ni-NTA 或与 Ni-NTA 混合孵育 30~60min(4℃)，使蛋白质与层析介质充分结合。

(3)淋洗　用含有 20~50mmol/L 咪唑的缓冲液淋洗结合后的层析柱 5~10 个柱床体积。

(4)洗脱　用 3~5 个柱床体积含有 250mmol/L 咪唑的洗脱缓冲液洗脱结合在 Ni-NTA 上的蛋白质，流出样品分别收集，SDS-PAGE 检测。

(5)层析介质再生及保存　亲和层析介质使用过后可依各自厂家操作说明书使用 NaCl 和 NaOH 再生；一般保存在 20%乙醇溶液中，置于 4℃冰箱。

亲和层析预装柱可用基础层析装置或 FPLC 进行程序设定梯度洗脱，能将样品中与介质亲和力不同的组分分别洗脱、分离出来，可获得纯度更高的蛋白质样品。

Ni-NTA 亲和层析纯化蛋白质的一些注意事项：①缓冲液中不能有强螯合剂，如 ED-TA、EGTA 等，公司开发的耐受螯合剂的层析介质除外。②缓冲液里不能有高浓度的强还原剂，如 DTT，防止 Ni^{2+} 被还原。③溶液中不能含离子型的去垢剂，如 SDS，防止 Ni^{2+} 流失。可加入 Triton、Tween、NP-40 等非离子型去垢剂，最高 2%，以减少背景蛋白质污染和去除核酸污染。④在破碎细胞的时候建议加入蛋白酶抑制剂，如 $0.1\sim1$ mmol/L PMSF 或商品化蛋白酶抑制剂混合物，防止目的蛋白质被降解。⑤缓冲液里可以加入甘油，防止蛋白质之间由于疏水相互作用而发生聚集沉淀，甘油浓度最高可达 50%。⑥缓冲液里 NaCl 的浓度应在 $0.3\sim2$ mol/L。⑦缓冲液中应避免含碳酸氢钠、柠檬酸等物质，以及有高浓度的 NH_4^+、甘氨酸、精氨酸等电子供体基团。⑧可加入高浓度变性剂，如 6mol/L 盐酸胍或 8mol/L 尿素，进行变性复性纯化。

1.7.4　离子交换层析

离子交换层析(ion exchange chromatography，IEC)是根据有机大分子物质表面电荷种类和多少的差异，与离子交换层析介质结合能力强弱而进行分离的一种层析方法。离子交换层析介质是自身有带电基团的介质，分为阴离子交换介质(带正电荷)和阳离子交换介质(带负电荷)。蛋白质离子交换层析的原理是当低盐溶液 pH 值低于蛋白质的等电点时，蛋白质带正电荷，可与带负电荷的阳离子交换介质结合，交换掉原来结合在介质上阳离子(图 1-7-8)；反之，溶液 pH 值高于其等电点时，蛋白质带负电荷，可与阴离子交换介质结合；通过改变溶液 pH 值或提高溶液的盐浓度，将蛋白质洗脱下来。不同蛋白质带电性质和多少不同，与层析介质作用力强弱有差异，可基于此将不同的蛋白质分子分步洗脱下来。离子交换层析分辨率高、结合能力很高，已成为蛋白质、核酸等生物大分子分离纯化的重要技术手段。

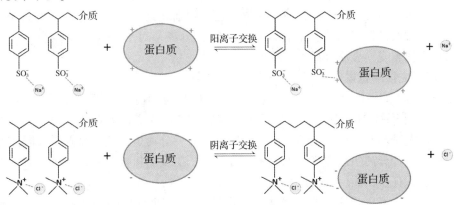

图 1-7-8　阴/阳离子交换层析模式

1.7.4.1　层析介质

离子交换层析介质是共价偶联有酸性或碱性带电基团的惰性支持物。根据可交换离子的性质不同可将离子交换层析介质分为两大类：阳离子交换介质和阴离子交换介质。根据各种离子交换介质所带电荷基团的解离度不同，各种交换介质又可进一步分为强酸型、弱酸型、强碱型和弱碱型 4 种，强与弱的区别不是离子交换介质与带电大分子物质结合能力的强弱，而是电荷基团完全解离的 pH 值范围。强的离子交换介质解离 pH 值范围较大，而弱的解离 pH 值范围小。常用的离子交换层析介质电荷基团有强酸性的磺酸甲酯(methyl sulfonate，—O—CH$_2$CHOHCH$_2$OCH$_2$CHOHCH$_2$SO$_3^-$) 和 磺 丙 基 （sulfopropyl，—O— CH$_2$CHOHCH$_2$OCH$_2$CH$_2$CH$_2$SO$_3^-$)、弱酸性的羧甲基(carboxymethyl，—O—CH$_2$COO$^-$)、强碱性的季铵[quaternary ammonium，—O—CH$_2$N$^+$(CH$_3$)$_3$]、弱碱性的二乙氨基乙基[diethylaminoethyl，—O—CH$_2$CH$_2$N$^+$H(CH$_2$CH$_3$)$_2$]和二乙氨基丙基[diethylaminopropyl，—O—CH$_2$CHOHCH$_2$N$^+$H(CH$_2$CH$_3$)$_2$]。

常用的离子交换介质基质材料的种类和来源有多糖(纤维素、葡聚糖、琼脂糖等)和合成树脂(聚丙烯酰胺、聚甲基丙烯酸酯、聚苯乙烯等有机聚合物)。

将纤维素上少量羟基用弱电离基团取代制成的离子交换纤维素可用于生物大分子的分离，但其缺点是介质形态不规则、孔隙不均一，层析过程中流速不稳定。目前，常用的离子交换介质为离子交换葡聚糖凝胶和离子交换琼脂糖凝胶大孔颗粒，具有颗粒整齐、孔径均一、高结合能力等优点。离子交换树脂是聚苯乙烯等交联物，可形成高度球形，颗粒直径非常小的多孔或无孔颗粒，这类介质分辨率更高，可用于微量制备或分析性纯化。

1.7.4.2　离子交换层析介质的选择

影响离子交换层析的因素有离子交换介质的种类及颗粒大小、蛋白质带电荷状况、缓冲液 pH 值、盐离子浓度等，因此要综合考虑为纯化一种蛋白质选择合适的离子交换介质。对于已知分子信息的蛋白质，首先可以根据其一级结构序列计算出等电点，根据等电点选择合适的溶液 pH 值和介质种类。一般等电点高的蛋白质宜选择 pH 值低于等电点的溶液和阳离子层析介质，等电点比较低的蛋白质采用高 pH 值溶液和阴离子交换层析介质。一般优先选择强酸型或强碱型交换介质，因为这两类介质适合 pH 值范围广，稳定性好；若强离子交换介质不能获得好的分离效果，可以尝试弱离子交换介质。层析介质的颗粒大小对离子交换层析分离结果也有重要影响，介质颗粒大小与层析柱的分辨率和流速有关。颗粒越小的层析介质分辨率越高，流速越慢，适合精细纯化和分析；颗粒大的离子交换层析介质分辨率较低，但流速快，适合高通量、快速分离。对于等电点等信息未知的蛋白质，可以从强离子交换介质开始尝试摸索。

1.7.4.3　离子交换层析操作流程

离子交换层析的操作大致分为：平衡、上样、淋洗、洗脱及使用后再生(图 1-7-9)。

①平衡：用合适 pH 值的低盐缓冲液冲洗层析柱 5~10 个柱床体积，以平衡介质，使层析介质带电配基与溶液中带电离子结合。同时，将待分离蛋白质样品置换成同样溶液。

②上样：将待分离蛋白质样品加入平衡好的离子交换层析柱，控制流速使样品缓慢流过层析介质，保证蛋白质组分与层析介质充分结合。

③淋洗：用平衡层析柱的低盐溶液冲洗层析柱 3~5 个柱床体积，使与层析介质不结合的蛋白质组分从层析柱冲洗下来，起到去除杂质的效果。

④洗脱：离子交换层析柱的洗脱方式可以分为盐浓度梯度洗脱和 pH 梯度洗脱。pH 梯度不易控制，所以一般都选用盐浓度梯度洗脱，梯度方式分为线性盐浓度梯度和分步盐浓度梯度，一般选用线性梯度盐浓度洗脱，长度 10~20 个柱床体积，使 NaCl 增加到 0.5mol/L。随着洗脱溶液中盐浓度提高，蛋白质与层析介质结合力逐渐降低，从而依各自带电荷多少逐批次洗脱下来，各种组分被分离开。利用层析装置或 FPLC 仪器可较好完成线性浓度梯度洗脱，并且可以实时监测溶液电导率和洗脱样品紫外吸光值，如图 1-7-9 所示。在已经清楚目标蛋白质洗脱盐浓度的情况下可以采用分步盐浓度洗脱，可以节约时间

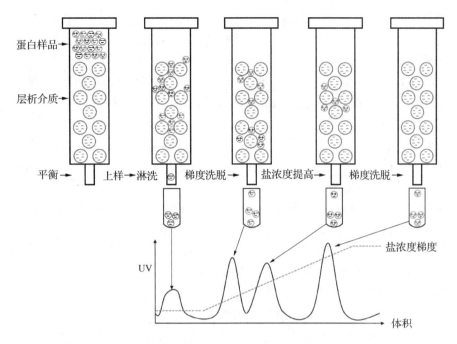

图 1-7-9　离子交换层析示意

并对洗脱样品有一定浓缩作用。

⑤层析介质的使用后再生：一般使用完，用 2 个柱体积 2mol/L NaCl 冲洗层析柱，然后用蒸馏水冲洗 10 个柱体积(如有需要可根据产品使用说明，使用去垢剂、变性剂等深度清洁)，用 20%乙醇溶液冲洗 10 个柱体积，于 4℃保存。

1.7.5　疏水作用层析

疏水作用层析(hydrophobic interaction chromatography，HIC)简称疏水层析，是一种利用固定相载体上偶联的疏水性配基与流动相中大分子的疏水基团的吸附作用不同而进行分离的方法。蛋白质分子表面的疏水基团越多，疏水性越强，其与疏水层析介质结合作用越强。在高盐条件下可使蛋白质的构象发生一定程度的变化，使较天然蛋白质更多的疏水基团暴露在外部，同时高盐浓度可以增强蛋白质疏水基团与层析介质上疏水配基的相互作用。在高离子强度下待分离的蛋白质结合在疏水层析介质上，然后通过线性或分步式降低离子强度，将存在疏水性差异的蛋白质分步洗脱，疏水性弱的蛋白质，在较高的离子强度下被洗脱；疏水性强的蛋白质，在较低的离子强度下被洗脱。常用 1mol/L 硫酸铵或 2mol/L NaCl 或 KCl 溶液来溶解蛋白质，使蛋白质与疏水层析介质结合。

1.7.5.1　疏水层析介质

疏水层析介质由惰性基础介质和偶联的疏水性配基组成。常见的基础介质是由琼脂糖、甲基丙烯酸酯、聚苯乙烯/联乙烯苯和二氧化硅等材质形成的不同大小的球形颗粒，颗粒直径越小，分辨率越高。琼脂糖颗粒一般较大(>20μm)，适用于快速、大规模制备使用，而聚苯乙烯/联乙烯苯等材质颗粒直径较小(5~15μm)，常用于疏水层析分析。常用疏水层析介质的疏水配基有苯基(phenyl)、丁基(butyl)、辛基(octyl)、醚基(ether)和异丙基(isoproplyl)等，通常配基的疏水性结合强度随有机链长度的增加而提高，而芳香族配基苯基还可通过"π-π效应"与蛋白质发生作用，显示芳香性和疏水性混合型相互作用。

一般蛋白质表面疏水性是未知的，在选择合适疏水层析介质时就需要通过尝试不同配基介质进行筛选。若目标蛋白质在高盐溶液中不能结合，就选择疏水性更强的介质；如果目标蛋白质结合太牢固以至于不能顺利洗脱，就换一种疏水性弱些的介质，或降低高盐缓冲液的盐浓度。一般公司有疏水层析预装柱筛选套装，可供前期摸索使用。

1.7.5.2 疏水层析操作流程

疏水层析操作步骤与离子交换层析类似，区别在于疏水层析是高盐上柱，低盐洗脱。

①平衡：用合适高盐缓冲液冲洗层析柱5~10个柱床体积，以平衡介质，同时将待分离蛋白质样品置换成同样溶液。

②上样：将待分离蛋白质样品加入平衡好的疏水层析柱，控制流速使样品缓慢流过层析介质，保证蛋白质组分与层析介质充分结合。

③淋洗：用平衡层析柱的高盐溶液冲洗层析柱3~5个柱床体积，使与层析介质不结合的蛋白质组分从层析柱冲洗下来，起到去除杂质的效果。

④洗脱：疏水层析柱的洗脱方式一般选用盐浓度梯度洗脱，梯度方式分为线性盐浓度梯度和分步盐浓度梯度，一般选用逐渐降低的线性盐浓度梯度洗脱，长度10~20个柱床体积。随着洗脱溶液中盐浓度降低，蛋白质与层析介质结合力逐渐降低，各种组分被分别洗脱分离开。利用层析装置或FPLC仪器可较好完成线性浓度梯度洗脱，并且可以实时监测溶液电导率和洗脱样品紫外吸光值，如图1-7-10所示。

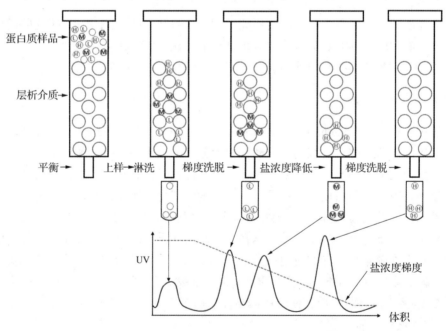

图1-7-10 疏水层析示意

Ⓗ 高疏水性蛋白质 Ⓜ 中疏水性蛋白质 Ⓛ 低疏水性蛋白质

⑤层析介质的使用后再生：一般使用完，用2个柱体积2mol/L NaCl冲洗层析柱，然后用蒸馏水冲洗10个柱体积（如有需要可根据产品使用说明，使用去垢剂、变性剂等深度清洁），用20%乙醇溶液冲洗10个柱体积，于4℃保存。

1.7.6　凝胶过滤层析

凝胶过滤层析(gel filtration chromatography，GFC)又称分子筛层析(molecular sieve chromatography，MSC)、尺寸排阻层析(size exclusion chromatography，SEC)、凝胶排阻层析(gel exclusion chromatography，GEC)或凝胶渗透层析(gel permeation chromatography，GPC)。凝胶过滤层析是以具有一定孔径范围的多孔凝胶颗粒为固定相，按样品的分子质量大小差异而分离各个组分的层析方法。凝胶过滤层析介质凝胶颗粒是内部多孔的立体网状结构(图 1-7-11A)。如图 1-7-11B 所示，当不同分子质量大小的混合蛋白质样品随溶液进入层析柱，大的蛋白质分子不能通过凝胶颗粒孔洞进入凝胶内部，只能随流动相从凝胶颗粒周围快速流过，流经途径短，速度快，较早从层析柱洗脱下来；稍小的蛋白质分子则进入凝胶颗粒上部分较大的孔，受到部分阻碍，流经路径稍长；更小的蛋白质分子可以通过不同孔洞渗透进入凝胶内部，流经路径长，较晚洗脱流出，据此，经过层析柱内凝胶连续筛选，不同分子质量(流体学直径)的蛋白质分子被分离开，同时蛋白质分子和上样溶液分离，可以起到置换溶液的作用(图 1-7-11C)。凝胶过滤层析虽然存在上样体积有限、柱体积大、样品稀释严重等问题，但是具有操作简单、分离条件温和、样品回收率高等优点，广泛应用于生物大分子的分离、相对分子质量测定、脱盐等研究工作。

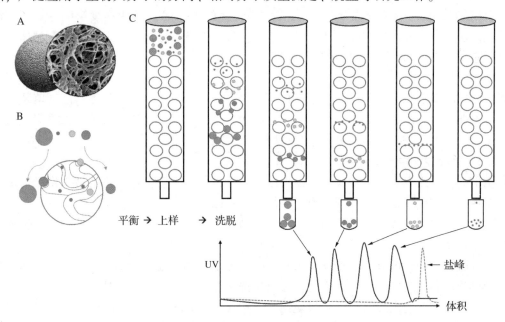

图 1-7-11　凝胶过滤层析示意
A. 凝胶颗粒剖面结构　B. 凝胶颗粒与蛋白质颗粒相互关系示意
C. 蛋白质组分的凝胶过滤层析分离过程

1.7.6.1　凝胶过滤层析介质

凝胶过滤层析介质是由不带电荷的惰性材料制成，具有化学性质稳定、不带电荷、不与待分离物质有非特异相互作用、不影响待分离物质的生物活性等特征。常用的商品化产品有多种材料、多种尺寸和规格可供选择。常用的传统型凝胶介质有葡聚糖类(如 Sephadex G)，化学稳定性好，不与常用生化试剂反应，适合 pH 值范围广(pH 2~10)，但分辨率低，多用于脱盐，而改良型葡聚糖凝胶 Sephacryl HR 分辨率高、刚性好，多用于凝胶过滤层析。琼脂糖凝胶（如 Sepharose、Superose、Bio-Gel A、Ultragel A 等）刚性好，可用于高流速样品分离，一般适合 pH 4~10，但分辨率较差。聚丙烯酰胺凝胶（如 Bio-Gel P、Ultragel AcA 等）化学性质稳定，不与常规化学试剂反应，可适合 pH 2~10，能耐受高浓度尿素和盐酸胍；葡聚糖-琼脂糖交联混合物 Superdex 拥有高分辨率、刚性好、稳定性好等优点，是目前 FPLC 层析选择性最好的凝胶过滤层析介质。高效能型凝胶过滤层析介质有改进型琼脂糖凝胶 Superose 和键合硅胶材质（如 Protein Pak、Shodex、TSK-SW、Zorbox 等）。传统型凝胶过滤层析介质流速慢、经济性好，可购买散装材料，根据需要自行填装层析柱，多用于 FPLC 分离大分子物质；高效能型介质使用方便、流速快，但成本高，多由厂商填装成预装柱，常用于 HPLC 分析。几乎每种材质凝胶过滤层析介质都有多种颗粒规格，适合分离、分析不同分子质量范围的物质，可根据实验需求对应选择。

影响凝胶过滤层析分辨率的因素有凝胶材质、颗粒大小、颗粒孔径大小、装柱密度、样品体积、层析柱直径与长度、缓冲液黏度和流速等。根据实验目的选择凝胶材质，如需要脱盐或置换溶液选择 Sephadex，高分辨率分离或分析选择 Superdex。根据目的蛋白质的相对分子质量选择合适分离范围的凝胶材质和规格，如 Superdex 75 适合 $3\times10^3 \sim 7\times10^5$，Superdex 200 适合 $1\times10^4 \sim 6\times10^5$ 蛋白质。根据目的选择凝胶颗粒规格，要大规模制备可选择大颗粒（如 $34\mu m$），要求高分辨率可选择小颗粒（如 $13\mu m$）。柱床高度影响分辨率和洗脱时间，柱床越高分辨率越高，洗脱时间越长。为获得最高分辨率，上样体积与柱床总体积比不应高过 2%，可先将蛋白质样品浓缩至合适体积和浓度。凝胶过滤层析低流速也有助于提高分辨率，脱盐或置换溶液可用高流速。选择合适溶液成分，一定浓度盐离子有助于蛋白质样品稳定和减弱与介质之间的作用。另外，选择购买散装介质，自己填装层析柱，可根据实验和样品量等具体调整、针对设计，自由度高，也比较经济；选择凝胶过滤层析预装柱，可以获得更高的分辨率和高稳定性，但是价格较高。

1.7.6.2　凝胶过滤层析操作

①平衡：先用至少 2 个柱体积蒸馏水冲洗凝胶过滤层析柱，然后用合适平衡缓冲液冲洗层析柱 2 个柱床体积，以平衡介质；将待分离蛋白质样品浓缩到合适体积。

②上样：将待分离蛋白质样品注入平衡好的凝胶过滤层析柱，控制流速使每分钟不高于柱床体积 1%。

③洗脱：用同样成分溶液匀速洗脱一个柱床体积，利用层析装置或 FPLC 仪器实时监测溶液电导率和洗脱样品紫外吸光值，并收集洗脱样品，如图 1-7-11 所示。

④层析介质的使用后再生：一般使用完，用 2 个柱体积 0.5mol/L NaOH 冲洗层析柱，然后用蒸馏水冲洗 4 个柱体积（如有需要可根据产品使用说明，使用去垢剂、变性剂等深度清洁），用 20%乙醇溶液冲洗 2 个柱体积，于 4℃保存。

1.7.7　羟基磷灰石亲和层析

羟基磷灰石（hydroxyapatite，HA）是磷酸钙的羟基化合物，分子内含有 Ca^{2+} 和 PO_4^{3-} 离子，酸性和中性蛋白质的羧基、磷酰基等通过钙配位络合物与羟基磷灰石结合，碱性蛋白质的氨基与磷酸盐位点结合，另外与钙位点的结合还涉及静电作用。羟基磷灰石与蛋白质之间主要靠离子键和氢键结合，通过逆转这些结合就可以将结合在羟基磷灰石介质上的蛋白质洗脱下来，可以通过线性或分步梯度方式提高磷酸盐缓冲液 pH 值或阴/阳盐离子强度实现蛋白质洗脱分离。羟基磷灰石亲和层析可以用于蛋白质分离纯化，重组蛋白质纯化过程中有助于去除宿主细胞蛋白质、内毒素及核酸等成分，并减少蛋白质聚集。

常用商品化羟基磷灰石介质有微晶型、琼脂糖凝胶包裹型、多孔陶瓷化型等多种形式。早期的羟基磷灰石产品（如 Bio-Gel HT、Bio-Gel HTP 等）微晶型的精装结构在功能上不稳定；后来开发出了将羟基磷灰石微晶包裹在琼脂糖凝胶颗粒中的工艺产品，如 HA Ultrogel，其蛋白质吸附量与微晶相似，结构相对稳定。后来，Bio-Rad 和 Clarkson Chromatography 分别开发出了陶瓷化羟基磷灰石（如 CHT Ⅰ、CHT Ⅱ 等），这种多孔陶瓷化羟基磷灰石球状颗粒具有机械稳定性和多孔性，提高了对蛋白质的吸附能力，常用于实验室规模和工业化生产规模的重组蛋白质下游纯化加工。

羟基磷灰石亲和层析分离蛋白质过程与离子交换层析类似，但有一些事项需要注意。羟基磷灰石对多种金属尤其是 Fe、Al、Zn 和 Mn 有吸附作用，多次使用后金属物质积累会导致层析柱褪色。羟基磷灰石有可溶性，不断使用使羟基磷灰石表面积累的水合氢离子解离产生损伤，从而导致层析柱产生空隙和压力增加。可以使用低浓度磷酸盐与 MES 或 MOPS 及少量钙离子混合液充分抑制羟基磷灰石的溶解，延长层析柱使用寿命，又能兼顾蛋白质分离纯度。

1.7.8　反相层析

反相层析是基于生物大分子表面疏水区域和层析介质上疏水基团强的相互作用结合，而利用非极性溶剂作为流动相将其洗脱的一种层析方法。结合原理与疏水层析一样利用生物大分子与介质之间的疏水作用。不同点在于反相层析的固定相疏水性更强，比流动相疏水性强。"反相"是相对于"正相"而来的，正相层析是用亲水固定相和疏水流动相洗脱，而反相是疏水固定相，亲水的水/有机溶液作为流动相。反相层析起始阶段流动相是水相，水溶液中生物大分子结合到强疏水性介质上，洗脱时随着有机溶剂含量增加，流动相疏水性增强，生物大分子根据疏水性由弱到强依次洗脱下来。反相层析介质性能稳定，分辨率很高，常作为高效液相色谱层析手段之一，广泛应用于蛋白质、多肽、氨基酸、核酸、脂类、脂肪酸、糖类等物质的分离与分析。

蛋白质纯化一般分为初步获取、中度纯化和精细纯化三大步（参考 1.1.1 蛋白质分离纯化一般原则），每一项都可以根据需要选择合适的层析方式。常用的层析技术有亲和层析、离子交换层析、疏水层析、凝胶过滤层析和反相层析等，每种层析技术都有各自的特点和适合的纯化阶段。

1.8　电泳及相关技术

电泳（electrophoresis）是带电荷的颗粒在电场作用下，向着与其电荷相反的电极方向移动的现象。电泳现象早在 1808 年就被发现，但电泳技术的广泛应用，则是在 1937 年用滤纸作为支持介质成功地进行纸电泳以后，特别是在近几十年，电泳技术发展很快，各种类型的电泳技术相继诞生，在生物化学、医学、免疫学等领域得到了广泛应用。

除了在其等电点以外，蛋白质在任何 pH 值条件下都带电荷，因此，能在电场中泳动，其泳动速度取决于蛋白质的电荷密度（z/m）。电荷密度越大，泳动速度越快。由于电泳引起的热效应会导致液柱对流而破坏正在分离的蛋白质区带，并且在电泳过程中及电泳结束后，扩散作用将不断使蛋白质区带加宽，这些因素影响了电泳对蛋白质的分辨率。

20 世纪 50 年代，科学家们开始寻找能够减少对流和扩散，具有稳定作用的支持介质，先后找到了两大类：第一类是相对惰性的材料，如纸、醋酸纤维素薄膜等，主要起支持作用并减少对流。蛋白质在这类介质中的分离主要取决于蛋白质在所选定的 pH 值条件下的电荷密度。第二类是凝胶，如琼脂和聚丙烯酰胺凝胶，它们不仅可阻止对流、降低扩散，还因为可以形成与蛋白质分子大致相同的孔径，因而能产生分子筛效应，其分离作用既与蛋白质的电荷密度有关，又与其分子大小有关。自 20 世纪 60 年代 Davis 等发明了聚丙烯酰胺凝胶电泳后，SDS-PAGE、等电聚焦电泳、双向电泳和印迹转移电泳等技术逐步发展起来。这些技术设备简单、操作方便、分辨率高，分离后的蛋白质可以进行染色、紫外吸收、放射自显影、生物活性测定等，因此，得到广泛应用。至今，已发展起来的电泳已有多种类型。按分离原理，电泳可分为区带电泳（zone electrophoresis，ZEP）、移界电泳（moving boundary electrophoresis，MBEP）、等速电泳（isotachophoresis，ITP）和等电聚焦电泳等；按有无支持物，又将电泳分为自由电泳、支持物电泳，后者包括无阻滞支持物（如滤纸、醋酸纤维薄膜、纤维素粉、淀粉等）和高密度凝胶（如淀粉凝胶、聚丙烯酰胺凝胶、琼脂或琼脂糖凝胶等）电泳。

1.8.1　基本原理

1.8.1.1　电荷的产生

蛋白质是由 20 种氨基酸组成，氨基酸带有可解离的氨基（—NH_3^+）和羧基（—COO^-），因而蛋白质在一定的 pH 值条件下就会发生解离而带电。电荷的性质和大小取决于蛋白质分子的性质、离子强度和溶液的 pH 值。蛋白质的净电荷是组成它的氨基酸残基的侧链基团上所有正负电荷的总和。在某一 pH 值条件下，蛋白质分子的净电荷为 0，此时蛋白质在电场中不泳动，此溶液的 pH 值为该蛋白质分子的等电点。如果溶液的 pH 值高于等电点，则蛋白质分子会解离出 H^+ 而带负电，在电场中向正极移动。反之，蛋白质分子会结合一部分 H^+ 而带正电，在电场中向负极移动。

当把一个带净电荷（Q）的颗粒放入电场时，电场力（F）的大小等于质点所带净电荷量（Q）与电场强度（E）的乘积，可用下式表示：

$$F = QE$$

由于 F 的作用，使带电颗粒在电场中向一定方向泳动。但是，质点的前移还要收到阻力（F'）的影响，对于一个球形质点，服从 Stoke 定律，即

$$F' = 6\pi r\eta v$$

式中　r——质点半径（m）；

　　　η——介质黏度（Pa/s）；

　　　v——质点移动速度（m/s）。

当质点在电场中做稳定运动时，$F = F'$；即 $QE = 6\pi r\eta v$。

可见，球形质点的迁移率，首先取决于自身状态，即与所带电量成正比，与其半径及介质黏度成反比。除了自身状态的因素外，电泳体系中其他因素也影响质点的电泳迁移率，带电荷的供试品（蛋白质、核苷酸等）在惰性支持介质（如滤纸、醋酸纤维薄膜、琼脂糖凝胶、聚丙烯酰胺凝胶等）中，于电场的作用下，向其对应的电极方向按各自的速度进行泳动，使组分分离成狭窄的区带，用适宜的检测方法记录其电泳区带图谱或计算百分

含量。

电泳迁移率是指带电颗粒在单位时间和单位电场强度下，在电泳介质中的泳动距离。

$$U = d/tE$$

式中　　U——电泳迁移率$[\mathrm{cm}^2/(\mathrm{s} \cdot \mathrm{V})]$；

　　　　E——电泳时的电场强度（V/cm）；

　　　　d——时间 t 内带电颗粒的泳动距离（cm）。

1.8.1.2　影响电泳速度的因素

带电颗粒在电场中的泳动速度与其所带净电荷大小、颗粒大小和形状有关。另外，许多外界因素对电泳速度会产生明显的影响，主要的影响因素如下：

①颗粒性质：颗粒直径、形状及所带的净电荷对泳动速度有较大影响。一般来说，其余条件不变的情况下，颗粒所带静电荷量越大，或其直径越小，或其形状越接近球形，在电场中的泳动速度就越快，反之则越慢。

②电场强度：电场强度是指每厘米的电位差。电场强度越高，电泳速度越快。

③溶液的 pH 值：带电颗粒所带电荷取决于其解离程度，而后者与溶液的 pH 值有关。溶液的 pH 值离蛋白质的等电点越远，颗粒所带的净电荷就越大，泳动速度也越快，反之就越慢。分离蛋白质时，各种蛋白质所带电荷的大小差异越大，就越利于分离。为使电泳时 pH 值恒定，必须采用缓冲液作为电极液。

④溶液的离子强度：电泳液中的离子浓度增加会引起质点迁移率的降低，其原因是带电质点吸引相反电荷的离子聚集在其周围，形成一个与运动质点电荷相反的离子氛，不仅降低质点的带电量，同时增加质点前移的阻力，甚至使其不能泳动。然而离子浓度过低，会降低缓冲液的总浓度及缓冲容量，不易维持溶液的 pH 值，影响质点的带电量，改变泳动速度。离子的这种障碍效应与其浓度和价数相关，可用离子强度 I 表示。缓冲液的离子强度影响颗粒的电动电势，离子强度越高，电动电势越小，泳动速度越慢，反之则越快。

⑤电渗现象：电场中的液体对于固体支持物的相对移动，称为电渗现象。颗粒在电场中的泳动速度等于其自身的泳动速度与电渗现象造成的颗粒移动速度之和。

⑥支持物：支持物琼脂和聚丙烯酰胺凝胶都有大小不等的筛孔，在筛孔大的凝胶中溶质颗粒泳动速度快，反之，则泳动速度慢。若支持物不均匀，吸附力大，会造成电场不均匀，影响分离效果。

⑦温度：温度升高，介质的黏度会下降，分子运动加剧，使得自由扩散加快，迁移率增加。温度每升高 1℃，迁移率约增加 2.4%。控制电压或电流，或在电泳系统中安装冷却散热装置，可降低因通电产生的焦耳热对电泳的影响。

⑧焦耳热：在电泳过程中，电流强度与释放出热量（Q）之间的关系可列成如下公式：

$$Q = I^2Rt$$

式中　　R——电阻（Ω）；

　　　　I——电流强度（A）；

　　　　t——电泳时间（s）。

公式表明，电泳过程中释放出热量与电流强度的平方成正比。当电流强度或电极缓冲液及样品中离子强度增高时，电流强度会随着增大。这不仅降低分辨率，影响泳动速度，而且在严重时会烧断滤纸或熔化琼脂糖凝胶支持物。

1.8.2　非变性聚丙烯酰胺凝胶电泳

以淀粉胶、琼脂、琼脂糖凝胶、聚丙烯酰胺凝胶等作为支持介质的区带电泳法称为凝胶电泳。聚丙烯酰胺凝胶电泳（PAGE）是由单体丙烯酰胺（acrylamide，Acr）和交联剂 N, N'-甲叉双丙烯酰胺（N, N'-methylene-bisacrylamide，Bis），在加速剂和催化剂的作用下聚合交联成三维网状结构的凝胶。与其他凝胶相比，聚丙烯酰胺凝胶具有化学性质不活泼，对 pH 值、温度和离子强度变化不敏感、可重复性好、透明、有弹性，以及其孔径可以通过改变单体及交联剂的浓度而进行调节，以适应大小不同的蛋白质的分级分离等优点，同时样品在丙烯酰胺凝胶中不易扩散，用量少（灵敏度可达 10^{-6} g），电泳分辨率高。聚丙烯酰胺凝胶电泳可以在天然状态下分离生物大分子，分离后仍保持生物活性，可以分离蛋白质和其他生物分子的混合物，可用于蛋白质、酶和核酸等生物大分子的分离、定性、定量及制备，并可测定其相对分子质量和等电点，研究蛋白质的构象变化等。

人为控制聚丙烯酰胺凝胶聚合成孔径的大小，通过类似分子筛作用把蛋白质分开，聚丙烯酰胺凝胶可用于常规 PAGE 及 SDS-PAGE、等电聚焦电泳、双向电泳、聚丙烯酰胺梯度凝胶电泳及蛋白质印迹等。

1.8.2.1　影响 PAGE 速度的因素

蛋白质被聚丙烯酰胺凝胶电泳所分离，主要基于如前所述的电荷效应和分子筛效应（发生于分离胶中）。如果缓冲液系统为不连续系统（电泳体系中缓冲液的离子成分、pH 值、凝胶浓度及点位梯度不相同），还要加上浓缩效应（发生于浓缩胶中）。

①电荷效应：样品进入分离胶后，慢离子甘氨酸全部解离为负离子，泳动速率加快，很快超过蛋白质，高电压梯度随即消失。此时，蛋白质在均一的外加电场下泳动，但由于蛋白质分子所带的有效电荷不同，使得各种蛋白质的泳动速率不同而形成一条条区带。但 SDS-PAGE 中，各种 SDS-蛋白质复合物在电泳中不同的泳动率与蛋白质所带电荷无关，因为 SDS 这种阴离子表面活性剂可以降低或消除蛋白质天然电荷差别。各种蛋白质因所带电荷多少不同，在电场中有不同的迁移率，这就是电荷效应。表面电荷越多，迁移越快；表面电荷越少，迁移越慢。

②分子筛效应：分子筛效应是由于一定浓度的聚丙烯酰胺凝胶具有一定大小的孔径，分子质量或分子大小及形状不同的蛋白质在其中泳动时，因受阻滞的程度不同而表现出不同的迁移率。分子质量小且呈球形的蛋白质分子所受阻力小，迁移快；分子质量大，形态不规则的蛋白质分子所受阻力大，迁移慢。

③浓缩效应：不连续电泳体系由电极缓冲液、浓缩胶和分离胶组成。各部分的离子成分、pH 值及电位梯度不相同，浓缩胶和分离胶的浓度也不同，所以只有不连续电泳体系才具有浓缩效应。不连续体系主要包括 3 个方面：凝胶浓度的不连续性；离子成分及 pH 值的不连续性；电位梯度的不连续性。浓缩胶又称堆积胶，其胶浓度较小（常用 4% 左右），孔径相对较大。较稀的样品在浓缩胶中泳动时受到的阻力小，泳动较快，因而被浓缩成一个狭窄的区带。分离胶又叫电泳胶，其浓度依据所分离的样品情况而定。分离胶的浓度必定大于浓缩胶，当被浓缩的样品进入小孔径的分离胶时，受到的阻力增大，泳动速度减慢，使其在分离胶中能得到高分辨率的分离。分离胶可以为均一胶（整块胶的浓度相同），也可以为梯度胶（胶浓度以线性梯度或指数梯度逐渐增大，孔径逐渐变小）。所以，形成了凝胶浓度的不连续性。浓缩胶和分离胶的缓冲液均为 Tris-HCl。Tris 的作用是维持

溶液的电中性及 pH 值，是缓冲配对离子。HCl 在任何 pH 值条件下均易解离出 Cl⁻，Cl⁻在电场中迁移率快，走在最前面，称为先导离子或快离子。电极缓冲液为 Tris-Gly，Gly⁻在 pH 6.7(浓缩胶缓冲液)的溶液迁移率介于快慢离子之间，就会在快慢离子形成的界面处被浓缩成极窄的区带。当甘氨酸进入 pH 8.9 左右的分离胶时，其解离度增大，迁移率超过蛋白质，因而 Cl⁻和 Gly⁻沿着离子界面继续前行，蛋白质则被留在后面，不受离子界面的影响而逐渐分离。电泳速度等于电位梯度与迁移率的乘积，因此，迁移率低的离子在高电位梯度中的电泳速度，可以与低电位梯度中高迁移率离子的电泳速度相等。快离子进入浓缩胶后，很快就超过蛋白质，因而在快离子后形成一个低离子浓度区，而此区电位梯度却高，使得快离子后面的蛋白质和慢离子加速移动。当三者的迁移率与电位梯度的乘积相等时，它们的移动速度也相同，在快离子移动速度相等的稳定状态建立后，则在两者之间形成一个稳定且不断向阳极移动的界面。而蛋白质的迁移率介于快慢离子之间，于是样品蛋白质就在高低电位梯度间的移动界面附近得以浓缩。

1.8.2.2　聚丙烯酰胺凝胶的聚合方式

聚丙烯酰胺凝胶聚合机理是通过氧游离基提供的催化作用，使体系发生氧化还原作用来完成的。催化体系主要有化学催化和光化学催化体系。

①化学催化体系：丙烯酰胺的化学催化聚合过程是在引发剂和加速剂组成的系统中完成的，参与反应的引发剂有过硫酸铵(ammonium persulfate，APS)或过硫酸钾(potassium persulfate，KPS)、过氧化氢(H_2O_2)等，而参与反应的加速剂则有二甲胺丙腈和 N,N,N',N'-四甲基乙二胺(N,N,N',N'-tetram-ethylethylenediamine，TEMED)等，由于丙烯酰胺聚合时，可在酸性或碱性条件下进行，所以选用的引发剂和加速剂就应随着酸碱性变化而变化(表 1-8-1)。

表 1-8-1　丙烯酰胺聚合时常用的催化系统

引发剂	加速剂	应用范围
APS	TEMED	碱性系统
	3-二甲胺丙腈(DMAPN)	
	3-二甲胺丙腈亚硫酸盐	
过氧化氢或 APS	硫酸亚铁-抗坏血酸	酸性系统
核黄素	TEMED	碱性系统(光聚合)

聚合反应受各种因素的影响，如系统中催化剂和加速剂的浓度、pH 值、温度、分子氧和杂质含量都会影响凝胶的聚合过程，一般在室温下比在 0℃时聚合快，溶液预先抽气的比不抽气的聚合快。

②光催化系统体系：核黄素-TEMED 催化系统属于光聚合作用系统，核黄素在光照条件下分解，被还原成无色核黄素，后者在有少量氧的条件下，被氧化成自由基，从而引发聚合反应。通常将混合液置于一般荧光灯旁，即可使反应发生，用核黄素聚合时，可不加TEMED，但是其加入后可以加速聚合。用这种催化剂的优点是用量极少，对分析样品无任何不良影响。聚合时间可以通过改变光照时间和强度来延长或缩短。

光聚合反应受许多因素的影响：大气氧可以淬灭自由基，阻止多聚体链长的增加。在进行聚合前，一般用减压抽气的办法除去溶液中溶解的空气，在胶液表面覆盖一层水或溶液隔绝空气，可加速聚合。低温、低 pH 值都会减慢聚合反应速度，有些材料如聚丙烯酸甲酯有机玻璃及一些金属等可抑制聚合反应。

聚合后的聚丙烯酰胺凝胶的强度、弹性、透明度、黏度和孔径大小均取决于两个重要参数 T(丙烯酰胺和亚甲基双丙烯酰胺两个单体的总百分浓度)和 C(交联剂的质量分数)。

$$T = \frac{\text{丙烯酰胺克数} + \text{交联剂克数}}{\text{总体积}} \times 100\%$$

$$C = \frac{\text{交联剂克数}}{\text{丙烯酰胺克数} + \text{交联剂克数}} \times 100\%$$

大部分电泳在由两块玻璃板组成的垂直电泳槽中进行，这种平板使得在同一块凝胶中可以直接比较不同的样品。凝胶的厚度由放置在两块玻璃板间的垫片确定，样品孔则通过凝胶聚合过程中塑料梳齿的嵌入而形成。电泳槽提供了凝胶电泳过程中组件的密封，并保持了电泳过程中凝胶与电泳缓冲液的接触。因为凝胶板中热量分散不均匀会导致条带变形，电泳仪能提供散热的手段。

1.8.2.3 聚丙烯酰胺凝胶中可能发生的问题、原因及解决方法

①凝胶聚合太慢或者不聚合：凝胶聚合应在 0.5~1h 完成，凝胶聚合太慢或不聚合最常见的原因是过硫酸铵失效或量不够，应新鲜配制，或换其他批号的过硫酸铵，或增加其浓度。单体纯度不够也影响聚合，需重结晶或换其他批号的单体，温度太低也会延缓凝胶聚合，从冰箱取出的单体溶液应恢复到室温后再配制。

②凝胶聚合太快：过硫酸铵或四甲基乙二胺用量太多常导致过快聚合，凝胶易变脆、龟裂，且电泳时易烧焦，应减少两者的用量，若因灌胶动作太慢所致，则应加快操作。

③聚合后凝胶从玻璃板上脱落：常因玻璃板不清洁所致，应清洁玻璃板。

④样品不能在样品池底部形成样品层：样品缓冲液中遗漏了蔗糖或甘油，导致样品不能下沉，或样品梳齿未能与玻璃板紧贴，两者间有凝胶聚合而影响载样，应使用合适的样品梳。

⑤电泳后未检测出蛋白质带：如加样量太少；染色液性质不合适；染色液浓度不够；染色时间不够；分离胶浓度太高，样品不能进入；分离胶浓度太低，样品已电泳出分离胶；样品中含有水解酶，样品被降解。

⑥样品分离区带展宽或拖尾：加样量太多或样品浓度太高；样品溶液离子强度太高；缓冲液组成、pH 值不合适；可通过减少加样量、降低样品浓度、进行去离子化处理等方法解决。

⑦分离样品带呈条纹状：凝胶聚合不完全；样品溶解不完全；样品过量或产生沉淀；样品缓冲液不新鲜；凝胶中有微小气泡；在制胶和插入加样梳时小心操作，避免小气泡混入。

⑧只显一条区带：电极缓冲液变质或重复使用次数太多，pH 值发生变化，分不清指示染料前沿和样品分离区带。

⑨蛋白质区带不明显且背底深：由于样品蛋白质水解过度造成的，制备样品时注意低温操作，并应用蛋白酶抑制剂可消除上述现象。

1.8.2.4 聚丙烯酰胺凝胶电泳注意事项与建议

①配成 40%丙烯酰胺水溶液在 4℃能保存数月，在贮存期间丙烯酰胺会水解成丙烯酸而增加电泳时的电内渗现象并减慢电泳的迁移率。

②丙烯酰胺和亚甲基双丙烯酰胺是一种对中枢神经系统有毒的试剂，操作时要避免直接接触皮肤，但它们聚合后则无毒。

③在非变性聚丙烯酰胺凝胶电泳的过程中，蛋白质的迁移率不仅和蛋白质的等电点有关，还和蛋白质的相对分子质量以及分子形状有关，其中蛋白质的等电点是最重要的影响因子，要根据蛋白质的等电点来选择相应的电泳缓冲系统。

④在非变性聚丙烯酰胺凝胶电泳的过程中，要注意电压过高引起发热而导致蛋白质变性，所以最好在电泳槽外面放置冰块以降低温度。

⑤如果蛋白质相对分子质量较大，电泳时间可以适当延长，以使目的蛋白质有足够的迁移率和其他蛋白质分开。

1.8.3　SDS-PAGE

在聚丙烯酰胺凝胶中加入适量的 SDS 或尿素后，用其作支持物进行的凝胶电泳为SDS-PAGE。SDS-PAGE 是目前测定蛋白质亚基分子质量最好的方法，操作简便、快速、重复性好。此法由 Shapiro 等人于 1967 年首先建立，1969 年 Weber 和 Osborn 进一步完善。此电泳可用于单链 DNA、寡核苷酸片段以及蛋白质亚基、膜蛋白、肽类等物质的分析，还可用于研究大分子物质的折叠结构等方面。

1.8.3.1　SDS-PAGE 的基本原理

SDS 是一种阴离子型去垢剂，在水溶液中以单体和分子团的混合形式存在，它能断裂分子内和分子间的氢键，使分子去折叠，从而破坏蛋白质分子的二级和三级结构。特别是在有强还原剂，如巯基乙醇和 DTT 存在的情况下，由于蛋白质分子内的二硫键被还原剂打开并不易再氧化，解聚后的氨基酸侧链与 SDS 充分结合，形成带负电荷的蛋白质-SDS 胶束(在一定条件下，大多数蛋白质与 SDS 的结合比为 1.4g SDS/1g 蛋白质)。所带的负电荷量大大超过蛋白质原有的电荷量，从而使不同分子间原有的电荷差异可以忽略不计。因此，蛋白质亚基-SDS 胶束在 SDS-PAGE 中的迁移率不再受原有电荷的影响，而主要取决于胶束棒的长度，即蛋白质或蛋白质亚基相对分子质量的大小。当蛋白质的相对分子质量在 $1.5 \times 10^5 \sim 2 \times 10^6$，电泳迁移率与相对分子质量的对数呈线性关系(在 $2 \times 10^5 \sim 6 \times 10^5$ 范围内的线性关系最好)。因此，SDS-PAGE 不仅可以分离蛋白质，而且可以根据迁移率大小测定蛋白质亚基的相对分子质量。

根据电泳系统中缓冲液、凝胶浓度和 pH 值是否相同，SDS-PAGE 可分为 SDS-连续电泳和 SDS-不连续电泳(包括梯度凝胶电泳)两类。后者具有较强的浓缩效应，其分辨率较前者高。根据电泳形式又分为圆盘电泳和平板电泳(包括垂直和水平)。根据对样品的处理方式分为还原 SDS 电泳、非还原 SDS 电泳和带有烷基化作用的还原 SDS 电泳。

SDS-聚丙烯酰胺凝胶的有效分离范围取决于用于灌胶的聚丙烯酰胺的浓度和交联度。在没有交联剂的情况下聚合的丙烯酰胺形成毫无价值的黏稠溶液，而经双丙烯酰胺交联后凝胶的刚性和抗张强度都有所增加，并形成 SDS-蛋白质复合物必须通过的小孔。这些小孔的孔径随"双丙烯酰胺/丙烯酰胺"比值的增加而变小，比值接近 1∶20 时孔径达到最小值。SDS-聚丙烯酰胺凝胶大多按"双丙烯酰胺/丙烯酰胺"为 1∶29 配制，实验表明它能分离大小相差只有 3% 的蛋白质。

1.8.3.2　凝胶中蛋白质的检测方法

凝胶中的蛋白质检测方法有多种，本书提供了 3 种最简单、最可靠的用于检测 SDS-

PAGE 凝胶中蛋白质的方法，它们能够满足大部分情况的需要。考马斯亮蓝 R-250 是最常用的蛋白质染色剂，也是常规实验中的推荐之选。银染法是凝胶中蛋白质染色最敏感的方法，当使用电泳评估制备纯度时（如在抗原制备时）应采用此法。铜染法是近期发展起来的迅速且灵敏的染色方法。

电泳结束之后，移除凝胶装置，分开玻璃板。凝胶着色的所有步骤都必须在室温下适当的容器（培养皿或托盘）内温和摇动进行。由于指纹会沾染，故在凝胶染色时总需要戴上手套，通过对凝胶拍照，或将其放置于玻璃纸上并利用干燥器进行干燥处理，便可获得已染色凝胶的永久性记录。

（1）考马斯亮蓝 R-250 染色　R-250（Coomassie brilliant blue R 250）即三苯基甲烷，每个分子含有两个—SO_3H 基团，偏酸性，与氨基黑一样也是结合到蛋白质的碱性基团上。不溶于冷水，微溶于热水，呈艳红色蓝光，微溶于乙醇呈艳蓝色。遇浓硫酸呈橙红色。R-250 中的 R 代表 red，偏红，R-250 属于慢染，染色浓度为 65%，但脱色脱的完全，$\lambda_{max} = 560 \sim 590nm$，当蛋白质浓度超过一定范围时，对高浓度蛋白的染色不符合比尔（Beer）定律，用作定量分析时要注意。

（2）银染法　在碱性条件下，用甲醛将蛋白带上的硝酸银（银离子）还原成金属银，以使银颗粒沉积在蛋白带上。染色的程度与蛋白中的一些特殊的基团有关，不含或者很少含半胱氨酸残基的蛋白质有时候呈负染。银染的详细机制还不是非常清楚。由于银染的灵敏度很高，可染出胶上低于 1ng/蛋白质点，故广泛用在 2D 凝胶分析及极低蛋白含量测定的垂直凝胶中。

灵敏度可比染料染色法高 100 倍以上，容易观察到那些含有 10 ~ 100ng 蛋白质的条带。有时在银染凝胶中 $5 \times 10^5 \sim 7 \times 10^5$ 区域内可看到垂直条痕和独立于样品的条带，这些伪迹是不慎引入样品的污染物的还原反应所造成的。在对样品进行 SDS-还原缓冲液处理后，再加入过量的碘乙酰胺，便可消除这些伪迹。

（3）铜染法　将电泳胶拆下后，用蒸馏水漂洗 2 ~ 3min，然后将凝胶浸入 0.3mol/L $CuSO_4$ 水溶液中振荡染色 5min，蒸馏水洗 2 ~ 3min，此时蛋白质应显色。铜染色后的凝胶还可以进行考马斯亮蓝染色，染色的灵敏度与考马斯亮蓝染色相当。

1.8.3.3　SDS-PAGE 注意事项与建议

①溶液中 SDS 单体的浓度：SDS 在水溶液中是以单体和 SDS-多肽胶束的混合形式存在，能与蛋白质分子结合的是单体，为了保证蛋白质与 SDS 的充分结合，它们的质量比应该为 1∶4 或者 1∶3。

②SDS 结合到蛋白质上的量仅仅取决于平衡时 SDS 单体的浓度，不是总浓度，而只有在低离子强度的溶液中，SDS 单体才具有较高的平衡浓度。所以，SDS 电泳的样品缓冲液离子强度较低，常为 10 ~ 100mmol/L。

③只有二硫键被完全还原以后，蛋白质分子才能被解聚，SDS 才能定量地结合到亚基上从而给出相对迁移率和相对分子质量对数的线性关系。上样缓冲液中的 β-巯基乙醇的含量常为 4% ~ 5%，DTT 的含量常为 2% ~ 3%。

④用 SDS-PAGE 测定蛋白质相对分子质量时，电荷异常或构象异常的蛋白质，带有较大辅基的蛋白质（如某些糖蛋白）及一些结构蛋白质（如胶原蛋白）等测出的相对分子质量是不可靠的。因此，最好至少用两种方法来测定未知样品的相对分子质量，互相验证。

⑤注意样品溶解效果不佳或分离胶浓度过大会引起电泳条带出现拖尾现象。

1.8.4　等电聚焦电泳

等电聚焦(isoelectric focusing, IEF)是 20 世纪 60 年代中期问世的一种利用有 pH 梯度的介质分离不同等电点蛋白质的电泳技术。在 IEF 电泳中，蛋白质分子在含有载体两性电解质形成的一个连续而稳定的线性 pH 梯度中电泳。由于其分辨率可达 0.01 pH 单位，因此特别适合于分离分子质量相近而等电点不同的蛋白质组分，但是对于在等电点时发生沉淀或变性的样品却不适用。

1.8.4.1　等电聚焦的基本原理

IEF 的关键是在凝胶中形成稳定的、连续的线性 pH 梯度。根据建立的 pH 梯度原理的不同，可分为载体两性电解质 pH 梯度的 IEF 和固相 pH 梯度的 IEF。前者是将载体两性电解质溶解在电泳介质溶液中制胶，形成聚丙烯酰胺或琼脂凝胶，然后将凝胶引入电场中进行 IEF。后者是将弱酸、弱碱两性基团直接引入丙烯酰胺中，在凝胶聚合时形成 pH 梯度，因此其 pH 梯度固定，不随环境电场等条件变化。

以载体两性电解质 pH 梯度的 IEF 为例，在 IEF 的电泳中，具有 pH 梯度的介质其分布是从阳极到阴极，pH 值逐渐增大。蛋白质分子具有两性解离及等电点的特征，这样在碱性区域蛋白质分子带负电荷向阳极移动，直至某一 pH 值位点时失去电荷而停止移动，此处介质的 pH 值恰好等于聚焦蛋白质分子的等电点(pI)。同理，位于酸性区域的蛋白质分子带正电荷向阴极移动，直到在它们的等电点上聚焦为止。可见在这种方法中，将等电点不同的蛋白质混合物加入有 pH 梯度的凝胶介质中，在电场内经过一定时间后，各组分将分别聚焦在各自等电点相应的 pH 值位置上，形成分离的蛋白质区带。IEF 电泳原理示意如图 1-8-1 所示。

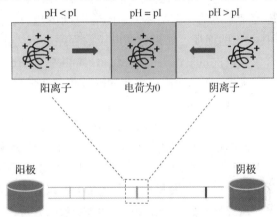

图 1-8-1　等电聚焦电泳(IEF)的工作原理

pH 梯度的组成方式有两种：一种是人工 pH 梯度，由于其不稳定，重复性差，现已不用；另一种是天然 pH 梯度。天然 pH 梯度的建立是在水平板或电泳管正负极间引入等电点彼此接近的一系列两性电解质的混合物，在正极端吸入酸液，如硫酸、磷酸或醋酸等，在负极端引入碱液，如氢氧化钠、氨水等。

等电聚焦的优点：①有很高的分辨率，可将等电点相差 0.01~0.02 pH 单位的蛋白质分开。②不会受到扩散作用的影响，一般电泳受扩散作用的影响，随着电泳时间和电泳距离的加长，其区带会有变宽的现象，而 IEF 能抵消扩散作用，使区带越走越窄。③具有很高的浓缩作用，不管样品应用于分离介质的哪个部位，最后都会聚焦在其等电点位置，而且电压越大这种聚焦作用越明显。由于 IEF 具有以上这些特性，其与 SDS-PAGE 联用是目前为止分离复杂蛋白质的公认的正交性最好的体系。当然等电聚焦技术也存在一些缺点：①IEF 要求是无盐溶液。②不适合分离在等电点不溶或发生变性的蛋白质。

1.8.4.2　等电聚焦电泳的类型及应用

等电聚焦体系 pH 梯度的建立方式对蛋白质分离结果的影响很大，不同类型 pH 梯度基础的 IEF 体系运行机制也不同，根据其 pH 值建立的方式差异，IEF 体系主要有两种类型：①载体两性电解质-等电聚焦（carrierampholytes isoelectric focusing，CAs-IEF）。②固定化 pH 梯度等电聚焦（immobilized pH gradient isoelectric focusing，IPG-IEF）。两种类型 IEF 各有自己的优势和局限性。

（1）CAs-IEF　CAs-IEF 体系是通过在第一向溶液中加入 CAs（两性电解质是由一系列带有不同等电点的多氨基多羧基脂肪族衍生物组成的混合物），在电场下，CAs 按照等电点的不同在阳极和阴极之间形成 pH 梯度，蛋白质在此 pH 梯度中，按照等电点分别聚焦在体系 pH 梯度中相应的位置，从而实现复杂蛋白质混合物的分离。其主要的特点是：形成 pH 梯度的 CAs 介质是游离的，随着周围体系环境的改变，pH 梯度也是可调的。

CAs-IEF 是在管式（tube）凝胶中进行的，使用管式 CAs-IEF 有几个优点：①凝胶制备简单，不需要复杂的梯度灌胶设备。②CAs 混合物能很简单地掺合在一起，并且根据 pH 梯度的范围大小进行优化。③CAs 可以根据需要设计成线性 pH 梯度或者 S 型 pH 梯度（特定 pH 值区域）。④当使用较细的管式凝胶时，分离蛋白质的分辨率很高，pH 梯度重复性也很好。CAs-IEF 由于 CAs 合成过程比较长并且程序复杂，其暴露的缺点主要也集中在 CAs 本身生产批次之间的重复性上；另一个缺点是尽管理论上当聚焦电泳达到平衡时，pH 梯度是稳定的，但实际上，随着时间的进行，pH 梯度的阴极漂移现象严重，最终导致了 pH 梯度的崩溃。如果对加电压的程序进行优化，这种影响会减小到最低。经过改进，CAs 合成的批次重复性得到优化，分离相差 0.016 等电点单位的蛋白质时结果重复性很好；对于阴极端 pH 梯度漂移引起的碱性蛋白质的分离效果差甚至丢失问题，则采用了非平衡 pH 梯度电泳（non-equilibrium pH gel electrophoresis，NEPHGE），它是 CAs-IEF 的一种类型，在 NEPHGE 期间，分子质量不同但等电点相同的蛋白质在电场下由于移动速度不同，大小不同的蛋白质到达与其等电点相同的 pH 梯度位置处的时间会不同，因此，可以控制等电聚焦程序结束的时间，使得碱性区域小分子蛋白质未漂移出 pH 梯度区域时就停止运行。此方法与 CAs-IEF 相比，优点在于可以最大限度地分离 pH 大于 7 的碱性蛋白质并不至丢失。研究显示，当前通用的 IPG-IEF 在运行过程中，蛋白质丢失现象严重，特别是在分析等电点大于 7 的碱性蛋白质时尤为突出，NEPHGE 方法则表现出极好的再现性，而且发现在分析酸性区域蛋白质时，此方法也表现出同样的优越性。另一个优点是，NEPHGE 方法具有更高的载样量，并且与 IPG-IEF 相比，其 2D-PAGE 图谱中蛋白点含量的重复性更好。而其最大的缺陷是，很难得到合适的电压和时间条件控制实验结束，并确保电泳结果的重复性。

除了以上传统的管式 CAs-IEF 和用于分离特定蛋白质的 NEPHGE 方法外，CAs-IEF 体系还用于毛细管 IEF（capillary isoelectric focusing，cIEF）中，cIEF 相比管式 CAs-IEF 具有高效、高通量、自动化程度高等优势，它广泛用于多维分离体系中。

（2）IPG-IEF　IPG-IEF 体系中，pH 梯度的创建是采用几种固定化两性电解质（immobilized ampholytes，IAs or immobilines™）。按照特定的方式共价连接到聚丙烯酰胺凝胶介质上来实现的。固定化电解质是丙烯酰胺衍生物，它的结构如图 1-8-2 所示。

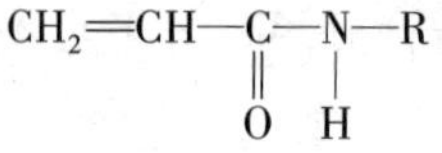

$$CH_2{=\!=}CH\overset{\displaystyle\|}{\underset{\displaystyle O}{-}}C\overset{\displaystyle\|}{\underset{\displaystyle H}{-}}N\text{--}R$$

图 1-8-2　固定化两性电解质结构通式

　　这里，"R"代表不同的羧基或者氨基基团，根据所带基团的不同各种固定化两性电解质在溶液中产生不同的 pH 值缓冲范围，并且它们可以人为的按照一定的顺序在正确的聚合条件下共价结合到丙烯酰胺凝胶中，从而在凝胶介质中形成固定化 pH 梯度（immobilized pH gradient，IPG）。pH 梯度是通过梯度混合仪将两种或者多种提前配制好的具有特定 pH 值的 IAs 重溶液和轻溶液梯度混合，并灌注于类似 PAGE 的灌胶装置，最后凝胶聚合而形成的。

　　IPG-IEF 最初是在 1982 年由 Righetti 等人报道的，指出传统 CAs-IEF 有很多缺点，除了上面提到的阴极漂移外，还有电导不均一、缓冲能力不均一以及不可控的离子强度等，而相比 CAs-IEF，IPG-IEF 有很多优点：①阴极漂移完全被消除。②在分离通道上具有均一的电导。③IAs 具有很好的缓冲能力。④可以设计明确、可控的离子强度。⑤具有较高的分辨率。在提高分辨率方面，IPG-IEF 主要是通过拓宽 pH 梯度的范围来实现的。

1.8.5　固相 pH 梯度 IEF-SDS 蛋白质双向凝胶电泳

　　聚丙烯酰胺凝胶双向电泳是一种由任意两个单向聚丙烯酰胺凝胶电泳组合而成的，是在第一向电泳后再在其垂直方向上进行第二次电泳的分离方法。组成双向电泳的两个单向电泳的原理应有很大的不同，才能得到精细的结果。1975 年，O'Farrall 等人根据按蛋白质不同组分间等电点差异分离的原理，建立了 IEF/SDS-聚丙烯酰胺凝胶双向电泳的分离技术，简称 IEF/SDS-PAGE。等电聚焦丙烯酰胺凝胶电泳为第一向，SDS-PAGE 为第二向，此法可分离 5 000 种不同的蛋白质组分，其分辨率之高，是目前其他单向、双向聚丙烯酰胺凝胶电泳所无法比拟的。

1.8.5.1　双向电泳的原理

　　双向电泳是指第一向为等电聚焦（载体两性电解质 pH 梯度或固相 pH 梯度）电泳，第二向是 SDS-PAGE。样品经过电荷和相对分子质量两次分离后，可以得到分子的等电点及相对分子质量等信息。分离的结果不是条带而是点。这是目前所有电泳技术中分辨率最高、获取信息最多的技术。近年来，经过多方面的改进已成为研究蛋白质组的最有价值的核心方法。

　　利用双向电泳的方法寻找蛋白质差异，是目前研究差异表达蛋白质最重要、最普遍的方法之一。

　　第一向等电聚焦：IEF 是在凝胶柱中加入一种称为两性电解质载体的物质，从而使凝胶柱在电场中形成稳定、连续和线性的 pH 梯度。以电泳观点看，蛋白质最主要的特点是它的带电行为，它们在不同的 pH 值环境中带不同数量的正电荷或负电荷。如果在 pH 梯度环境中将含有各种不同等电点的蛋白质混合样品进行电泳，不管混合蛋白质分子的原始分布如何，都将按照它们各自的等电点大小在 pH 梯度某一位置进行聚焦，聚焦部位的蛋白质点的净电荷为零，测定聚焦部位的 pH 值即可知道该蛋白质的等电点。

　　第二向 SDS-PAGE：SDS 是一种阴离子表面去垢剂，当向蛋白质溶液中加入足够量的 SDS 时，可形成蛋白质-SDS 复合物，这使得蛋白质从电荷和构象上都发生了变化。在构象上，蛋白质-SDS 复合物形成近似"雪茄烟"形的长椭圆棒，这样的蛋白质-SDS 复合物，在凝胶中的迁移就不再受蛋白质原来的电荷和形状的影响，而仅取决于相对分子质量的大小，从而使我们通过 SDS-PAGE 来测定蛋白质的相对分子质量。

　　IEF/SDS-PAGE 双向电泳的第一向常用柱状，第二向常用板状。虽然 IEF/SDS-PAGE

双向电泳的原理与 IEF-PAGE、SDS-PAGE 的原理基本相同，但在具体操作上却有较大差别。必须注意：

第一向电泳分离系统与相应的单向电泳不同，为了保证蛋白质能在第二向电泳时与 SDS 充分结合，必须在第一向电泳系统中加入高浓度的尿素和适量的非离子型去垢剂 NP-40。在蛋白质样品处理液中除以上两者外，还需加入 DTT。这些试剂可破坏蛋白质分子内的二硫键，使蛋白质变性、肽链舒展，有利于蛋白质与 SDS 充分结合，但它们本身并不带电荷，不会影响蛋白质原有的电荷量和等电点。

第二向的加样操作与 SDS-PAGE 单向电泳不同。首先将固定好的第一向凝胶柱用去离子水洗 3 次，再放入与 SDS-PAGE 样品处理液一致的平衡液（含 SDS 和 β-巯基乙醇）中振荡平衡 3min，更换平衡液后再振荡平衡 1~2h。经振荡平衡后，凝胶柱内原有的第一向电泳分离系统被第二向的电泳分离系统所取代。β-巯基乙醇使蛋白质分子的二硫键保持还原状态，以便蛋白质与 SDS 充分结合，从而完成第二向 SDS-PAGE 的样品处理。经平衡处理后的凝胶柱包埋在第二向的凝胶板上端，完成第二向电泳的加样。其余电泳过程与前述单向电泳 IEF-PAGE、SDS-PAGE 相同。

1.8.5.2　IEF/SDS-PAGE 双向电泳注意事项

①对蛋白质样品处理要求较严格：样品需离心除去凝胶颗粒；尽可能除去核酸；低温保存，以免其中的尿素分解，最终导致蛋白质带电性质的改变；样品中不应含有 SDS。

②样品加样量：加样量的大小与所用的检测方法有关，若采用灵敏度高的检测方法，则加样量应相应减少，反之，则应相应增加。考马斯亮蓝染色的灵敏度在微克级水平，要分析几百个蛋白质组分时，蛋白质总量应达到几百微克。

③第一向电泳的环境温度：尿素在低温时容易析出，高温时容易分解。因此，第一向电泳的环境温度应保持在 20~35℃。

④第一向电泳后凝胶柱的平衡：平衡时间应控制在 30min 左右，时间过长，蛋白质会因扩散而丢失；时间过短，凝胶柱内分离系统变换不完全，将影响蛋白质与 SDS 的结合，进而影响第二向的分离效果。

⑤两向制胶所用的玻璃管和玻璃板要清洗干净：先用溶液浸泡，再用清水充分冲洗、蒸馏水洗涤，最后用乙醇清洗并干燥。若这些器具不干净，可能造成凝胶与玻璃管或玻璃板剥离，从而产生气泡、脱胶或胶柱、胶板断裂。

1.8.6　毛细管电泳

毛细管电泳（capillary electrophoresis，CE）是近 10 年来迅速发展的一种分离分析技术，在毛细管的发展过程中，各种分离模式的应用，使得毛细管电泳应用到很多领域。与高效液相色谱相比，毛细管电泳有着更高的分离效率、更少的样品需求量和更低的操作技术。因此，毛细管电泳在分子生物学领域得到空前的发展。目前，毛细管电泳在蛋白质的分离分析和微量制备中有着广泛的应用：蛋白质样品纯度的检测，组织细胞和血液中的蛋白质分析，部分生化反应过程的研究和探测，蛋白质分子质量和等电点的测定，蛋白质结构的研究及蛋白质的微量制备等。

1.8.6.1　毛细管电泳的基本原理

毛细管电泳分离物质的原理实质上就是物质差速运动的结果，在毛细管电泳中物质主要有两种运动：电泳和电渗。电泳是带电粒子在电场作用下的定向移动，电渗是因为毛细管壁带负电(硅胶表面的硅羟基离解或表面的电离离子吸附)吸引异电离子(正离子)，这些离子在高电场作用下朝负极方向运动，在电泳过程中通过碰撞等作用使溶剂分子也同向运动，从而产生电渗。物质粒子在毛细管中的运动速度则是这两种运动速度之和，通常电渗流的速度主要是由电渗速度决定，从而可以实现所有的样品组分向同一方向泳动及正负离子的同时分离。因为正离子的泳动方向与电渗方向相同，所以最先流出；中性离子的泳动速度为零，在正离子后流出；而负离子因泳动方向和电渗相反，最后流出。通过控制和改变物质离子的电泳和电渗，使不同的物质在毛细管中的移动速度不同，从而实现物质的分离。

　　毛细管电泳仪的结构很简单，可以自行组装，基本结构通常包括高压电源、毛细管柱、检测器、缓冲液储槽、铂丝电极及数据处理系统。毛细管电泳是在内径 $25 \sim 100 \mu m$ 的弹性石英毛细管中进行，样品进入毛细管中，在高压作用下，在毛细管中进行分离，分离后的物质分别流至毛细管检测窗口处行检测，检测信号通过数字信号转换输入计算机中进行分析。

1.8.6.2　毛细管电泳的分离模式

　　为了达到最佳的分离模式，首先要选择电泳的分离模式。下面简述一下在蛋白质分离中常见的几种毛细管电泳的分离模式。

　　(1)毛细管区带电泳　毛细管区带电泳是毛细管电泳中最基本也是应用最广泛的一种分离模式。其分离机制是基于样品组分间有不同的质荷比，从而有不同的迁移速度而得到分离。实际上就是在一根毛细管空柱中，注入具有一定 pH 值缓冲能力的自由溶液，待测物质在高压电场作用下，于毛细管中进行分离。在氨基酸、多肽及蛋白质的纯度鉴定、变体筛选和构象分析等方面应用较广。

　　(2)胶束电动毛细管色谱　胶束电动毛细管色谱和毛细管区带电泳极为相似，仅是其缓冲溶液中所加入的表面活性剂的量超过了形成胶束的临界浓度。当表面活性剂浓度超过了此临界浓度，其单体就结合在一起聚成球形的胶束，形成的胶束如同色谱中的固定相，而缓冲液则如流动相，待测样品在两相间进行分配，由于分配行为的差异产生差速运动而得到分离。在此分离模式下，中性粒子也可因疏水性的不同而得到分离，疏水性越强，保留在胶束中的时间就越长。

　　(3)毛细管凝胶电泳　毛细管凝胶电泳的原理和常规的凝胶电泳相同，以凝胶或聚合物网络为分离介质，根据被测组分的质荷比和分子体积不同而进行分离。在毛细管中进行凝胶电泳，可以更好地进行定量分析。但是，在毛细管中灌注凝胶难度较大，凝胶柱寿命也较短，并且聚丙烯酰胺在紫外光处有强吸收，因而只能在 280nm 处检测蛋白质，灵敏度较低，从而限制了它的使用。目前，毛细管凝胶电泳主要应用于分子生物学和蛋白质化学研究等方面，如核苷酸纯度分析、基因治疗中特征基因分析、PCR 扩增产物分析、DNA 限制性片段分析和蛋白质分离分析等。

　　(4)无胶筛分毛细管电泳　介于毛细管区带电泳和毛细管凝胶电泳之间的一种分离模式。用低黏度的线性聚合物代替高黏度交联的聚丙烯酰胺，分离机制仍是通过分子筛效应按分子大小进行分离。分析时可将预先聚合好的聚合物溶液溶于缓冲液并用压力压入柱内，经过一个分离周期后，冲洗柱子，又可不断重复进行。柱子制备简单，寿命较长，且所有的筛分聚合物在紫外光处吸收很低，可以在 200nm 左右处检测蛋白质，灵敏度较高，但分离效能较凝胶柱低。常用于分离蛋白质的无胶筛分剂有聚乙二醇和葡聚糖，选用的浓度随分离物质分子的增大而降低。

（5）等电聚焦毛细管电泳　同传统的等电聚焦电泳相似，也是利用蛋白质或多肽物质等电点的不同而在毛细管内进行分离的电泳技术。在毛细管中进行的等电聚焦电泳实际上就是一个 pH 梯度的毛细管区带电泳。等电聚焦毛细管电泳时，阴阳极缓冲槽中所装有的溶液不同，在阳极槽中装满稀磷酸（20~50mmol/L），阴极缓冲槽中装满稀的氢氧化钠溶液（10~50mmol/L），采用压力进样将样品和两性电解质的混合物压入毛细管中，施以高压，在毛细管中即可建立一个 pH 梯度。采用两性电解质混合溶液作为载体电解质，当毛细管两端施加电压时，带电的蛋白质或多肽以不同的速度迁移并通过介质，带正电的向负极迁移，带负电的向正极迁移，当它们迁移到 pH 值与等电点相同的区带时，静电荷为零，不再迁移，并在此产生一个非常窄的区带，蛋白质在管中便可因各自不同的等电点而形成聚焦带。然后通过从毛细管一端施加压力或在一个电极槽中加入盐类等办法来移动溶质和两性电解质，使已聚焦的蛋白质或多肽区带依次通过检测器而被检测。

（6）亲和毛细管电泳　亲和毛细管电泳是一种特殊的毛细管区带电泳模式，将抗原（抗体）加入缓冲液中或涂布在毛细管管壁上，将相应的抗体（抗原）作为样品进行电泳；或者在毛细管外进行抗原-抗体反应后，再进行电泳。该电泳法分离效率高、纯化度高。

（7）毛细管电色谱　毛细管电色谱是高效液相色谱和毛细管区带电泳结合的产物，是将高效液相色谱固定相填充在毛细管内或键合、涂布在毛细管的内表面，以电渗流推动流动相，根据样品中各组分在电场中迁移速度的不同或在两相间的分配系数不同而进行分离。毛细管电色谱不仅具有高效液相色谱法的高选择性，也具有毛细管区带电泳的高分离效能。由于在体系中引入了液相色谱固定相，而且其种类较胶束毛细管电动色谱中使用的表面活性剂多得多，所以，毛细管电色谱更有利于分离中性化合物。

目前，毛细管电色谱已应用于蛋白质的分析测定，但其缺点是毛细管色谱柱的制备比较复杂，从而限制了其应用。

1.8.7　蛋白质印迹法

蛋白质印迹法是分子生物学、生物化学和免疫遗传学中常用的一种实验方法，可分为电泳、转印、酶免疫测定 3 个阶段。该方法结合了电泳的高分辨率和酶免疫测定的高敏感性和特异性，是一种用于分析样本组分的免疫学测定方法。蛋白质印迹的发明者一般认为是美国斯坦福大学的乔治·斯塔克（George Stark）。在尼尔·伯奈特（Neal Burnette）于 1981 年所著的《分析生物化学》（*Analytical Biochemistry*）中首次被称为 Western blotting。

1.8.7.1　蛋白质印迹法的基本原理

蛋白质免疫印迹是指蛋白质样本首先通过 SDS-PAGE 进行分离，然后电转移到固相载体（如硝酸纤维素薄膜）上，以固相载体上的蛋白质或多肽作为抗原，与第一抗体进行免疫反应，膜经漂洗后再与酶或同位素标记的第二抗体反应，然后再次清洗膜，将其在合适的酶底物中孵育。如果使用比色底物的话，信号可以目测，如果用化学发光和荧光底物，则可用 X 射线胶片或成像设备测得信号。Western blotting 与 Southern blotting、Northern blotting 类似，不同的是蛋白质免疫印迹采用 PAGE，检测对象是蛋白质，探针是抗体，显色用标记的二抗。

1.8.7.2　蛋白质印迹法的种类及检测方法

（1）直接和间接蛋白质印迹法　直接蛋白质印迹法是指利用标记报告系统的一抗直接

与靶蛋白质结合，间接蛋白质印迹法则利用标记的二抗与未标记的一抗相结合。由于无需与二抗孵育，直接蛋白质印迹法比间接蛋白质印迹法耗时较短。此外，直接蛋白质印迹法也避免了因二抗交叉反应所造成的背景信号。直接蛋白质印迹法还可同时探测多种靶物质。但是，有时在免疫反应中，标记一抗会有不利影响，并且即便在最好的情况，标记过的一抗也无法进行信号放大。因此，直接蛋白印迹法的灵敏度通常要低于间接检测法，并且只能在靶抗原丰度较高时使用。能够放大信号并不使用二抗的间接检测法称为一抗生物素化。用生物素化的试剂标记一抗通常使每个抗体分子带有超过一个生物素。每一个生物素都能够和酶联的亲和素、链霉亲和素等发生反应。这些多酶体系催化了合适的底物的转化，以此放大信号，基本上，亲和素偶联物替代了二抗，并且其浓度和二抗原本的浓度几乎相同，但是需要注意，如果用于凝胶中的样本是天然生物素化的，尤其是在有高灵敏度底物时，产生的信号很有可能会干扰靶蛋白质的检测。

（2）半定量蛋白质印迹法　通常认为蛋白质印迹法是定性的，但当加入特定对照时，它可称为一种定量方法。当 ELISA 无法用于某种样本，或是当生物样本中的某种组分会干扰 ELISA 时，半定量蛋白质印迹法便表现出其优势。一般来说，针对某种蛋白质的抗体也能对与这种蛋白质密切联系的蛋白质表现出同等专一性。在这种情况下，ELISA 会产生假阳性或过高估计了靶蛋白丰度。由于蛋白质印迹法需要用凝胶电泳分辨蛋白质，分子质量间的差异可以用来单独区分和定量靶蛋白质。

为了评估定量蛋白质印迹法的有效性和准确性，我们要用纯化的靶蛋白作为内对照，绘制出标准曲线。样本必须含有足够量的靶蛋白质，使其量控制在标准曲线范围之内，可借助 CCD 照相机和成像系统对蛋白质印迹进行光密度分析，将条带强度转化为定量尺度，最后用 ELISA 验证蛋白质印迹法测出的曲线趋势。

（3）检测方法

①酶联物：碱性磷酸酶（alkaline phosphatas，AP）作为曾经的首选酶，通常可用作沉淀显色的底物。比色反应以稳定速率进行，这使相关灵敏度和反应进程能得到精确控制。随着蛋白质研究的发展，辣根过氧化物酶（HRP）变得更为流行，因其稳定性好，分子质量更小。这些特性就能使每个 IgG 结合更多的 HRP 分子，灵敏度也就更强。此外，用于 HRP 的化学发光底物环能进一步提高灵敏度。

②比色检测法：比色或显色底物或许是最简便也是最划算的检测方法。当与合适的酶接触时，这些底物便转化为不溶的有色物质沉淀在膜上，无需特殊设备便可处理或观测，底物如 3,3′,5,5′-四甲基联苯胺（TMB）、4-氯-1-萘酚（4-CN）和 3,3′-二氨基联苯胺盐酸盐（DAB）与 HRP 一同使用，AP 的底物包括会形成不溶浓紫色沉淀的 5-溴-4-氯-3-吲哚基磷酸-p-甲苯胺盐（BCIP）。

③荧光检测法：荧光检测的蛋白质印迹法通常用于同一印迹中有两种不同靶物质和需要高灵敏度的实验中，荧光染料（荧光团，fluorophore，fluor）是一种特殊分子，它在某一波长吸收一个光子能量时化学键被激发，回到基态时能发射出一个波长大于吸收光的光子，化学性能稳定，具有合适范围的高效激发和发射波长的小分子荧光团可用于检测抗体的化学标签或标记，以及其他生物分子探针。

一些基于荧光剂的系统使用荧光蛋白（如藻红蛋白）或生物发光报告系统，但是这些方法十分耗时，在检测多种靶物质时具有局限性，并且通常不具有人工合成荧光染料那样的光稳定性和灵敏度。利用精选的荧光染料组所标记的特定探针，荧光技术实现了多种靶物质的探测，并适用于更多型号的荧光设备。

当进行荧光蛋白质印迹实验时，通常选择弱荧光（处理的）膜，因为膜聚合物在光谱可见范围内的自发荧光会对检测造成干扰，鉴定靶物质时，选择激发-发射光谱不重叠的荧光剂是十分关键的。

④化学发光检测法：最常用的蛋白质印迹法底物是基于鲁米诺（Luminol）的底物，该底物能够产生化学发光信号。化学发光是一种能够产生光形式能量的化学反应。鲁米诺在HRP 和过氧化氢缓冲液存在下被氧化，形成一种处于激发态的产物，从激发态衰退至基态时能发出光。光发射仅在酶与底物反应下才会进行，因此，与酶反应的底物一旦耗尽，信号输出也就会停止。相反，如 TMB 等比色底物，即便在反应终止后，也能在膜上留下可见沉淀物。

1.8.7.3　常见问题及其原因

①没有信号：初次曝光时未捕获到化学发光信号，表明该蛋白印迹系统需要优化。通常信号缺失是由系统中酶量（即 HRP）过多造成，当信号不能被检测到时，采用更少量的酶联物似乎有违常理，若要得到成功的信号记录，酶和底物量的恰当平衡是必要的，酶催化的底物氧化是不可逆的。因此，一旦底物被氧化，就不能再与酶反应而发光，因为酶活性持续存在，底物就成了限制因素，并且一旦底物耗尽，信号输出就终止了，在活性酶量不足的情况下发生信号缺失是少见的，蛋白质印迹系统中的任何因素都会造成酶量过多或不足。

为了产生能够被捕获的信号，需要调整系统参数，制备新凝胶并使用较少样品或滴定抗体能获得可重复的结果，当优化抗体浓度时，需要对印迹成像两次：第一次在加入底物后立即进行；第二次在孵育底物一段时间后进行。第二次检测能够提供理想酶浓度的相关信息，并有助于优化参数。

如果初次曝光未捕获到信号，则在底物中进行二次孵育可能会产生信号（若一些 HRP仍有活性），将所有的检测试剂从印迹中剥离并再标记印迹可以在优化参数的同时节省珍贵的样品。在底物中进行一次额外的孵育并剥离印迹，仅仅只能再次获取系统的一些信息。

②背景过强：产生高背景信号的原因可能是封闭不充分、抗体与封闭蛋白质反生了交叉反应，或是使用了过量的酶联物。当使用了比先前更为敏感的底物时，如果不调整参数以补偿底物灵敏度，就会产生高背景。采用最适浓度的抗体将会促进其对靶蛋白质的特异结合并产生低背景。

③膜上呈现棕色或黄色条带：当 HRP 被氧化和失活时会呈现棕色。一定量的酶联物中，总是会有一部分被氧化，在优化后的系统中，被氧化 HRP 的量极少并无法从印迹上观察到，黄色或棕色条带的出现表明有大量 HRP 存在，因而被氧化和失活的部分是可见的。产生黄色带的印迹系统可采用更少量的酶联物进行优化。此外，过多 HRP 存在某一局部位置时，则会在酶活作用下产生大量自由基，自由基会使 HRP 失活，并破坏抗体、靶抗原和膜，抑制有效地再标记。

④条带或整个印迹在暗室发光：若底物孵育后的条带或整个印迹发光，可认为系统中存在过多的 HRP。该现象表明 HRP 连接的二抗需要进一步稀释，并且可能的话一抗也需要稀释。蛋白质印迹系统中涉及的许多因素都可以引起酶量过多。若整个印迹都在发光，那就很有必要对封闭和清洗也进行优化。

⑤假带/空心带：那些成晕轮状(条带中间无信号)或黑色背景下整个条带都显白色的蛋白质条带通常称为假带。白色区域内底物耗尽时就会导致这一结果的发生。过量上样、二抗浓度过高、底物孵育未达到最优化的时间，以及抗体与封闭区的交叉反应均可引起假带。在使用高灵敏度检测系统时，优化蛋白质印迹参数对于防止假带的产生是极其重要的。

⑥新的底物无法产生信号：有时，某个特定系统中唯一发生改变的变量为一批新的或批号不同的底物时，可能无法捕获到信号。通常，该结果是由尚未完全优化的蛋白质印迹系统造成的。

1.8.8　蛋白质测序

蛋白质测序主要指的是蛋白质的一级结构的测定。蛋白质的一级结构(primary structure)包括组成蛋白质的多肽链数目，很多场合多肽和蛋白质可以等同使用。多肽链的氨基酸顺序是蛋白质生物学功能的基础，蛋白质氨基酸顺序的测定是蛋白质化学研究的基础。自从 1953 年 F. Sanger 测定了胰岛素的一级结构以来，现在已经知道约 100 000 个不同蛋白质的一级结构。

1.8.8.1　蛋白质测序原理

蛋白质和多肽是由 20 种氨基酸按照一定的顺序通过肽键连接形成一长链，然后通过链内、链间的离子键、疏水作用等多种作用力进行折叠卷曲形成一定的构象并发挥其独特作用。氨基酸的排列顺序即蛋白质的一级结构决定了蛋白质的高级结构及功能。因此，分析蛋白质的氨基酸序列是进行蛋白质结构功能研究中不可缺少的部分。

进行氨基酸序列分析，至少采用两种方法分别裂解多肽(裂解位置不同)，分别纯化并测定产物氨基酸序列，比较两套肽段序列，找出断裂点相重叠部分(接头部分)，即可得到完整的氨基酸序列，对于一次不能连续测出序列的大片段，需进一步裂解，若多肽链含有二硫键或其他配基(如酰胺基)时，还需要分别确定它们在序列中的连接位置。

1.8.8.2　测序流程

(1)氨基酸测序准备工作　在氨基酸序列分析前，必须做好样品的准备工作，内容包括以下几个方面。

①样品的纯度鉴定：采用多种互补有效的手段鉴定蛋白纯度，如 SDS-PAGE、RP-HPLC、亲和层析、肽(酶)谱分析等。

②脱盐：方法有 RP-HPLC、凝胶过滤、透析、超滤、丙酮沉淀法等。

③巯基修饰：方法有丙烯酰胺修饰(包括还原、烷基化和脱盐)、4-乙烯吡啶修饰等。

④蛋白质的分子质量测定：早期采用超离心分析和光散射法。目前，常用的方法有SDS-PAGE、凝胶过滤法、毛细管电泳和质谱等。

⑤构成蛋白质的多肽链的数目和大小：多肽链的数目通常可以从测定每分子蛋白质所含的 N 末端残基数，结合 SDS-PAGE 推导出来。若肽链之间非共价交联，可用高浓度变性剂(如 8mol/L 尿素)或解聚剂(如 SDS)拆离，将各种链分离纯化，然后分别测定各链的一级结构。若肽链是由二硫键共价交联，就得选用适当的化学反应断裂二硫键，并将断裂后出现的巯基保护起来，然后将各种链分离纯化，再进行各个肽链的一级结构测定，拆开二硫键的方法有甲酸氧化法、还原-羧甲基化法等。

⑥蛋白质的氨基酸组成：根据分子质量和氨基酸组成，可计算其中各种氨基酸残基数

目，以指导断裂蛋白质方法的选择。

⑦蛋白质的端基分析：端基分析有助于判断蛋白质纯度，后续分析中识别 N 末端和 C 末端，有助于肽段拼接，也可以判断 N 末端是否封闭或酰胺化等。

（2）蛋白质的测序过程

①利用盐酸水解法和磺酸水解法结合可以水解蛋白质成氨基酸。

②以离子交换层析法分离氨基酸可分为柱后反应法和柱前衍生法两大类。柱后反应法是将游离氨基酸经过色谱柱分离后，再与显色剂（如茚三酮、荧光胺、邻苯二甲醛）反应，此法对样品预处理要求低，比较稳定，容易操作；缺点是灵敏度不高，操作时间长。柱前衍生法是氨基酸先于化学偶联剂作用，形成氨基酸衍生物，再经过色谱柱分离，直接检测衍生物。此法可检测 OPA—、PTC—、PTH—、DABS— 和 DABTH—氨基酸，灵敏度高，可利用 HPLC 分析；缺点是衍生物的不稳定性会干扰检测。

③末端氨基酸的鉴定：利用化学法和酶学法分别进行蛋白质多肽链的 N 末端测定和 C 末端测定。

④利用重叠肽确定肽段在原多肽链中的位置，然后进行二硫键、酰胺基、糖类、脂类和磷酸基位置的确定。

1.8.9　质谱鉴定

质谱分析技术是通过正确测定蛋白质分子的质量而进行蛋白质分子鉴定、修饰和蛋白质分子之间相互作用的一种研究方法。质谱仪通过测定离子化生物分子的质荷比便可得到相关分子的质量，但长期以来，质谱方法仅限于小分子和中等分子的研究，因为要将质谱应用于生物大分子需要将之制备成气相带电分子，然后在真空中物理分解成离子。但如何使蛋白质分子经受住离子化过程，转成气相带电的离子而又不丧失其结构形状是个难题。20 世纪 70 年代，解吸技术的出现成功地将蛋白质分子转化成气相离子，然后快原子轰击与其紧密相关的溶液基质二次离子质谱法，使得具有极性的、热不稳定的蛋白质分子可经受住电离过程。但这些方法仅限于 1×10^5 以下蛋白质分子的研究。80 年代，电喷雾电离（electrospray ionization，ESI）和软激光解吸（soft laser desorption，SLD）电离技术的发展则使得质谱方法应用于高分子质量蛋白质的研究。

凝胶分离样品的质谱鉴定是基于凝胶分离后得到的蛋白质样品进行质谱分析的方法，这是在质谱分析中最为常用的一种方法。蛋白质样品依次经过脱色、干燥、酶解、点靶、上机和数据分析，最终对未知蛋白质进行鉴定的方法。由于质谱分析具有灵敏度高、样品用量少、分析速度快、分离和鉴定同时进行等，质谱技术越来越广泛地应用到蛋白质组研究的各个领域。

1.8.9.1　质谱定性的基本原理

蛋白质谱技术简单来说就是一种将质谱仪用于研究蛋白质的技术。目前，它的基本原理是蛋白质经过蛋白酶的酶切消化后成肽段混合物，在质谱仪中肽段混合物电离形成带电离子，质谱分析器的电场、磁场将具有特定 m/z 的肽段离子分离开来，经过检测器收集分离的离子，确定每个离子的 m/z 值。经过质量分析器可分析出每个肽段的 m/z，得到蛋白质所有肽段的 m/z 图谱，即蛋白质的一级质谱峰图。离子选择装置自动选取强度较大肽段离子进行二级质谱分析，输出选取肽段的二级质谱峰图，通过和理论上蛋白质经过胰蛋白酶消化后产生的一级质谱峰图和二级质谱峰图进行比对而鉴定蛋白质。

20 世纪 80 年代，随着 ESI 和基质辅助激光解吸技术(matrix assisted laser desorption ionization, MALDI)的实现，质谱法更为普遍地用于大分子物质的分析，如蛋白质、核酸和糖类等。人们从质谱图中获得信息，得出相关的实验证据，来阐明物质的分子结构。

MALDI 的基本原理是将分析物质分散在基质分子中并形成晶体，当用激光照射晶体时，由于基质分子吸收激光辐射的能量，导致能量蓄积并迅速产热，从而使基质晶体升华，致使基质和分析物膨胀并进入气相。MALDI 所产生的质谱图多为单电荷离子，因而质谱图中的离子与多肽和蛋白质的质量有一一对应的关系。MALDI 产生的离子常用飞行时间(time of flight, TOF)检测器来检测，理论上讲，只要飞行管的长度足够，TOF 检测器可检测分子的数量是没有上限的。因此，MALDI-TOF 质谱很适合蛋白质、多肽、核酸和多糖等生物大分子的研究。

1.8.9.2　质谱仪

(1)质谱仪的工作原理　利用电磁学原理，使带电样品离子按质荷比进行分离的装置，离子电离后经加速进入磁场中，其动能与加速电压及电荷 z 有关，即

$$zeU = mv^2/2$$

式中　z——电荷数；

　　　e——元电荷($e = 1.6×10^{-19}$C)；

　　　U——加速电压(V)；

　　　m——离子的质量(amu)；

　　　v——离子被加速后的运动速度(amu/s)。

具有速度 v 的带电粒子进入质谱仪的电磁场中，根据所选择的分离方式，实现各种离子按 m/z 大小的分离。

(2)质谱仪的结构　质谱仪由进样系统、离子泵、质量分析器和检测系统组成。质谱仪有多种不同的离子源与质量分析器的结合，其中常用蛋白质和多肽分析的仪器类型有 MALDI-TOF 质谱仪、ESI-三级、四级杆质谱仪和 ESI-离子阱质谱仪。

①真空系统：质谱仪的离子产生及经过的系统必须处于高真空状态(离子源真空度应达 $1.3×10^{-4}$ ~ $1.3×10^{-5}$Pa，质量分析器中应达 $1.3×10^{-6}$Pa)。若真空度过低，则会造成离子源灯丝损坏、本底过高，从而使图谱复杂化、干扰离子源的调节。一般质谱仪都采用机械泵抽真空后，再用高效率扩散泵保持真空。现代质谱仪则采用分子泵以获得更高的真空度，分子泵可直接与离子源或分析器相连，抽出的气体再由机械真空泵排出体系。

②进样系统：进样系统可将样品高效重复地引入都离子源中并不会造成真空度的降低。目前，常用的进样装置有 3 种类型：间歇式进样系统、直接探针进样及色谱进样系统。一般质谱仪配有前两种系统以适应不同样品的需要。

③离子源：离子源是质谱仪的核心，其功能是将欲分析的样品电离，得到带有样品信息的离子。由于离子化所需要的能量随分子不同差异很大，因此，对于不同的分子应选择不同的离解方法。能给样品较大能量的电离方法通常称为硬电离方法，而给样品较小能量的电离方法称为软电离方法，后一种方法适用于易破裂或易电离的样品。

④质量分析器：质谱仪的质量分析器位于离子源检测器之间，不同类型的质量分析器依据不同方式将样品离子按质荷比分离，质量分析器的主要类型有：磁分析器、飞行时间检测器、四级杆分析器等。

⑤检测与记录：质谱仪常用的检测器有法拉第杯(Faraday cup)、电子倍增器、闪烁计

数器等。法拉第杯是其中最简单的一种，它可与质谱仪的其他部分保持一定电位差以便捕获离子，当离子经过一个或多个抑制栅极进入杯中时，将产生电流，经转换成电压后进行放大记录。但法拉第杯只适用于加速电压<1kV 的质谱仪，因为更高的加速电压可产生能量较大的离子流，这样离子流轰击入口狭缝或抑制栅极时会产生大量二次电子甚至二次离子，从而影响信号检测。

目前，质谱仪常常与一些分离度较高的仪器联用，如色谱–质谱联用、毛细管电泳–质谱联用等，混合物通过色谱、电泳分离后，再进入质谱进行定性分析。

1.9　蛋白质的定量检测

在蛋白质的分离、纯化步骤中，研究者往往需要实时了解蛋白质的纯化程度及纯度情况，及时根据蛋白质的理化性质调整分离、纯化方案。适应人们对于纯化终产物的纯度要求。测定蛋白质的方法有很多，分为定性测定和定量测定。定性测定主要通过蛋白质与显色试剂的显色反应来判断，定量测定的方法有很多。蛋白质的测定方法也在不断发展中，有分光光度法、荧光分光光度法、ELISA 检测、凯氏定氮法、考马斯亮蓝法、Folin 法等。在做分析检测工作时，应该了解各种方法的优缺点，结合具体情况选择较优的适用范围、精密度和尽量能减少干扰的相应检测方法，才能获得更好的检测结果。

1.9.1　分光光度法检测蛋白质

分光光度法是利用物质的分子对某一波长范围光的吸收作用，对物质进行定性、定量分析及结构分析的一种技术。物质可对光产生不同程度的选择性吸收，当光线通过透明溶液介质时，其中一部分光可透过，一部分光被吸收，这种光波被溶液吸收的现象可用于某些物质的定性及定量分析。

1.9.1.1　分光光度法测定的基本原理

光线是一种电磁波，其中可见光波长范围约由 760nm 的红色到 400nm 的紫色，波长短于 400nm 的光线为紫外线，长于 760nm 的为红外线。

分光光度法所依据的原理是朗伯–比尔(Lambert–Beer) 定律，该定律阐明了溶液对单色光吸收的多少与溶液的浓度及液层厚度之间的定量关系。

(1) Lambert 定律(朗伯定律)　当一束单色光通过透明溶液介质时，由于一部分光被溶液吸收，所以光线的强度就会减弱，当溶液浓度不变时，透过的液层越厚，则光线强度的减弱越显著。

设光线原来的强度为 I_0(入射光强度)，通过厚度为 L 的液层后，其强度为 I(透过光强度)，则 I/I_0 表示光线透过溶液的程度，用 T 表示：

$$T = I/I_0$$

式中　T——透光度(%)。透光度的负对数($-\lg T$)与液层的厚度成正比，即

$$-\lg T = -\lg I/I_0 = (\lg I_0/I) \times L$$

将此式写成等式，得

$$\lg I_0/I = k_1 L$$

式中　k_1——比例常数，它与入射光波长、溶液性质和浓度、温度等有关；

　　　$\lg I_0/I$——吸光值(A)或光密度(D)。

所以 $$A(\text{或} D)= k_1 L$$

Lambert 定律的意义是：当一束单色光通过一定浓度的溶液时，其吸光值与透过的液层厚度成正比。

（2）Beer 定律　Beer 定律的数学表达式为

$$A(\text{或} D)= k_2 c$$

式中　A——吸光值；

　　　c——溶液浓度（g/L）；

　　　k_2——比例常数［L／（g·cm）］，它与入射光波长、溶液性质、液层厚度及温度有关。

Beer 定律的意义是：当一束单色光照射溶液时，若液层厚度不变，其吸光值与溶液的浓度成正比。

（3）Lambert-Beer 定律　如果同时考虑液层厚度和溶液浓度对光吸收的影响，则必须将 Lambert 定律和 Beer 定律合并起来，得到 Lambert-Beer 定律的数学表达式为

$$\lg I_0/I = kcL \quad A(\text{或} D) = kcL$$

Lambert-Beer 定律的意义是：当一束单色光照射溶液时，其吸光值与溶液的浓度和透光液层厚度的乘积成正比。

1.9.1.2　分光光度法的计算

通常测定时通过仪器直接读出吸光值，便可进一步按下列处理计算出待测溶液的浓度。

（1）计算公式法　利用标准管法计算出待测溶液的浓度，在同样实验条件下同时测得标准液和待测液的吸光值，然后进行计算。根据 Lambert-Beer 定律

标准溶液：$A_s = k_s c_s L_s$　　待测溶液：$A_u = k_u c_u L_u$

两种溶液的液层厚度相等，$L_u = L_s$，而且同一物质的两种不同浓度，在测定时所用单色光也相同，则 $k_u = k_s$。两式相比得

$$A_u/A_s = A_s/c_s$$

即

$$c_u = (A_u/A_s)\times c_s$$

公式中 A_u、A_s 可由分光光度计测出，c_s 为已知，则待测溶液的浓度 c_u 即可求出。

以上测定方法要求两者的浓度必须在光度计有效读数范围内，同时要求配制的标准溶液浓度应尽量接近被测溶液，否则将出现测定误差。因此，在测定浓度各不同的统一物质的批量样品时，需要配制许多标准溶液，很不方便。

（2）标准曲线法　分析大批待测溶液时，用标准曲线法比较方便，先配制一系列浓度由大到小的标准溶液，测出它们的吸光值。在标准液的一定浓度范围内，溶液的浓度与吸光值之间呈直线关系，以各管的吸光值为纵坐标，各管浓度为横坐标，通过原点做出吸光值与浓度成正比的直线，此直线为标准曲线。

在制作标准曲线时，至少用 5 种浓度递增的标准溶液，测出的数据至少有 3 个点落在直线上，这样的标准曲线方可使用。通常落在标准曲线上的点越多，说明其可信度越高。

各个未知溶液按相同条件处理，在同一光度计上测定吸光值，即可迅速从标准曲线上查出相应的浓度值，或根据标准曲线计算出其浓度值。测定待测溶液时，操作条件与制作标准曲线时相同。

标准曲线法在实验条件比较恒定，样品数较多的测定中是十分便利准确的。但做好标

准曲线十分重要，标准曲线上的每个点都应做3个平行测定，3个数值力求重叠或十分接近，绘制好的标准曲线仅供在同样条件下处理的待测溶液使用。

1.9.1.3　注意事项

①分光光度计为贵重的精密仪器：要防震、防潮和防腐蚀。仪器应放在固定的平稳台面上，不要随意搬动，旋转旋钮时，不可用力过猛，以防损坏器件。光电池附近应放置硅胶，仪器应放在干燥的地方。使用时要防止强光照射，防止长时间的连续照射。盛装待测液时，达到比色杯3/4高度左右即可，不宜过多，以防溶液流出杯外，移动比色杯架拉杆时动作要轻柔，以防溶液溅出，腐蚀机件。

②比色杯的保护：不可用手、滤纸和毛刷等摩擦比色杯的光滑面。移动比色杯时，应手持比色杯的磨面，比色杯用完后立即用自来水冲洗，再用蒸馏水洗净、晾干。每台分光光度计比色杯为本台专用，不可与其他分光光度计的比色杯互换。

③分光光度计测定对波长的选择：测定波长对比色分析的灵敏度、准确度和选择性有很大的影响。选择波长的原则：要求"吸收最大，干扰最小"，因为吸光值越大，测定灵敏度越高，准确度也容易提高；干扰越小，则选择性越好，测定准确度越高。

1.9.2　荧光分光光度法

某些物质的分子吸收了外界能量后，能发射出荧光，根据发射出的荧光光谱的特征和荧光强度对物质进行定性和定量的分析方法称为分子荧光分析法。

1.9.2.1　荧光分光光度法的基本原理

由高压汞灯或氙灯发出的紫外光和蓝紫光经滤光片照射到样品池中，激发样品中的荧光物质发出荧光，荧光经过过滤和反射后，被光电倍增管所接受，然后以图或数字的形式显示出来。物质荧光的产生是由在通常状况下处于基态的物质分子吸收激发光后变为激发态，这些处于激发态的分子是不稳定的，在返回基态的过程中将一部分的能量又以光的形式放出，从而产生荧光。不同物质由于分子结构的不同，其激发态能级的分布具有各自不同的特征，这种特征反映在荧光上表现为各种物质都有其特征荧光激发和发射光谱，因此可以用荧光激发和发射光谱的不同来定性地进行物质的鉴定。

在溶液中，当荧光物质的浓度较低时，其荧光强度与该物质的浓度通常有良好的正比关系，即

$$F = \kappa c$$

式中　　F——为荧光强度（Au）；

κ——摩尔吸收系数[L/（mol·cm）]，它与吸收物质的性质及入射光的波长 λ 有关；

c——物质的浓度（g/L）。

利用这种关系可以进行荧光物质的定量分析，与紫外-可见分光光度法类似，荧光分析通常也采用标准曲线法进行。

1.9.2.2　常用的定量方法

（1）工作曲线法　荧光分析因荧光干扰因素较多，所以都采用工作曲线法，绘制方法同紫外-可见分光光度法标准曲线法部分，只是标准溶液均须经过与样品同样的处理后进行测定。

①荧光基准物质：由于影响荧光强度测定的因素较多，同一型号的仪器，甚至同一台

仪器在不同的时间操作，所得的结果也不尽相同，因而在每次测定时，首先要用一种稳定的荧光物质，配成一定的浓度对仪器进行校正，即将该物质的荧光强度读数调制 100% 或 50%，以此作为调试仪器的标准进行测定。

②基准物质的选择：可选择系列中某一标准溶液，但当待测物质不稳定时，改用另一种稳定且所发出的荧光光谱和待测样溶液的荧光光谱相近似的标准溶液。荧光基准物质的浓度要通过实验来确定，使浓度最高的测定管的荧光强度不能超过满度，最低管测定值又不能太小。

仪器调零后，测定空白溶液的荧光强度，然后测定试液，用后者减去前者才是待测液本身的荧光强度。

（2）直接比较法

$$c_x = (F_x - F_0)/(F_s - F_0) \times c_s$$

式中　c_x——待测液的浓度（g/L）；

　　　c_s——标准溶液的浓度（g/L）；

　　　F_s——标准溶液的荧光强度（Au）；

　　　F_x——待测液的荧光强度（Au）；

　　　F_0——空白溶液的荧光强度（Au）。

1.9.2.3　荧光分光光度计的基本部件

荧光分光光度计的基本部件包括激发光源、单色器、样品池、检测器和指示系统。

①激发光源：主要包括高压汞灯（发射 365nm、398nm、405nm、436nm、546nm、579nm、690nm、734nm 谱线，提供近紫外光），低压汞灯（可发射小于 300nm 的紫外线，最强谱线 254nm）和氙灯（连续光谱，250~270nm，荧光光度计常用光源）。

②单色器：通常包含激发单色器（用于选择激发光波长）和荧光单色器（用于选择特征波长的荧光照射于检测器，主要色散元件为光栅）。

③样品池：因为激发光大多于紫外区域，而玻璃要吸收紫外光，因而荧光检测吸收池为石英比色皿。

④检测器：光电倍增管，检测荧光的方向和光源的方向垂直。

⑤指示器：放大装置和记录装置。

1.9.2.4　使用荧光光度计的注意事项

①测定时要用石英比色皿，且保持比色皿清洁，装液后不要放在仪器面板上。

②尽量减少氙灯的触发次数，因为其寿命与开关次数密切相关。关闭氙灯开关后，若要重新使用，需数秒后重新触发。

③仪器预热时应检查所选择的滤光片是否已置于光路中，否则光电管因受强光照射而损伤。

1.9.3　ELISA

1971 年，Engvall 和 Perlmann 发表了 ELISA 用于 IgG 定量测定的文章。该方法可定性、定量和定位地检测待检物，由于酶的催化效率极高，加上抗原-抗体反应的高度特异性，故 ELISA 兼有敏感性和特异性高的优点，此外该方法也是一种简便、无需特殊设备的测量技术。

1.9.3.1   ELISA 的基本原理

最初发展的酶联免疫测定方法，是使酶与抗体或抗原结合，用以检查组织中相应的抗原或抗体的存在，后来发展为将抗原或抗体吸附于固相载体，在载体上进行免疫酶染色，底物显色后用肉眼或分光光度计判定结果。这种技术就是目前应用最广的 ELISA。这一方法的基本原理是：①使抗原或抗体结合到某种固相载体表面，并保持其免疫活性。②使抗原或抗体与某种酶连接成酶标抗原或抗体，这种酶标抗原或抗体既保留其免疫活性，又保留酶的活性。

在测定时，把受检标本(测定其中的抗体或抗原)和酶标抗原或抗体按不同的步骤与固相载体表面的抗原或抗体起反应。用洗涤的方法使固相载体上形成的抗原-抗体复合物与其他物质分开，最后结合在固相载体上的酶量与标本中受检物质的量成一定的比例。加入酶反应的底物后，底物被酶催化变为有色产物，产物的量与标本中受检物质的量直接相关，故可根据颜色反应的深浅进行定性或定量分析。由于酶的催化频率很高，故可极大地放大反应效果，从而使测定方法达到很高的敏感度。

1.9.3.2   方法类型及操作步骤

ELISA 可用于测定抗原，也可用于测定抗体。在这种测定方法中有 3 种必要的试剂：固相的抗原或抗体、酶标记的抗原或抗体和酶作用的底物。根据试剂的来源和标本的性状以及检测的具备条件，可设计出各种不同类型的检测方法。

(1)双抗体夹心法　双抗体夹心法是检测抗原最常用的方法，操作步骤如下：

①将特异性抗体与固相载体连接，形成固相抗体，洗涤除去未结合的抗体及杂质。

②加受检标本：使之与固相抗体接触反应一段时间，让标本中的抗原与固相载体上的抗体结合，形成固相抗原复合物。洗涤除去其他未结合的物质。

③加酶标抗体：使固相免疫复合物上的抗原与酶标抗体结合。彻底洗涤未结合的酶标抗体。此时，固相载体上带有的酶量与标本中受检物质的量正相关。

④加底物：夹心式复合物中的酶催化底物成为有色产物。根据颜色反应的程度进行该抗原的定性或定量。

根据同样原理，将大分子抗原分别制备固相抗原和酶标抗原结合物，即可用双抗原夹心法测定标本中的抗体。

(2)双位点一步法　在双抗体夹心法测定抗原时，如应用针对抗原分子上两个不同抗原决定簇的单克隆抗体分别作为固相抗体和酶标抗体，则在测定时可使标本的加入和酶标抗体的加入两步并作一步。这种双位点一步法不但简化了操作，缩短了反应时间，如应用高亲和力的单克隆抗体，测定的敏感性和特异性也显著提高。单克隆抗体的应用使测定抗原的 ELISA 提高到新水平。在一步法测定中，应注意钩状效应(hook effect)，类同于沉淀反应中抗原过剩后的现象。当标本中待测抗原浓度相当高时，过量抗原分别和固相抗体及酶标抗体结合，而不再形成夹心复合物，所得结果将低于实际含量。钩状效应严重时甚至可出现假阴性结果。

(3)间接法测抗体　间接法是检测抗体最常用的方法，其原理为利用酶标记的抗体以检测已与固相结合的受检抗体，故称为间接法。操作步骤如下：

①将特异性抗原与固相载体连接，形成固相抗原，洗涤除去未结合的抗原及杂质。

②加稀释的受检血清：其中的特异抗体与抗原结合，形成固相抗原抗体复合物。经洗涤后，固相载体上只留下特异性抗体。其他免疫球蛋白及血清中的杂质由于不能与固相抗

原结合，在洗涤过程中被洗去。

③加酶标抗抗体：与固相复合物中的抗体结合，从而使该抗体间接地标记上酶。洗涤后，固相载体上的酶量就代表特异性抗体的量。例如，欲测人对某种疾病的抗体，可用酶标羊抗人 IgG 抗体。

④加底物显色：颜色深度代表标本中受检抗体的量。

本法只要更换不同的固相抗原，可以用一种酶标抗抗体检测各种与抗原相应的抗体。

（4）竞争法　竞争法可用于测定抗原，也可用于测定抗体。以测定抗原为例，受检抗原和酶标抗原竞争性的与固相抗体结合，因此结合于固相的酶标抗原量与受检抗原的量呈反比。操作步骤如下：

①将特异抗体与固相载体连接，形成固相抗体，洗涤。

②待测管中加受检标本和一定量酶标抗原的混合溶液，使之与固相抗体反应。如受检标本中无抗原，则酶标抗原能顺利地与固相抗体结合。如受检标本中含有抗原，则与酶标抗原以同样的机会与固相抗体结合，竞争性地占去了酶标抗原与固相载体结合的机会，使酶标抗原与固相载体的结合量减少。参考管中只加酶标抗原，保温后，酶标抗原与固相抗体的结合可达最充分的量，洗涤。

③加底物显色：参考管中由于结合的酶标抗原最多，故颜色最深。参考管颜色深度与待测管颜色深度之差，代表受检标本抗原的量。待测管颜色越淡，表示标本中抗原含量越多。

（5）捕获法测 IgM 抗体　血清中针对某些抗原的特异性 IgM 常和特异性 IgG 同时存在，后者会干扰 IgM 抗体的测定。因此，测定 IgM 抗体多用捕获法，先将所有血清 IgM（包括异性 IgM 和非特异性 IgM）固定在固相上，在去除 IgG 后再测定特异性 IgM。操作步骤如下：

①将抗人 IgM 抗体连接在固相载体上，形成固相抗人 IgM，洗涤。

②加入稀释的血清标本：保温反应后血清中的 IgM 抗体被固相抗体捕获。洗涤除去其他免疫球蛋白和血清中的杂质成分。

③加入特异性抗原试剂：它只与固相上的特异性 IgM 结合，洗涤。

④加入针对特异性的酶标抗体：使之与结合在固相上的抗原反应结合，洗涤。

⑤加底物显色：如有颜色显示，则表示血清标本中的特异性 IgM 抗体存在，为阳性反应。

（6）应用亲和素和生物素的 ELISA　亲和素是一种糖蛋白，可由蛋清中提取。相对分子质量 $6×10^4$，每个分子由 4 个亚基组成，可以和 4 个生物素分子亲密结合。现在使用更多的是从链霉菌中提取的链霉素（strepavidin）和生物素（biotin），相对分子质量 244.31，存在于蛋黄中。用化学方法制成的衍生物，生物素-羟基琥珀亚胺酯（biotin-hydroxysuccinimide，BNHS）可与蛋白质、糖类和酶等多种类型的大分子形成生物素化的产物。亲和素与生物素的结合，虽不属免疫反应，但特异性强，亲和力大，两者一经结合就极为稳定。由于 1 个亲和素分子有 4 个生物素分子的结合位置，可以连接更多的生物素化的分子，形成一种类似晶格的复合体。因此，把亲和素和生物素与 ELISA 偶联起来，就可大大提高 ELISA 的敏感度。

亲和素-生物素系统在 ELISA 中的应用有多种形式，可用于间接包被，也可用于终反应放大。可以在固相上先预包被亲和素，用吸附法包被固相的抗体或抗原与生物素结合，通过亲和素–生物素反应而使生物素化的抗体。这种包被法不仅可增加吸附的抗体或抗原量，而且使其结合点充分暴露。另外，在常规 ELISA 中的酶标抗体也可用生物素化的抗体替代，然后连接亲和素–酶结合物，以放大反应信号。

1.9.3.3　注意事项

①正式实验时，应分别以阳性对照和阴性对照控制实验条件，待测样品应一式两份，以保证实验结果的准确性。有时本底较高，说明有非特异性反应，可采用羊血清、兔血清、BSA 或 OVA 等封闭。

②底物液一定在临用前现配。

③保存的血清切忌反复冻融，以免降低血清中抗体或抗原的免疫学活性。

1.10　蛋白质及其他分子互作相关技术

随着人类基因组测序的完成，标志着生命科学正式进入了后基因组时代。生命科学从单纯研究基因序列信息转向对基因功能的深入解析，蛋白质组学成为研究热点。蛋白质不能单独发挥作用，需依靠蛋白质与蛋白质之间的相互作用发挥功能。蛋白质与蛋白质之间相互作用即蛋白质互作（protein-protein interaction，PPI），是细胞生化反应网络的一个重要组成部分，在新蛋白质及相关蛋白质复合物的发现、鉴定与功能验证、细胞信号转导以及细胞代谢等研究方面发挥了关键作用，成为蛋白质组学研究的重要区域。蛋白质本身是多种多样的，每种蛋白质的独特生理属性影响着蛋白质间的相互作用，蛋白质间的互作也存在不同层次的复杂性，如多亚基酶的纳米机制、分子伴侣与靶蛋白质的互作、蛋白质激酶与靶蛋白质互作、代谢网络中多种蛋白质的互作。因此，完全精准解读蛋白质的相互作用原理及功能，需要更加高效科学的 PPI 技术。

随着生物技术的不断发展，PPI 技术得到了极大改善，实验过程变得简化，实验结果更加准确。目前，PPI 技术主要包括酵母双杂交（yeast two-hybrid）系统、双分子荧光互补（bimolecular fluorescence complementation assay，BiFC）技术、荧光共振能量转移（fluorescence resonance energy transfer，FRET）技术、谷胱甘肽巯基转移酶融合蛋白沉降（glutathione S-transferase pull-down assay，GST pull-down assay）技术、免疫共沉淀（co-immunoprecipitation，Co-IP）技术和 Far-Western blotting 等多种研究蛋白质互作的技术。

1.10.1　酵母双杂交系统

酵母双杂交是 1989 年由 Fields 等首次应用在真核生物酵母转录因子 GAL4 特性的研究中。酵母双杂交技术是建立在模式生物酵母之上，原理是酵母细胞起始基因转录需要有转录激活因子的参与，其在结构上有两个特殊的结构域：DNA 结合结构域（binding domain，BD）和转录激活结构域（transcription activation domain，AD），BD 和 AD 单独存在没有转录激活功能。将两个蛋白质基因分别连接到 BD 与 AD 区域，若它们在空间上无限接近，则会形成复合物，转录激活因子恢复活性、功能激活。BD 区域可识别酵母转录激活因子上游激活序列（upstream activation sequence，UAS），转录产物激活 UAS 下游的报告基因使之转录。根据报告基因的表达与否可以判断 PPI 的结果，进而测得未知蛋白质的功能。酵母双杂交系统对蛋白质之间的微弱、瞬间作用敏感度较高，因此在许多生物学研究领域得到广泛应用。

酵母双杂交系统是研究蛋白质互作的所有方法中较为简便、灵敏和高效的一种方法，但仍存在一些局限性。传统的酵母双杂交只能检测发生于核内的相互作用；在实验中，经常遇到假阳性，并且其转化效率不高，仍需进一步优化。目前，酵母双杂交系统衍生出了单杂交系统、三杂交系统、核外双杂交系统、反向双杂交系统、哺乳动物双杂交系统等技术，未来酵母双杂交系统在生物学研究领域尤其是生物医药领域中的应用将更加深入。

1.10.2　双分子荧光互补技术

BiFC 是在 2002 年由 Hu(Changdeng Hu)等提出的一种观察植物活细胞间 PPI 的方法。BiFC 是基于两段不完整的荧光报告蛋白质互补片段重新结合成完整的报告蛋白质，并发出荧光的过程，该实验为观察活细胞中蛋白质间的相互作用和修饰提供了一种有效的方法。

BiFC 技术的原理是利用荧光蛋白质基因的某些特定位点，将其切成两个不具荧光活性的 N 端和 C 端两个片段。使两个片段分别与目标蛋白质基因连接，构建重组表达载体，然后转染细胞融合表达。如果两个目标蛋白质存在相互作用，便能够相互接近，重新形成具用荧光活性的蛋白质，从而发射荧光。反之，目标蛋白质之间则没有相互作用。

自从 Ghosh 等报道了绿色荧光蛋白质(green fluorescent protein，GFP)通过 N 末端和 C 末端的重新组装产生绿色荧光以来，BiFC 技术得到很大的改进和发展。例如，多色荧光互补技术(multicolor)能够研究多种蛋白质间的相互作用。随着 BiFC 技术的完善，在生物学研究中的应用逐渐增多。到目前为止，已经有超过 10 种 BiFC 分析技术的荧光蛋白被发现。在活细胞 Ca^{2+} 依赖蛋白质互作的研究中，黄色荧光蛋白质(yellow fluorescent protein，YFP)的有效性首次被证明，红色荧光蛋白质(DsRed)被发现后关注较多，因为 DsRed 的应用延长了 BiFC 分析的波长范围。

在一般情况下，BiFC 技术相比其他 PPI 分析荧光互补实验具有几个独特的优势：简单快速，适用范围广；BiFC 可以研究未知结构信息的蛋白质间的相互作用，几乎可以对任何需氧生物通过基因改造表达融合蛋白质；BiFC 复合物发射的荧光可以利用荧光显微镜、流式细胞分析仪等检测，不需要利用试剂把融合蛋白分开。完整细胞的研究避免了在细胞分解过程中发生 PPI 的变化，以及不同细胞隔室内容物的混合，既可对单个细胞中的 PPI 进行观察，也可以对不同细胞中不同细胞过程的差异进行研究。但是，该技术也存在局限性，受到荧光基团形成时间和荧光蛋白复合物稳定性的限制，易出现假阳性与假阴性的结果，需多次重复确定结果。

1.10.3　荧光共振能量转移技术

1948 年，由 Förster 等提出了荧光共振能量转移这一理论，与 GFP 的应用和改造使 FRET(fluorescence resonance energy transfer)技术得以在活细胞中广泛应用。1992 年 Prasher 等首次从维多利亚水母中分离并克隆了一种荧光物质——GFP，后来，更多的荧光蛋白(如 cyan fluorescent protein，CFP；blue fluorescent protein，BFP；YFP 等)被发现，为 FRET 的实现提供了基础。FRET 是一种非辐射的能量转移，可以定时、定量、定位、动态地观察活细胞内蛋白质与蛋白质之间的相互作用。

以最常用的 CFP、YFP 为例，简单介绍 FRET 原理。CFP 发射光谱与 YFP 的吸收光谱存在重叠，两者距离足够近时，CFP 的吸收波长激发，CFP 的发光基团把能量共振转移到

YFP 的发光基团，因此 CFP 发射的荧光减弱（消失），YFP 发射荧光，两个荧光基团能量转移对空间位置的变化感应非常灵敏。若要研究 A、B 蛋白质间的相互作用，可以依据 FRET 的原理构建融合蛋白质系统，该系统包括 CFP、B 蛋白质、YFP。当 A、B 蛋白质存在互作时，CFP 和 YFP 在空间上足够接近而发生能量转移，YFP 发射荧光，反之，则 CFP 发射荧光。

FRET 技术在细胞生理研究、免疫分析和蛋白质组学研究中的应用有许多成功的报道。FRET 技术也陆续用于一些肿瘤药物的研发，如胰腺癌、乳腺癌等的抗癌药物。FRET 技术具有分析速度快、方法灵敏度高、选择性好、无污染或污染小等优点，使其在包括细胞生理研究、蛋白质组学研究及临床相关的药物分析等领域应用日益广泛。

1.10.4　GST pull-down 技术

拉下实验（pull-down assay），又叫作蛋白质体外结合实验（binding assay *in vitro*），是一种在试管中检测蛋白质之间相互作用的方法。蛋白质-蛋白质之间的相互作用是蛋白质结构与功能研究中的一个重要方向。该实验是一个行之有效的验证酵母双杂交系统的体外实验技术，其基本原理是将靶蛋白-GST 融合蛋白质亲和固化在谷胱甘肽亲和树脂上，作为与目的蛋白质亲和的支撑物，充当一种"诱饵蛋白"。目的蛋白质溶液过柱，可从中捕获与之相互作用的"捕获蛋白"（目的蛋白质），洗脱结合物后通过 SDS-PAGE 分析，或结合 WB 和 MS 检测，从而证实两种蛋白质间的相互作用或筛选相应的目的蛋白质，"诱饵蛋白"和"捕获蛋白"均可通过细胞裂解物、纯化的蛋白质、表达系统以及体外转录翻译系统等方法获得。GST pull-down 是体外验证/寻找互作蛋白的技术，大多采用标签（如 GST）抗体来检测，此方法简单易行，操作方便，因此适用范围广，近年来越来越受到广大学者的青睐。但是，通过拉下实验验证互作是在试管中进行的生化反应，不能够完全反映细胞内蛋白质真实互作状态。此外，融合表达的 GST 标签肽链较长，可能会改变原目的蛋白质的原有的折叠结构。

1988 年，Smith 等利用 GST 融合标签从细菌中进一步纯化出 GST 融合蛋白质。GST pull-down 是一个行之有效的体外验证 PPI 关系的实验技术，既可以验证已知蛋白质的相互作用，还可以筛选与已知蛋白质互作的未知蛋白质，现已广泛用于分子生物学领域。

GST pull-down 的原理是通过利用基因工程技术将目的蛋白质基因与 GST 基因融合表达产生诱饵蛋白质，将该诱饵蛋白质溶液通过带有 GST 的层析柱，诱饵蛋白质与 GST 结合，然后将待测蛋白质溶液过柱使它们反应，再用洗脱液洗脱，如果目的蛋白质与待测蛋白质间不存在互作，则开始时便被清洗出来，反之，则用洗脱液才能得到待测蛋白质。

GST pull-down 技术方法简单易行、操作方便、应用范围广，进行优化改进后，该技术的应用更加简便快捷。GST pull-down 技术与其他蛋白质互作技术的结合使用，实验结果会更加准确可信，Tran 等运用 GST pull-down 技术、双向凝胶电泳和质谱分析法完成了 DNA 结合蛋白质的鉴定。

GST pull-down 技术缺点是无法大规模筛选蛋白质间的相互作用，且有些内源性蛋白质会干扰实验导致假阳性结果。未来 GST pull-down 技术与其他 PPI 技术的联合使用，验证蛋白质之间的相互作用将会发挥更大的作用。

1.10.5　免疫共沉淀技术

Co-IP 是一种研究特定蛋白质之间相互作用的理想方法，其可以确定活细胞内蛋白质的相互作用。该方法依靠抗原与抗体特异性结合原理鉴定蛋白质间的相互作用。

Co-IP 技术的原理是细胞在温和、非变性条件下裂解时，细胞内许多完整的蛋白质-蛋白质间的相互作用保留了下来，随后加入与目标蛋白质对应的抗体使之发生免疫共沉淀反应形成抗原-抗体复合物沉淀，然后通过电泳分离、质谱鉴定，再对这些蛋白质复合物进行分析，以确定新的结合性伙伴、结合亲和力、结合动力学和目标蛋白质的功能。该技术既可以用来确定胞内蛋白质的结合，也可以用于发现新的蛋白质互作而形成的复合物。

目前，Co-IP 技术在蛋白质互作方面的应用有了很大的发展。Co-IP 技术与其他 PPI 技术(如 GST pull-down、酵母双杂交系统等)相比具有其特有的优势，它可以鉴定活细胞内蛋白质间的自然结合，规避了外界因素，因此鉴定的蛋白质可信度高。Co-IP 与其他 PPI 技术的联合使用，可以有效提高实验的准确率。Co-IP 技术也存在一定的局限性，如对低亲和力的蛋白质互作检测效率低、鉴定的蛋白质之间可能不是直接的互作、灵敏度受目标蛋白质浓度限制、抗体制备也比较复杂且昂贵等。

1.10.6　Far-Western blotting 技术

Far-Western blotting 是由 Western blotting 发展而来的研究 PPI 的一种技术，在 Far-Western 中通过 PAGE 分离目的蛋白质样品，固定到硝酸纤维薄膜上，然后利用非抗体蛋白质来探测目标蛋白质。Far-Western blotting 的原理是将样品蛋白质用非变性 PAGE 胶分离，将电泳后的蛋白质转膜、封闭膜、洗膜，加入待测蛋白质使其与膜上蛋白质相互作用，然后加入带有标记(如 HRP)的待测蛋白质的抗体一同孵育，将膜和标记(如 HRP)的底物一起孵育进行显色，分析实验结果。Far-Western blotting 的优点是方法简便、快捷、灵敏度较高、假阳性低，在蛋白质组学中得到广泛应用；主要缺点是转膜前蛋白质需要复性，并且存在不可避免的非特异性结合。

1.10.7　凝胶阻滞实验

凝胶阻滞实验或电泳迁移率实验(electrophoretic mobility shift assay，EMSA)，是一种研究 DNA 结合蛋白质或 RNA 结合蛋白质与其相关的 DNA 结合序列或 RNA 序列相互作用的技术，可以用于定量或者定性分析。通常将纯化的蛋白质或细胞粗提液和^{32}P 同位素 3′末端标记的 DNA 或 RNA 核酸探针一同温育，然后再用非变性的聚丙烯凝胶电泳，分离复合物和非结合的探针。DNA-复合物或 RNA-复合物比未结合的探针移动的慢。由于在电场中裸露的 DNA 朝正电极移动的距离是同其分子质量的对数成反比的，如果 DNA 分子结合上一种蛋白质，那么由于分子质量加大，在凝胶中的迁移作用便会受到阻滞，朝正电极移动的距离也就相应缩短，出现相对滞后的条带。所以当特定的 DNA 片段同细胞提取物混合之后，若其在凝胶电泳中的移动距离变小了，这就说明它已同提取物中的某种特殊蛋白质分子发生了结合作用。通常可以用来作为验证转录因子和启动子特异元件直接结合调控转录的体外证据。

同位素标记的探针依研究的结合蛋白质的不同，可是双链或者是单链。当检测如转录调节因子一类的 DNA 结合蛋白质，可用纯化蛋白质、部分纯化蛋白质或核细胞抽提液。

在检测 RNA 结合蛋白质时，依据目的 RNA 结合蛋白质的位置，可用纯化或部分纯化的蛋白质，也可用核或胞质细胞抽提液。竞争实验中采用含蛋白结合序列的 DNA 或 RNA 片段和寡核苷酸片段(特异)，及非相关的片段(非特异)，来确定 DNA 或 RNA 结合蛋白质的特异性。在竞争的特异和非特异片段存在下，依据复合物的特点和强度来确定特异结合。

1.11　后基因组时代的蛋白质结构与功能研究

2000 年 6 月 26 日，人类基因组工作草图宣告完成，生命科学进入了新的后基因组时代(post-genome era)。20 世纪生物学最基本的成果就是揭示了生物体世代遗传主要由以基因为载体的核酸负责，而每个世代有机体的生命活动主要取决于蛋白质的结构与功能，从而把整个生命科学推进到以核酸-蛋白质为研究中心的分子生物学时代。在以基因组全序列为基础的后基因组时代，从整个基因组及全套蛋白质产物的结构功能机理的高度了解生命活动的全貌，系统整合有关生物学的全部知识，揭示生命活动各种前所未闻的规律，进而驾驭这些规律为人类服务，将生命科学升华到了新的历史阶段。在这样的背景下，蛋白质结构功能研究方面又开辟出几个具有重要战略意义的新领域，应当引起生命科学工作者乃至全社会的高度关注。

1.11.1　结构生物学

结构生物学(structural biology)主要是用物理方法，结合生物化学和分子生物学方法，揭示生物大分子空间结构及结构的运动，阐明其相互作用的规律和发挥生物功能的机制，为探索与生物大分子功能失调相关疾病的发病机制、寻找疾病诊断的新靶标及设计和研究治疗疾病的药物等奠定分子基础。

生物大分子三维结构的测定是一项十分重要又非常繁复的基础性研究工作。英国科学家 J. C. Kendrew 和 M. F. Perutz 用 X 射线晶体衍射法，耗时 20 多年于 1958 年和 1959 年发表了肌红蛋白和血红蛋白的三维结构。其后 30 年间，仅有大约 400 种蛋白质完成了三维结构的测定，在相关技术进步的推动下，从 20 世纪 80 年代至今，这一领域取得了长足的进步。例如，到 1998 年 4 月，PDB 发布的生物大分子精细三维结构达 7 454 个，其中蛋白质 6 617 个。这些研究所用的方法主要有 X 射线晶体结构分析(约占 81.9%)、多维核磁共振波谱(nuclear magnetic resonance spectrum，NMR)解析(约占 15.7%)和电子晶体学(electron crystallography，EC)方法(约占 2.4%)。后来，由于使用了新光源，使 X 射线晶体衍射技术焕然一新。第三代同步辐射装置的亮度和聚焦都提高了两个数量级，还能提供多种波长，把生物大分子精细结构的研究推向前所未有的水平。首先，新装置极大地降低了对晶体大小的要求，有力地推动了如膜蛋白这类极难结晶的重要生命物质的精细结构研究。例如，要得到高分辨率结构，原先的装置需要约 0.1nm 以上的晶体，而新装置最小可分析 $20\sim40\mu m$ 的晶体。新装置还能测定巨大而复杂的大分子复合物和亚细胞结构。如原装置通常只能测定晶胞 7.5nm 左右的大分子，晶胞 100nm 的病毒等大分子组装体因众多的衍射点彼此重叠而无法辨认。其次，已将重组 DNA 定位引进重原子或与某金属离子结合的氨基酸的技术与新装置提供多波长 X 射线相结合，极大地加快了结构测定进度。另外，高亮度强光源能以极快的速度获取衍射数据，使研究快速运动和动力学过程成为可能。例如，欧洲第三代同步辐射装置能以 $10^{-10}s$ 的重复速率观察分子及其反应或形貌变化。这样，就有可能用"拍电影"的方法反映事件发生的动态过程。与此同时，多维核磁共振波谱解析、电子显微镜二维晶体三维重构等技术也在大分子精细结构分析中取得重要的进展，从而使生物大分子及其组装体的三维结构以指数曲线急速增加，至今完成的三维结构蛋白质已突破 50 000 个，为结构生物学的发展奠定了基础。

结构生物学是以生命物质的精确空间结构及其运动为基础来阐明生命活动规律与生命现象本质的科学，研究的核心内容是生物大分子及其复合物和组装体的完整、精确的三维结构、运动和相互作用，以及它们与正常生物学功能和异常的生理现象之间的关系。以蛋白质为代表的生物大分子是生命体内各种生理功能的主要执行者，而蛋白质的功能通常由其三维结构决定。因此，解析生物大分子的三维结构对理解其功能，进而理解其参与生命过程的机制，最终实现对生命过程的有效调控有着非常重要的意义。结构生物学是生物物理学的一个重要分支。该学科主要应用物理学的思想与研究方式，采用 X 射线晶体衍射、核磁共振、冷冻电镜成像等技术，精确解析蛋白质、核酸等生物大分子的三维结构及生物大分子之间的相互作用机制，在原子层面上获得对生命过程机制的深入认识。

结构生物学以往的工作主要是从个别蛋白质或蛋白质复合物的结构与功能来认识生命活动的某个侧面。从一个受精卵发育成为一个成熟的个体，需要 5 万~10 万种基础蛋白质（不包括翻译后修饰）以精确的时间在细胞内产生、活动、消亡，恰到好处地发挥它们在生命进程中必需的功能。所以，获取这些蛋白质并剖析其精细三维结构及其与生物学功能的联系，全景式地展现细胞生命活动，进而揭示不同生物进化上的相互联系和生命运动的本质，解决医疗卫生、环境保护、工农业生产等方面的问题，不仅是后基因组时代生命科学的基本课题，也是结构生物学面临的严峻挑战。当前，结构生物学开始与基因组学联合，形成结构基因组学，计划在几年内解析上千个独立蛋白质的结构。逐步推进，最终将基因组遗传信息与细胞中蛋白质的结构/功能直接联系起来，在全新的深度和广度上整合所有的生物学知识，从总体上重新认识生物界。

目前，如何解析蛋白质分子的动态构象变化是结构生物学面临的一大问题。传统的 X 射线晶体衍射和冷冻电镜成像往往只能获得蛋白质处于一种或几种状态的三维结构；而核磁共振虽然可以研究蛋白质构象变化，但是相对分子质量较大蛋白质的波谱往往不易解析。然而，蛋白质分子在发挥其生理功能的过程中往往伴随着三维结构的动态变化。例如，血红蛋白通过构象的动态变化，调整与氧分子的亲和力，从而行使其运输氧分子的生理功能。位于细胞膜上的离子通道通过开放或关闭的动态构象变化，控制离子的跨膜流动。近年来，X 射线自由电子激光（X-ray free electron laser）技术的发展与微小蛋白质晶体的结合为 100fs 时间尺度上的蛋白质动态构象变化解析提供了可能。随着单颗粒冷冻电镜成像技术的发展，通过对成像图片更加精细的分类处理，可以解析同一批蛋白样品中处于不同状态的结构，从而推测蛋白质在数个状态之间的动态变化。高速原子力显微镜（high-speed atomic force microscope）的进步使得在近生理条件下观察离子通道蛋白的动态构象变化成为可能。荧光共振能量转移成像、荧光非天然氨基酸成像等成像技术的发展也为蛋白质动态构象变化的解析提供了有力补充。如何在更接近生理的环境中解析蛋白质结构是结构生物学研究面临的另一问题。在传统的 X 射线晶体衍射与冷冻电镜成像中，蛋白质首先需要纯化，膜蛋白还需要通过去垢剂剥离细胞膜，导致蛋白质离开其生理环境。蛋白质分子在发挥其生理功能时往往离不开其细胞环境。例如，只有整合在细胞膜上的离子通道蛋白质才能发挥其控制离子跨膜运动的功能。纳米盘技术的出现为单颗粒冷冻电镜成像中的膜蛋白样本提供了近似生理状态的膜环境。随着冷冻电子断层成像技术(cryo-electron tomography)的发展，其分辨率逐渐提高，有望在将来实现细胞原位的原子分辨率的生物大分子结构观察。细胞NMR(in-cell NMR)技术的进步也为细胞中蛋白质结构核磁共振解析带来了希望。

在我国，结构生物学处于蓬勃发展的状态，其研究前端已进入国际前沿。研究人员在一些领域取得了全球瞩目的成果。例如，清华大学研究人员首次使用冷冻电子显微镜单颗粒三维重构的方法，解析了人类线粒体呼吸链超级复合物(呼吸体)的原子分辨率三维结构。该研究提出了全新的线粒体呼吸链之间的电子传递与质子转运模型，为设计和改造以线粒体呼吸链为靶标的药物提供了坚实的研究基础。我国科学家还成功解析了一系列细胞凋亡相关蛋白、转运体蛋白和剪切体复合物，为理解细胞凋亡的机制、mRNA剪切及针对细胞凋亡的药物研发做出了重要贡献；一系列病毒相关蛋白结构解析为针对病毒的抗体药物开发做出了重要贡献；解析了一系列膜蛋白离子通道的三维结构，如电压门控钠离子通道、电压门控钙离子通道和γ氨基丁酸A型受体(GABAA受体)等，为理解其工作机制及相应的药物开发奠定了坚实基础。这些研究不仅在结构和分子机制上加深了我们对这些关键蛋白质的科学认识，也为将来理解疾病机制并针对这些蛋白质进行创新药物研发指引了方向。

1.11.2　蛋白质组学

另一值得重视的进展是蛋白质组研究。1994年，澳大利亚科学家Wilkins和Williams受到基因组计划进展的启示与鼓舞，提出蛋白质组(proteome)的概念，直接研究某一物种、个体、器官、组织及细胞中全部蛋白质，获得整个体系内所有蛋白质组分的生物学和理化参数，揭示生命活动的规律。蛋白质组学是以细胞内存在的全部蛋白质及其活动规律为研究对象，它是继基因组学之后，在分子水平了解生命过程逻辑性的第二步，是后基因组时代生命科学研究的核心内容之一。

蛋白质组学(proteomics)突破了传统的生物化学和结构生物学研究单一蛋白质结构与功能的模式，强调与数据库匹配研究复杂的蛋白质群体的系统生物学。目前，人们用来进行蛋白质组学研究的主要技术有以下几个方面：

①蛋白质分离分析技术：通过分离分析，研究人员可以把复杂的蛋白质混合物分离成单一蛋白质或组分较简单的蛋白质小组，还可以比较两个蛋白质样品的不同表现，便于对特定蛋白质进行标记。双向凝胶电泳仍是目前广为使用的技术。另外，毛细管电泳、亲和层析、高效液相层析以及离子交换层析与反相高效液相层析串联，也已成功地用于蛋白质组研究的蛋白质分离分析。

②利用质谱仪对蛋白质、肽的分子质量进行精确测定，进行微量的蛋白质部分序列测定。

③各种生物信息数据是蛋白质组最重要的工具。例如，美国生物技术信息中心Entrez(http://www.ncbi.nlm.nih.gov/Entrez/)、GenBank(http://www.ncbi.nlm.nih.gov/Genbank/Genbank Overview.html)、PDB(http://ww.rcsb.org/pdb/)、Pro Dom(http://prodes.toulouse.inra.fr/prodom/doc/prodom.html)、SMART(http://smart.embl-heidelberg.de/)、PROSITE(http://www.wendangwang.com/prosite/)等，可以提供基因组或基因的核苷酸序列、蛋白质和结构域的氨基酸序列或三维结构等信息。

④研究蛋白质与蛋白质的相互作用：主要利用化学交联法、免疫共沉淀、大规模酵母

双杂交系统、蛋白质芯片、基因敲除等技术。

虽然蛋白质组学尚处于幼年时期，还有许多技术和理论问题有待解决，它的意义在于突破了孤立地研究个别蛋白质的传统模式，开始从蛋白质群体的动态变化和复杂的相互作用认识其功能和调控机制，从而将结构功能研究带入一个新的发展阶段。迄今，蛋白质组学研究已经取得了一些阶段性成果：

①利用 2D-PAGE 和亲和层析等手段，已分离出数百个流感嗜血杆菌蛋白斑点，其中 303 个经质谱分析，确认了 263 个，多为外膜蛋白和能量代谢以及大分子合成有关的蛋白质，还发现约 22% 的蛋白质经历翻译后修饰。

②大肠杆菌基因组已完成测序，约有 4 000 个基因，联合数据库至少包括 1 600 种蛋白质斑点的数据，涉及每种蛋白质的丰度及其在不同条件下合成速率的变化、细胞内定位，在 2D-PAGE 上的位置以及一些蛋白质的翻译后修饰等相关内容。

③酿酒酵母蛋白质组数据库达 6 000 多页，每一页代表一个已知或推测的蛋白质，涉及该蛋白质的相对分子质量、等电点、氨基酸组成、多肽片段的大小、翻译后加工、亚细胞定位、功能分类等。酿酒酵母蛋白质组 2D-PAGE 斑点大多数已得到鉴定。通过比较野生型和突变型酿酒酵母蛋白质组的 2D-PAGE，发现单一基因缺失导致蛋白质组全面性改变，有的蛋白质增加，有的蛋白质减少，有的蛋白质修饰状况发生改变。

④线虫的 19 000 个基因已完成测序。利用 2D-PAGE 在等电点 3.5~9 和相对分子质量 1×10^4~2×10^5 范围内已辨认出 2 000 个以上线虫蛋白质斑点，测定 12 个蛋白质的 N 端部分序列。其中，有 11 个找到了编码基因，鉴定出 27 个蛋白与发育有关。通过酵母双杂交发现了 100 多个相互作用，初步建立与线虫生殖发育相关的蛋白质相互作用图谱。

⑤人类蛋白质组研究也有一些发现，虽然许多不同组织的家族蛋白质 2D-PAGE 相似，却也发现不同组织或不同状态下表达的新蛋白质。例如，乙醇中毒改变某些血清糖蛋白；癌细胞中一些蛋白质的表达水平和修饰方式发生变化；鳞状细胞瘤患者尿中有银屑素（psoriasin）；肾癌患者缺失 UQ、Cytb 还原酶、mtUQ 氧化还原复合物 I 等 4 种蛋白质，为阐明病理机制和早期诊断提供了有用的线索。人类蛋白质组学研究已开始国际联合，2003 年 12 月 15 日国际人类蛋白质组计划（human proteome project，HPP）正式实施，中国和美国学者分别主持人类肝和血液蛋白质组研究工作。我国科学家领导的人类肝脏蛋白质组计划占全部工作的 20% 以上。围绕人类肝脏蛋白质组的表达谱、修饰谱及其相互作用的连锁图等九大科研任务，目前，已经成功测定出 6 788 个高可信度的中国成人肝脏蛋白质，系统构建了国际上第一张人类器官蛋白质组"蓝图"；发现了包含 1 000 余个"蛋白质-蛋白质"相互作用的网络图；建立了 2 000 余株蛋白质抗体。蛋白质组学研究有可能为未来癌症患者的精准医疗提供直接证据、驱动精准医学潮。

过去 10 多年来蛋白质组学的研究已成为当前生命科学的一个热点，早期蛋白质组学的主要研究领域为蛋白质的表达分布型，随着科学和技术发展，蛋白质组学基础理论研究也在不断的扩充和完善，蛋白质组学已先后应用于细胞生物学、微生物学、植物学、神经科学、内分泌学、免疫学、药理学和临床科学等。尤其是临床蛋白质组学，不久的将来，在重大疾病的临床诊断、疾病发病机理和药物治疗靶标等领域将会有重大进展。

与后基因组学相比，蛋白质组学的难度更大。因为蛋白质与 DNA 相比，其性质更具异质性，它有 20 种氨基酸，存在多种类型的修饰和诸多功能；它缺乏种类繁多的限制性内切酶和高通量的测序方法，也没有类似的 PCR 方法。蛋白质组学的内涵非常庞大，以人类基因组含 35 000 个基因计算，考虑到剪切和种种类型的翻译后修饰，估计人类约含 280 万个蛋白质，而且它还随着空间、时间、生理状态发生变化。因此，后基因组时代的蛋白质组学研究，不仅非常庞大还是一个长期的研究项目。

例如，人类血浆中多肽和蛋白质有几十万甚至百万个，且浓度相差达 10 个数量级，而已经鉴定的蛋白质不到 5 000 个，只有少数蛋白质进行了定量分析，绝大多数潜在的蛋白质还没有进行确认和验证，这表明蛋白质组学中技术方法的革新和发展任重道远。

蛋白质组学采用一系列技术方法对蛋白质进行大规模鉴定，但目前显然没有一种技术能适用于所有的蛋白质，不同技术有不同的优缺点，当前蛋白质组学的实验技术方法还不能满足当前和今后蛋白质组学的发展需要。在方法学上，2DE-MS 分析虽然是当前的主流技术，但其分辨率、特异性、灵敏度及重复性有待进一步提高。主要表现在：样品制备阶段，对一些分子较大、极酸或极碱的蛋白质以及膜蛋白，其分离制备技术显得力不从心，同时还面临制备过程中造成的蛋白质降解、功能失活、样品污染等问题；在分离鉴定阶段，低丰度蛋白质和细胞因子的检测、极端等电点蛋白质的分离、蛋白质染色的动态范围、重复性等均有待改进；在数据库检索和蛋白质鉴定阶段，数据库的信息量及来源、数据的识别和计算均因生命现象的复杂性而不能简单套用。尽管一些新技术脱颖而出，如二维或多维色谱技术、银染技术、荧光染色技术、激光捕获显微切割术（laser capture microdissection，LCM）和同位素标记亲和标签（isotope coded affinity tags，ICAT）技术等，但如何把这些技术方法进行整合并实现自动化是一个巨大的挑战，而这也正是大规模 DNA 测序成功的一个重要因素。人们必须克服从样品制备到数据库管理的每个分析阶段的障碍。

尽管蛋白质组学研究技术在自动化、高通量、重复性等方面有诸多不足，但毋庸置疑，蛋白质组学在未来生命科学领域乃至整个自然科学发展史中将占有举足轻重的地位。随着研究方法的不断创新，它必将揭示如生长发育、新陈代谢、衰老等生命活动规律；在人类重大疾病的发生机制、诊断、防治上发挥巨大潜力。

1.11.3   蛋白质芯片

生物芯片（biochip）技术是近年生命科学与微电子学相互交叉渗透发展起来的一门高新技术。随着人类基因组计划（HGP）研究的不断突破，这门技术已经广泛应用于临床诊断、功能基因研究、基因组文库表达谱分析、肿瘤标志物检测、新药的研究与开发等诸多领域。生物芯片是基于生物大分子（核酸和蛋白质等）相互作用的大规模并行分析方法，并结合微电子、微机械、化学、物理、计算机等多领域的技术及生命科学研究中所涉及的样品、反应、检测和分析等连续化、集成化、微型化的过程。它以载玻片和硅胶材料为载体。在单位面积上高密度的排列大量的生物材料，从而达到一次性实验同时检测多种疾病成分或多种生物样本的目的。

生物芯片主要通过固相平面微细加工技术构建的微流体分析单元和系统，以实现对细胞、蛋白质、核酸及其他生物组分的快速、准确、高通量检测。具有高度平行性、多样性、微型化和自动化的特点。常用的芯片有基因芯片（gene chip）和蛋白质芯片（protein chip）两大类。

蛋白质芯片是检测蛋白质之间相互作用的生物芯片，是利用目前最先进的高科技生物芯片制备技术、ELISA、化学发光及抗原抗体结合的双抗体夹心原理，利用微点阵技术使多种蛋白质结合在固相基质上，从而使传统的生物学分析手段能够在极小的范围内快速完成，达到一次实验同时分析多个生物标本的目的。蛋白质芯片技术的基本原理是将各种蛋白质有序地固定于滴定板、滤膜和载玻片等各种载体上制成检查用芯片。然后，用标记了特定荧光素标记抗体的蛋白质或其他成分与芯片作用，经漂洗将未能与芯片上的蛋白质互补结合的成分洗去。再利用荧光扫描仪或激光共聚焦扫描技术，测定芯片上各点荧光的强度，通过荧光强度分析蛋白质与蛋白质之间相互作用的关系，由此达到测定各种蛋白质功能的目的。

1.11.4　生物信息学

　　面对急速膨胀的各种数据库，用传统手段显然难以处理。因此，生物信息学（bioinformatics）应运而生。生物信息学由数据库、网络和应用软件组成，根据数理和信息科学的理论、观点和方法来研究生命现象。其中一项重要工作就是开发专用软件，用高性能计算机对蛋白质的序列和三维结构进行收集、整理、存储、发布、提取、加工、分析和发现。可以预见，蛋白质结构与功能的研究，将充分利用现代物理、化学、数学和信息科学提供的方法与技术，并以生物化学、分子生物学、遗传学、细胞学提供的功能研究为基础，进行多学科的、综合的协同攻关，才能抢占先机，取得新的突破。

　　生物信息学是由计算机科学与生物学、应用数学等学科相互融合而形成的新兴学科，对蛋白质的序列分析、功能分析、结构分析、点突变的设计及家族鉴定等进行研究。生物信息学由数据库、计算机网络和应用软件三大部分构成，它通过借用先进的计算机软件对所获得的实验数据进行加工、存储，然后利用数据库搜索与分析，随后进行统计验证，进而获取数据所蕴含的生物学信息。质谱技术所提供的庞大而又复杂的生物学数据是生物信息学需要面临的巨大挑战，丰富的数据库是蛋白质组生物信息学的核心，用于对质谱数据分析后的蛋白质鉴定。UniProt 被认为是目前收录较为广泛、注释全面的蛋白质数据库，能够提供较为详尽的蛋白质肽段鉴定序列，其主要有两大部分：UniProtKB/Swiss-Prot 可以提供经过手工注释的、高质量的蛋白质序列；UniProtKB/TrEBL 则包括所有高质量的分析计算结果，主要应对基因组项目获得的大量数据流以弥补人工校验在时间与人力的不足。同时，世界各地也建立有大量其他种类的数据库提供了不同的功能，如 PDB 数据库主要由核磁共振和 X 射线晶体衍射所测得的生物大分子的三维结构组成，可提供任何大分子三维结构的查询，分析目的蛋白质的结构；SMART 数据库在蛋白质功能标注方面更为全面；另外，一系列搜索分析软件（如 MassWiz、OMSSA、Myrimatch 等）的不断出现都为质谱鉴定提供了丰富的工具。生物信息学的发展目前也面临着许多的挑战，质谱数据需要与蛋白质数据库对比之后进行分析，但是不同物种所表达蛋白质种类的庞大，使蛋白质数据库还不足以提供足够的数据，蛋白质组学对于新蛋白质的研究过程中并没有足够的数据作为参考，这使蛋白质组学的发展在探索中前行；多肽数据分析中样品的复杂性及鉴定数据的冗余性、蛋白修饰所造成的假阳性也为质谱数据的分析带来困难，然而新计算机算法的不断出现、分析软件的更新、蛋白质数据库的不断完善都为蛋白质组学的发展提供了巨大的推力，生物信息学是蛋白质组学最终揭示蛋白质密码的钥匙。

　　生物信息学的主要研究内容：①基因相关信息的收集、存储、管理与提供。②新基因的发现和鉴定。③非编码区信息结构分析。④生物进化研究。⑤基因组和蛋白质组的比较研究。⑥基因组和蛋白质组信息分析方法研究。⑦大规模基因功能表达谱的分析。⑧蛋白质分子空间结构预测、模拟和设计等。⑨基于数据和知识的药物设计。⑩临床研究及临床药学研究：基于芯片、基因组、蛋白质组、代谢组的重要研究；各种组学数据的质量评价；各种检索软件结果再评价研究。

第 2 章

蛋白质分离纯化实验室基本知识

2.1　实验室规则及安全防护

蛋白质分离纯化实验是实践教学的重要环节，是本科阶段基础实验的延续及专业理论学习的辅助手段。通过实验教学，掌握生物大分子蛋白质的基本提取、分离及纯化手段；掌握蛋白质研究的基本操作、实验原理和一般仪器的使用；观察蛋白质的生物学反应现象，推测其可能的空间结构与生物学功能。通过实验教学，培养学生准确记录、科学分析并撰写客观、科学的实验报告的能力；培养学生科学的实验技能与严谨的科学态度；逐步提高学生观察问题、分析问题和解决问题的能力。通过实验教学，联系并加深对蛋白质研究的理论知识的理解、验证和巩固，为今后的专业研究打下坚实的基础。

2.1.1　实验室基本规则

①生物实验有着独特的实验技能和基本操作。学生应本着认真、积极的态度，在教师的指导下，完成每次实验。不仅要掌握实验的原理、步骤和关键细节，还要能从实验过程中发现问题；并对实验结果展开讨论，为后续实验积累经验。

②实验课必须提前5min到达实验室，不迟到，不早退。自觉遵守实验室纪律，维护实验室秩序。

③课前认真预习，做实验之前要先预习每个实验的内容、熟悉实验的操作步骤和方法，这样可以减少实验过程中可能发生的意外，事先预习能够保证有效地操作而节省时间。

④在实验室都要穿着实验服，避免化学药品不小心弄坏衣服或伤到皮肤，也可以避免溅到化学药品或染剂。遵守课堂纪律，实验室内严禁吸烟、饮食、大声喧哗，同学之间应互助友爱。

⑤实验台面只能摆放与实验有关的物品，如实验手册、实验记录本和实验材料等。

⑥每次做实验之前，先将实验台面用抹布擦拭干净，然后用消毒剂(如75%乙醇)喷洒桌面消毒，待桌面干燥后使用。做完实验之后，将实验台面整理、收拾干净才能离开。

⑦所有实验材料、试剂、药品、仪器必须摆放有序、保持整洁，避免用错或放错。公用试剂用完应立即盖好，放回原处，实验中应注意节约。实验结束后需将台面物品摆放整齐，实验台面抹拭干净，经老师验收合格后方可离开。

⑧实验室内煤气灯、电磁炉等应随用随关，必须严格做到"火在人在，人走火灭"。不能直接加热乙醇、丙酮、乙醚等易燃物质。需要时要远离火源操作和放置。实验完毕，应立即关闭煤气阀、拉下电闸。

⑨爱护实验仪器，在了解仪器性能和操作规程之前，不得贸然使用，更不可擅自拆卸或将部件带出实验室。实验过程中，如发现仪器损坏或运转异常，应立即向老师报告，妥善处理。仪器不用时，应将电源关掉。并认真做好实验仪器的使用记录。

⑩注意所有转基因生物或有害生物污染的实验材料、物品在丢弃或重复使用之前都要先灭菌消毒。经过高压蒸汽锅灭菌后再丢弃。有毒有害化学试剂则应该统一收集于废液桶内待集中统一处理，不能随意倾倒。对腐蚀性试剂或易燃有机溶剂的操作应格外小心。

⑪实验课学生应轮流值日，负责实验室的卫生和安全，并协助教师从事一些服务性工作。离开实验室前应仔细检查水、电、门、窗是否关好，严防安全事故发生。

2.1.2　实验室安全及防护知识

2.1.2.1　实验室安全防护措施

在生物学实验室中，经常与毒性很强、腐蚀性、易燃烧和具有爆炸性的化学药品及生物材料直接接触，常常使用易碎的玻璃和瓷质的器皿，以及在煤气、水、电等高温电热设备的环境下，进行紧张而细致的工作。因此，必须十分重视安全工作。

①进入实验室开始工作前，应了解煤气总闸门及电闸的位置。离开实验室时，一定要将室内检查一遍，应将水、电、煤气的开关关好，门窗锁好。

②使用煤气灯时，应先将火柴点燃，一手执火柴靠近灯口，一手缓慢打开煤气门。不能先开煤气门，后燃火柴。灯焰大小和火力强弱，应根据实验的需要来调节。用火时，应做到火着人在，人走火灭。

③使用电器设备（如烘箱、恒温水浴锅、离心机、电炉等）时，严防触电；绝不可用湿手或在眼睛旁视时触碰电闸和电器开关。检查电器设备是否漏电时，应将手背轻轻触及仪器表面。凡是漏电的仪器，一律不能使用。

④使用浓酸、浓碱，必须极为小心地操作，防止溅出。用吸量管量取这些试剂时，必须使用橡皮球，绝对不能用口吸取。若不慎溅在实验台或地面，必须及时用湿抹布擦洗干净。如果触及皮肤，先用大量清水冲洗，若症状严重应立即送医治疗。

⑤使用可燃物，特别是易燃物（如乙醚、丙酮、乙醇、苯、金属钠等）时，应特别小心。不要大量放在桌上，更不应放在靠近明火处。只有在远离火源时，或将火焰熄灭后，才可大量倾倒这类液体。低沸点的有机溶剂不准在明火上直接加热，只能在水浴锅上利用回流冷凝管加热或蒸馏。

⑥如果不慎倾出了相当量的易燃液体，则应按以下方法处理：

a. 立即关闭室内所有的火源和电加热器。

b. 关门，开启小窗及窗户。

c. 用毛巾或抹布擦拭洒出的液体，并将液体收集到大的容器中，然后再倒入带塞的玻璃瓶中。

⑦用油浴操作时，应小心加热，不断用温度计测量，不要使温度超过油的燃烧温度。

⑧易燃和易爆炸物质的残渣（如金属钠、白磷、火柴头）不能倒入污物桶或水槽中，应收集在指定的容器内。

⑨废液，特别是强酸和强碱不能直接倒在水槽中，应该集中收集到指定容器，统一处理。

⑩毒物、致癌物应按实验室的规定办理审批手续后领取，使用时严格操作、安全称量

和保存。操作时应戴手套、口罩或防毒面罩，并在通风橱中进行。沾过毒物、致癌物的容器应单独清洗，妥善处理。

⑪防止放射性物质伤害。放射性同位素的使用必须在有放射性标志的专用实验室进行，切忌在普通实验室中操作或存放有放射性同位素的材料和器具。实验后应该及时淋浴，定期体检。

⑫预防生物危害。

a. 生物材料如微生物、动物组织、细胞培养液、血液、分泌物都可能存在细菌和病毒感染的潜在性危险。处理各种生物材料必须谨慎、小心，做完实验后必须用肥皂、洗涤剂或消毒液充分洗净双手。

b. 使用微生物作为实验材料时，尤其要注意安全和清洁卫生。被污染的物品必须高压消毒或烧成灰烬。被污染的用具应该在清洗和高压灭菌前，浸泡在适当的消毒液中。

c. 进行遗传重组的实验室更应该根据有关规定加强生物安全的防范措施。

2.1.2.2　火灾处置

常见物质燃烧时应用的灭火剂见表 2-1-1 所列。

表 2-1-1　常见物质燃烧时应用的灭火剂

燃烧物质	应用灭火剂	燃烧物质	应用灭火剂
苯胺	泡沫、二氧化碳	松节油	喷射水、泡沫
乙炔	水蒸气、二氧化碳	火漆	水
丙酮	泡沫、二氧化碳、四氯化碳	磷	砂、二氧化碳、泡沫、水
硝基化合物	泡沫	赛璐珞	水
氯乙烷	泡沫、二氧化碳	纤维素	水
钾、钠、钙、镁	砂	橡胶	水
松香	水、泡沫	煤油	泡沫、二氧化碳、四氯化碳
苯	泡沫、二氧化碳、四氯化碳	油漆	泡沫
重油	喷射水、泡沫	蜡	泡沫
润滑油	喷射水、泡沫	石蜡	喷射水、二氧化碳
植物油	喷射水、泡沫		
石油	喷射水、泡沫	二硫化碳	泡沫、二氧化碳
醚类(高沸点 175℃以上)	水	醇类(高沸点 175℃以上)	水
醚类(低沸点 175℃以下)	泡沫、二氧化碳	醇类(低沸点 175℃以下)	泡沫、二氧化碳

实验中一旦发生了火灾切不可惊慌失措，应保持镇静。首先，立即切断室内所有火源和电源，然后根据具体情况积极正确地进行抢救和灭火。常用的方法有：

①在可燃液体燃着时，应立即拿开着火区域内的一切可燃物质，关闭通风器，防止扩大燃烧。若着火面积较小，可用石棉布、湿布、铁片或沙土覆盖，隔绝空气使之熄灭。但覆盖时要轻，避免碰坏或打翻盛有易燃溶剂的玻璃器皿，导致更多的溶剂流出而再着火。

②乙醇及其他可溶于水的液体着火时，可用水灭火。

③汽油、乙醚、甲苯等有机溶剂着火时，应用石棉布或沙土扑灭。绝对不能用水，否则会扩大燃烧面积。

④金属钠着火时，可把沙子倒在上面。

⑤导线着火时，不能用水及二氧化碳灭火器，应切断电源或用四氯化碳灭火器。

⑥衣服被烧着时，切忌奔走，可用衣服、大衣等包裹身体或躺在地上滚动，以灭火。

⑦较大的着火事故应立即报警。

2.1.2.3　触电

当 50Hz 电流通过人体，电流强度达到 25mA 时，会使人体发生呼吸困难，电流强度达到 100mA 以上时会致人死亡。生化实验室经常使用烘箱和电炉等大功率用电设备，因此每位实验人员都必须熟练掌握安全用电常识，避免发生用电事故。

（1）防止触电

①不能用湿手接触电器。

②电源裸露部分都应绝缘处理。

③仪器使用前先要检查外壳是否带电。

④破损的接头、插头、插座和不良导线应及时更换。

⑤先接好线路，再插接电源，反之先关电源再拆线路。

⑥如有人触电，先要切断电源再救人。

（2）防止电器着火

①电源线、保险丝的截面积、插头和插座都要与使用的额定电流相匹配。

②生锈的电器、接触不良的导线要及时处理。

③电炉，烘箱等电热设备不可过夜使用。

④仪器长时间不用时，需拔下插头并及时拉闸。

⑤电器电线着火时，不可用泡沫灭火器灭火。

2.1.2.4　爆炸

生化实验室防止爆炸事故发生是极其重要的，因为一旦爆炸，后果十分严重。常见的易燃物质蒸气在空气中的爆炸极限见表 2-1-2 所列。

表 2-1-2　易燃物质蒸气在空气中的爆炸极限

名称	爆炸极限（体积分数）/%	名称	爆炸极限（体积分数）/%
丙酮	2.6~13	乙醚	1.9~36.5
乙醇	3.3~19	甲醇	6.7~36.5
乙炔	3.0~82	氢气	4.1~74.2

加热时会发生爆炸的混合物：浓硫酸和高锰酸钾、有机化合物和氧化铜、三氯甲烷和丙酮等。

引起爆炸事故的常见原因：

①随意混合化学药品，并使其受热、摩擦和撞击。

②在密闭体系中进行蒸馏、回流等加热操作。

③易燃易爆气体大量溢入室内。

④在加压或减压实验中使用不耐压的玻璃仪器或反应过于激烈而失去控制。

⑤高压气瓶减压阀摔坏或失灵。

⑥用微波炉加热金属物品。

2.1.2.5　实验室急救

在实验过程中不慎发生受伤事故，应立即采取适当的急救措施。实验室应准备一个小药箱，专供急救时使用。药箱内需备物品：医用乙醇、紫药水、红汞水、创可贴、止血粉、鱼肝油、烫伤药膏、1%硼酸溶液或2%醋酸溶液、1%碳酸氢钠溶液、20%硫代硫酸钠溶液、纱布、医用镊子和剪刀、棉签、药棉、绷带等。

（1）化学灼伤

①酸灼伤：先用大量水冲洗，再用稀碱液或稀氨水浸洗，最后再用水冲洗。

②碱灼伤：先用大量水冲洗，再用1%硼酸或2%醋酸浸洗，最后再用水冲洗。

③溴灼伤：这种灼伤的伤口不易愈合，需立即用20%硫代硫酸钠冲洗，再用大量水冲洗，包上消毒纱布后就医。

④眼睛灼伤：眼内若溅入任何化学药品，应立即用大量清水冲洗15min，不可用稀酸或稀碱冲洗。

（2）玻璃割伤及其他机械损伤　首先必须检查伤口内有无玻璃或金属等物的碎片，然后用硼酸水洗净，再涂擦碘酒或红汞水，必要时用纱布包扎。若伤口较大或过深而大量出血，应迅速在伤口上部和下部扎紧血管止血，立即就医处理。

（3）烫伤　使用蒸气、火焰、红热的玻璃和金属时发生烫伤，若已起水泡，不可挑破，烫伤一般用浓的（90%～95%）乙醇消毒后，涂上苦味酸软膏。如果伤处红痛或红肿（一级灼伤）可擦医用橄榄油或用棉花蘸乙醇敷盖伤处；若皮肤起泡（二级灼伤），不要弄破水泡，防止感染；若伤处皮肤呈棕色或黑色（三级灼伤），应用干燥而无菌的消毒纱布轻轻包扎好，紧急送医诊治。

（4）眼睛内掉入异物　若有玻璃碎片进入眼内，必须十分小心谨慎，不可自取，不可转动眼球，可任其流泪，若碎片不能排出，则用纱布轻轻包住眼睛，急送医院处理。若有木屑、尘粒等异物进入眼中，可由他人翻开眼睑，用消毒棉签轻轻取出或任其流泪，待异物排出后再滴几滴眼药水。

（5）中毒　水银容易由呼吸道进入人体，也可以经皮肤直接吸收而引起积累性中毒。严重中毒的症状是口中有金属味，呼出的气体也有气味；流口水，打哈欠时疼痛，牙床及嘴唇上有硫化汞的黑色；淋巴腺及唾液腺肿大。若不慎中毒，应送医院急救。急性中毒时，通常用呕吐剂彻底洗胃，或饮入蛋白（如1L生牛奶加3个生鸡蛋清）或蓖麻油并使之呕吐并解毒。

（6）触电　触电时可按下列方法之一切断电路：

①关闭电源。

②用干木棍使导线与被害者分开。

③急救时急救者必须做好防止触电的安全措施，手或脚必须绝缘。

（7）其他　若酚触及皮肤引起灼伤，可用乙醇洗涤。若煤气中毒时，应到室外呼吸新鲜空气，若严重时立即到医院诊治。

2.2　实验室常用仪器使用规范

2.2.1　枪式移液器的使用

移液枪的基本结构有液体吸收钮、体积选取钮、体积显示、枪头排放钮和枪头接嘴。其内部柱塞分2段行程，第1档为吸液，第2档为放液。

（1）调节量程　在调节量程时，如果要从大体积调为小体积，则按照正常的调节方法，逆时针旋转旋钮即可。但如果要从小体积调为大体积时，则可先顺时针旋转刻度旋钮至超过量程的刻度，再回调至设定体积，这样可以保证量取的最高精确度。在该过程中，谨记不要将旋钮旋出量程，否则会卡住内部机械装置而损坏移液枪。

（2）装配枪头　在将枪头套上移液枪时，正确的方法是将移液枪垂直插入枪头中，稍微用力左右微微转动即可使其紧密结合。如果使用配套枪头盒，在使用多道（如 8 道或 12 道）移液枪时，则可以将移液枪的枪道对准枪头盒中 8 个枪头，然后倾斜地插入，往前后方向摇动即可卡紧。

（3）移液枪的使用方法　移液之前，要保证移液枪、枪头和液体处于相同温度。保证所取目标体积在移液枪的量程范围内，严禁超量程使用。吸取液体时，移液枪保持竖直状态，将枪头插入液面下 2~3mm。在吸液之前，可以先吸放几次液体以润湿吸液嘴（尤其是要吸取黏稠或密度与水不同的液体时），但对于离心后有沉淀物的离心管取液时，慎用反复吸放的方法，以防沉淀被重新搅起。对于有沉淀物的离心管上清液的移取，需提前在离心管外排出移液枪内的气体，用大拇指将按钮按下至设置体积处，然后将枪头置于离心管液面下 2~3mm，然后缓慢松开按钮回原点，防止沉淀被搅动或吸出。注意移液过程应控制速度、力度。

（4）移液枪的正确放置　使用完毕，将移液枪调至最大量程，将其竖直挂在移液枪架上，但小心不要掉下来。当移液枪枪头里有液体时，切勿将移液枪水平放置或倒置，以免液体倒流腐蚀活塞弹簧。

2.2.2　高速冷冻离心机

①未经过培训和考核者不能使用。

②选择合适的转头和转速，绝不可超速使用。

③选择合适的温度，通常为 4℃，除有机溶剂外不要低于 0℃，以免结冰，损坏离心管和转头。

④转头使用前必须用擦孔棒将管孔擦净，并仔细检查有无裂痕和孔底白斑，若有则转头报废。

⑤离心管内装载的溶液量必须适量，无盖的离心管只能装 2/3 高度。有盖塑料管可装至"肩"部。管盖必须盖严，绝不允许漏液。不要空管离心，否则会变形。有机溶剂装入塑料管必须符合规定。

⑥离心管必需对称或呈三角形放置，必须严格平衡，偏差<0.1g。

⑦不允许无转头空转，取放转头必须使用手柄，以防转头滑落。转头要轻放、卡稳，旋下手柄时要用手扶住手柄，只转转头。转头盖要盖严，无盖不准离心。

⑧离心时不准打开机盖，不准趴伏在离心机上。如有异常声音和振动时要立即按键停止离心，然后切断电源。

⑨转头使用后必须及时由转头室中取出、擦干，用擦孔棒将管孔仔细擦净。如有溶液溢出必须清洗干净，擦净转头室内冷凝水，凉干转头室。

⑩使用离心机必须预约，用后必须登记。

2.2.3 普通离心机

①离心前必须仔细检查转头各孔内有无异物。

②离心管必须仔细平衡。

③必须慢起动，然后加速。用完后将调速旋钮回归零位。

④离心时不准开盖，不准人为手动强制停止离心。

2.2.4 分光光度计

(1)必须正确使用比色皿

①不可用手、滤纸、毛刷等摩擦透光面，只能用绸布或擦镜纸擦。

②必须彻底洗净，塑料杯染了色，必须及时用乙醇荡洗，绝不可用乙醇、丙酮浸泡过长时间。

③杯内溶液不可盛的过满或过少。

④拖动池架要轻，要到位。

⑤杯内废液要倒入废液缸，等待整体回收处理。绝不允许洒在地上或倒入水池。

⑥要区分参比杯和样品杯，不可随意互换。

⑦石英杯不准放在台面上。只准放在仪器内或盒内，以防打破。

(2)光源的反光镜拨杆 要放置正确、到位。

(3)其他 仪器使用完毕必须及时关闭全部电源，要节约氘灯的使用时间。

2.2.5 自动部分收集器

①试管盘子绝不能互换。

②所有的螺丝要拧紧，电线不要妨碍换管。

③试管要轻放，检查有无漏管。

④必须换到第1管位置从头开始收集，要检查换管是否对正。

⑤人工设置到"自动"时不可旋转定时旋钮。

⑥定时旋钮的锁紧螺丝不可拧得过松，否则螺母会脱落。

⑦数显收集器开始自动收集前要使用"秒"和"停"（或"置位"）按钮置"0"。改换收集时间后，要重新重复设置。

2.2.6 恒流泵

①开泵时经常注意检查硅胶管是否完好，绝不可漏液。

②硅胶管要挤紧，但不可过紧。

③硅胶管入口一端要压紧，必要时包上橡皮膏。

④若发生漏液须立即清洗泵槽和轴套。

⑤长时间不用应取下硅胶管洗净备用，每次使用后须用水冲洗硅胶管。

2.2.7 核酸蛋白质检测仪

①开机后先调仪器零点，灵敏度选择旋钮置于"T"档，用光量旋钮调记录笔至满刻度，灵敏度选择旋钮置于"A"档，记录笔应回到零位，用吸光值旋钮调记录笔至零位端线

两小格处，走基线半小时以上，记录笔不要置于记录纸端线上。

②连接溶液管路时注意进口在下，出口在上，需赶尽气泡。

③注意检测仪的输出光的波长是否正确。

④记录仪走纸速度只选用 2cm/h 和 6cm/h 两档即可。不用时抬笔。

2.2.8　电子天平

①检查天平的水平仪是否保持水平。

②按"＞0/T＜"键开机，显示全部字符后接着显示 0.0000g，空容器或称量纸置于称盘上，按"＞0/T＜"键除皮回零。

③不准在称盘上直接称试剂。

④称量完毕必须将天平复位，将天平内和台面清扫干净，并盖好试剂瓶盖。

⑤关机时按住"Mode Off"键至显示 OFF 后松开。

2.2.9　微波炉

①选择恰当的加热功率和时间。

②无托盘不能加热。

③不准空载加热。

④试样不能直接放在托盘上加热。

⑤不能加热密封容器。

⑥不要盖住通风孔。

⑦用毕擦净托盘。

⑧严禁放入金属容器加热。

2.2.10　超声波清洗器

①槽内无水不准开机。

②被清洗物品必须放在铁丝网上。主机上不准沾上水。

③打开电源"低压"开关，必须预热 3~5min 后，方可打开"高压开关"。

④连续超声时间不可过长，槽内水温不可超过 60℃。

2.2.11　烘箱

①烘干用 110℃ 以下，灭菌用 180℃，不可超温，不要随意旋动温度设定旋钮。

②材料放入烘箱时，注意不要贴在壁上。

③风机不要长时间运转，尽量用自然通风。

④烘箱不可开着过夜。

⑤放容器入内千万不可碰断水银温度计。

⑥烘箱门要关严。

2.2.12　冷冻干燥机

①必须专人操作，未经允许不得开机。

②样品必须事先冰冻，冰冻的样品要尽量薄，增大表面积。

③温度达到-30℃以下方可放入样品，开启真空泵。

④开泵后必须确认抽上了真空方可离开。

⑤样品抽干后要及时取出。

⑥冰层太厚，则应除冰、除霜。

⑦压缩机不准频繁启动。

⑧不能干燥含酸、碱性物质和挥发性的有机试剂。

⑨确认出水阀、充气阀是否关闭。一般不能连续使用48h。

2.3　实验报告的写作规范

实验完成后，必须书写实验报告。一份满意的实验报告必须具备准确、客观、简洁、明了4个特点。写好实验报告除了正确的操作程序外，还必须有赖于仔细地观察及客观的记录，有赖于运用所掌握的理论知识对实验现象和结果的分析和综合能力。

2.3.1　实验记录

实验记录应及时、准确、详尽、清楚。概略性的记录容易造成有意或无意的失真。实验中应将观察到的现象、结果、数据及时记录在记录本(或实验指导书的合适位置)上，实验结果的记录不可掺杂任何主观因素。不能受现成资料或者他人实验结果的影响。如若出现"反常""不正常"现象，更应该如实记录。记录时必须字迹清楚，不能用易于涂改或消退的笔墨记录。表格式的记录方式简练而清楚，值得提倡使用。如无专用的实验记录本，可分项记录于《实验指导书》中相应的操作项目之下。

完整的实验记录应该包括实验日期、内容、目的、操作、现象及结果(含计算结果及各种图表)。使用精密仪器进行实验时还应记录仪器的型号及编号。

2.3.2　实验报告撰写

实验结束后，及时整理和总结实验结果，写出实验报告。按照实验内容的不同，实验可分为定性实验和定量实验两大类。实验报告的基本书写格式包含以下几方面：

(1)实验的目的和原理　简明扼要地说明进行本次实验的目的和原理。对实验中所用的技术和方法，要做简单的介绍。

(2)实验试剂配制及仪器　如实记录实验试剂及仪器信息。

(3)实验操作程序　在充分理解操作步骤和原理的基础上。对整个实验操作过程进行概括性的描述，要求简单明了、避免长篇抄录。可以画工艺流程图或自行设计各种表格综合书写。

(4)实验的数据处理　对实验过程中出现的现象、记录的数据认真整理，然后再进行处理计算等，得出结果。

(5)结果与讨论

①对于定性实验，操作方法或步骤可以用工艺流程图的方法或自行设计表格来表示，某些实验的操作方法可以和结果讨论部分合并，自行设计表格综合书写。结果与讨论包括实验结果及观察现象的小结，对实验中遇到的问题和思考题进行探讨，以及对实验的改进意见等。

②对于定量实验，首先要对实验结果的准确性进行分析确认。应根据实验要求将一定实验条件下获得的结果和数据进行整理、归纳、分析和对比，并尽量总结成各种图片、标准曲线以及比较对照组与实验组结果的图表等。

另外，讨论部分可以是对于实验设计的认识、体会和建议；对实验课的改进和建议等；还可以对实验中出现的新问题提出自己的看法，还应该对实验中的误差或错误加以分析，然后综合所观察到的各种现象和数据，做出结论。在此基础上，应运用相关的理论知识及参考文献，结合实验目的、要求进行讨论，并对自己的实验质量做出评价。讨论是实验报告中最重要的一部分。实验报告的书写水平是衡量学生实验成绩的非常重要的一个方面，实验报告必须独立完成，严禁抄袭。

第 3 章

蛋白质分离检测基础性实验

3.1 蛋白质的沉淀与变性反应

【实验目的】

1. 加深对蛋白质胶体溶液稳定因素的认识。

2. 了解沉淀蛋白质的几种方法及其实用意义，掌握蛋白质变性与沉淀的关系。

【实验原理】

多数蛋白质是亲水胶体，在水溶液中，蛋白质分子的表面由于形成水化层和同性电荷的存在而成为稳定的胶体颗粒，所以蛋白质溶液和其他亲水胶体溶液相类似。但是，蛋白质胶体颗粒的稳定性是有条件的、相对的。在一定的物理化学因素影响下，蛋白质颗粒会失去电荷、脱水甚至变性，以固态形式从溶液中析出，这个过程称为蛋白质的沉淀反应。这种反应可分为以下两种类型：

①可逆沉淀反应：在发生沉淀反应时，蛋白质虽已析出沉淀，但其分子内部结构并未发生显著变化，基本上保持原有的性质，沉淀因素除去后，能再溶于原来的溶剂中。这种作用称为可逆沉淀反应，又叫作不变性沉淀反应。属于这一类的反应有盐析作用，低温下乙醇、丙酮对蛋白质的短时间作用，以及利用等电点的沉淀等。

②不可逆沉淀反应：在发生沉淀反应时，蛋白质分子内部结构、空间构象遭到破坏，失去原来的天然性质，这时蛋白质已发生变性。这种变性蛋白质的沉淀不能再溶解于原来溶剂中的作用叫作不可逆沉淀反应。重金属盐、植物碱试剂、过酸、过碱、加热、振荡、超声波、有机溶剂等都能使蛋白质发生不可逆沉淀反应。

【主要器材、试剂和实验材料】

1. 主要器材

烧杯（500mL）；量筒；试管（10mL）；锥形瓶；试管架；小玻璃漏斗；滤纸；玻璃纸；玻璃棒。

2. 试剂

（1）蛋白质溶液　取 5mL 鸡蛋清，用蒸馏水稀释至 100mL，搅拌均匀后用 4~8 层纱布过滤，新鲜配制。

（2）饱和硫酸铵 $[(NH_4)_2SO_4]$ 溶液　称取约 800g 固体硫酸铵加于 1 000mL 蒸馏水中，在 70~80℃ 搅拌促溶，室温下放置过夜，瓶底析出白色结晶，上清液即为饱和硫酸铵溶液。

（3）饱和苦味酸（$C_6H_3N_3O_7$）溶液　称取约 2g 苦味酸放入锥形瓶，加蒸馏水 100mL，80℃ 水浴约 10min 使之完全溶解，于室温下冷却后瓶底析出黄色结晶，上清液即为饱和苦味酸溶液，此溶液可存放数年。

（4）其他试剂　硫酸铵粉末；30g/L 硝酸银（$AgNO_3$）；10g/L 醋酸铅 $[Pb(CH_3COO)_2]$；10g/L 无水硫酸铜（$CuSO_4$）；10% 三氯乙酸（$C_2HO_2Cl_3$）；0.5% 磺基水杨酸（$C_7H_6O_6S$）；95% 乙醇（C_2H_6O）；1% 醋酸（$C_2H_4O_2$）和 5% 鞣酸（$C_{76}H_{52}O_{46}$）。

3. 实验材料

鸡蛋清。

【操作步骤】

1. 蛋白质的可逆沉淀反应——蛋白质的盐析作用

取一支试管加入 3mL 蛋白质溶液和 3mL 饱和硫酸铵溶液，混匀，静置 10min，球蛋白沉淀析出，过滤后向滤液中加入硫酸铵粉末，边加边用玻璃棒搅拌，直至粉末不再溶解，达到饱和为止。析出的沉淀为白蛋白。静置，倒去上清液，保留白蛋白沉淀，取出部分加水稀释，观察它是否溶解。

2. 蛋白质的不可逆沉淀反应

①重金属沉淀蛋白质：取 3 支试管，各加入约 1mL 蛋白质溶液，分别加入 1～2 滴 30g/L 硝酸银、2～3 滴 10g/L 醋酸铅和 3～4 滴 10g/L 硫酸铜，混匀，观察沉淀的生成。

②有机酸沉淀蛋白质：取 2 支试管，各加入蛋白质溶液约 0.5mL，然后分别滴加 10% 三氯乙酸和 0.5% 磺基水杨酸各数滴，混匀，观察蛋白质沉淀的生成。

③有机溶剂沉淀蛋白质：取 1 支试管，加入蛋白质溶液约 1mL，再加入 2mL 95% 乙醇，混匀，观察蛋白质沉淀的生成。

④生物碱试剂沉淀蛋白质：取 2 支试管，各加入约 2mL 蛋白质溶液、4～5 滴 1% 醋酸，然后其中 1 支试管滴加 5% 鞣酸，另 1 支试管滴加饱和苦味酸溶液，观察沉淀的生成。

【结果处理】

仔细观察、记录并解释实验现象。

【注意事项】

沉淀反应时要控制好时间。

【思考题】

1. 为什么鸡蛋清可用作铅中毒或汞中毒的解毒剂？

2. 高浓度的硫酸铵对蛋白质溶解度有何影响？为什么？

3. 蛋白质的可逆沉淀和不可逆沉淀有何区别？有何用途？

3.2　牛乳中酪蛋白的提取和性质鉴定

【实验目的】

1. 掌握等电点沉淀法提取蛋白质的方法。

2. 了解蛋白质的两性解离性质。

【实验原理】

鲜牛奶中蛋白质的含量为 3.4%，主要是酪蛋白和乳清蛋白，其中酪蛋白占 80%。酪蛋白的等电点为 4.7。实验利用在等电点时其溶解度最低的原理，将牛乳中的 pH 值调至 4.7，酪蛋白就被沉淀出来，酪蛋白不溶于水、乙醇及有机溶剂，但溶于碱溶液。用乙醇洗涤沉淀物，除去脂类杂质后，可得到纯的酪蛋白。

【主要器材、试剂和实验材料】

1. 主要器材

离心机；抽滤装置；试管；试管架；烧杯；表面皿；温度计；离心管。

2. 试剂

（1）0.2mol/L pH 4.7 醋酸-醋酸钠缓冲液 3 000mL

①A 液（0.2mol/L 醋酸钠溶液）：称取 NaAc·3H$_2$O 54.44g，定容至 2 000mL。

②B 液（0.2mol/L 醋酸溶液）：称取优级纯醋酸（含量大于 99.8%）12.0g 定容至 1 000mL。

取 A 液 1 770mL、B 液 1 230mL 混合即得 pH 4.7 醋酸-醋酸钠缓冲液 3 000mL。

（2）其他试剂　95%乙醇；无水乙醇；乙醇-乙醚混合液（体积比 1∶1）。10%氯化钠；0.5%碳酸钠；0.1mol/L 氢氧化钠；0.1mol/L 盐酸；0.02mol/L 盐酸；饱和氢氧化钙溶液；0.01%溴甲酚绿指示剂。

3. 实验材料

新鲜牛奶。

【操作步骤】

1. 酪蛋白的制备

①将 50mL 牛奶加热到 40℃，边搅拌边慢慢加入预热至 40℃、pH 4.7 的醋酸-醋酸钠缓冲液 50mL。调 pH 值至 4.7，将上述悬浮液冷却至室温，离心 10min（3 500r/min），弃去上清液，得酪蛋白粗制品。

②用蒸馏水洗涤沉淀 3 次，离心 10min（3 500r/min），弃去上清液。

③在洗净的沉淀中加入约 20mL 乙醇，搅拌片刻，将全部的悬浮液转移至布氏漏斗中抽滤，用乙醇-乙醚混合液洗沉淀 2 次，最后用乙醚洗沉淀 2 次，抽干。

④将沉淀摊开在表面皿上，风干，得酪蛋白纯品。

⑤准确称重，计算酪蛋白含量（酪蛋白 g/100mL 牛乳），并和理论含量为 3.5g/100mL 牛乳相比较，求出实际得率。

2. 酪蛋白溶解性的鉴定

取试管 6 支，分别加入水、10%氯化钠、0.5%碳酸钠、0.1mol/L 氢氧化钠、0.1mol/L 盐酸、饱和氢氧化钙溶液各 2mL，于各试管中加入少量酪蛋白，不断摇荡，观察各试管中酪蛋白的溶解性。

3. 乳清中可凝固性蛋白质的鉴定

将制备酪蛋白时所得的滤液移入烧杯中，徐徐加热，出现蛋白质沉淀，即为乳清中的球蛋白和清蛋白。

4. 酪蛋白的两性反应

①取溶于 0.1mol/L 氢氧化钠的酪蛋白溶液 10 滴于试管中，加入 0.01%溴甲酚绿指示剂 5 滴，混匀，观察呈现的颜色。

②用细滴管缓慢加入 0.02mol/L 盐酸溶液，随滴随摇，直至有明显的大量沉淀出现。此时，溶液的 pH 值接近酪蛋白的等电点，观察溶液颜色的变化。

③继续滴入 0.02mol/L 盐酸溶液，直至沉淀消失，观察溶液呈现的颜色。

【结果处理】

仔细观察、记录并解释实验现象。

【注意事项】

1. 由于本法是应用等电点沉淀法来制备蛋白质，故调节牛奶酪蛋白的等电点一定要准确。最好用酸度计测定。

2. 乙醚是有毒的有机溶剂，最好在通风橱内操作。

3. 溴甲酚绿指示剂变色的 pH 值范围是 3.8~5.4，该指示剂在酸中为黄色，在碱中为蓝色。

4. 酪蛋白含量与季节有关，另外在热处理过程中也有一些乳清蛋白沉淀出来，其沉淀量依热处理条件不同而有差异，因此测定出来的酪蛋白值可能要高于相应的理论值。

【思考题】

1. 为什么用乙醇、乙醚等洗涤酪蛋白粗制品？

2. 制备高产率纯酪蛋白的关键是什么？

3.3　用于双向电泳分析的植物总蛋白质提取及质谱分析的样品制备

双向电泳(two-dimentional gel electrophoresis，2-DE)是功能蛋白质组学研究的经典方法，特别是以固相 pH 梯度等电聚焦为第一向的双向电泳技术是当前分辨率最高、信息量最大的电泳技术。进行双向凝胶蛋白质电泳或蛋白质谱分析的基础就是确保获得高质量的总蛋白质提取物。因而总蛋白质的提取实验是蛋白质研究的第一个关键步骤。

首先应该根据实验目的，确定总蛋白分离制备的方法。提取的样品蛋白质的纯度和再溶性直接影响双向电泳对总蛋白的分离结果。溶解的效果取决于样品裂解、破碎、沉淀、溶解的过程及去污剂的选择和各种溶液的组成。如果只对样品中的一部分蛋白质感兴趣，可采取预分离的方法。例如，欲分析的蛋白质来源于细胞器(细胞核、线粒体、叶绿体等)，则应先采取超速离心或者其他方法将细胞器分离出来再溶解蛋白质。有些植物中富含的酚类、醌类、多糖类等污染物质常会干扰双向电泳对总蛋白质的分离。因此，应尽量去除样品总蛋白质中的杂质，以提高分离效果。本实验需掌握用于双向电泳分析的提取植物总蛋白质的三氯乙酸/丙酮沉淀法和酚法。

3.3.1　三氯乙酸/丙酮沉淀法提取植物总蛋白质

【实验目的】

掌握三氯乙酸/丙酮沉淀法提取蛋白质的原理及操作。

【实验原理】

三氯乙酸(trichloroacetic acid，TCA)作为蛋白质变性剂使蛋白质构象发生改变，暴露出较多的疏水性基团，使之聚集沉淀。TCA 还能有效地抑制蛋白酶对蛋白质的水解作用，保证在制样过程中蛋白质不被降解。在实验过程中采用的高速离心法能较好地去除多糖的影响，在提取过程中尽可能保持低温操作。

沉淀方法可从复杂的蛋白质混合物中去除杂质(如盐、去污剂、核酸、脂类等)，有选择性的分离蛋白质。但有些蛋白质沉淀后不能重新溶解，并且使用沉淀方法有可能改变样品中蛋白质的成分。如果想要完全和精确地得到样品中的蛋白质，最好避免使用沉淀和重溶的方法。样品中的非蛋白杂质会影响双向电泳的结果，因此在制备样品时应设法除去杂质。对于不同的污染物有不同的清除方法。污染物包括盐和外源带电小分子、核苷、代谢物、磷脂、去污剂、核酸、多糖、脂类、酚类化合物等不溶解的物质等。

TCA 和丙酮可以使蛋白质变性并沉淀，同时还可以使各种多酚氧化酶和其他氧化酶类失活，从而阻止因为酚类氧化为醌类而导致的蛋白质互相结合形成难溶的复合体。丙酮还可以溶解植物细胞内的各种色素、脂类及萜类化合物。而 β-巯基乙醇则可以阻止蛋白质沉淀过程中二硫键的形成。

实验操作中丙酮沉淀洗涤蛋白质过程中，可以彻底打散沉淀，以确保所有 TCA 的被除去。本方法的缺点是蛋白质较难重新溶解，而且样品中的非蛋白质成分很难除去。可能导致图谱上有明显的横纵条纹。

【主要器材、试剂和实验材料】

1. 主要器材

冷冻离心机；离心管；水浴锅；分析天平；研钵。

2. 试剂

(1)TCA 样品提取液　含 10%(质量浓度)三氯乙酸和 0.07% β-巯基乙醇(体积分数)的丙酮(低温)。应在使用前新鲜配制，并贮存于-20℃，直至使用前取出。并且在蛋白质干燥前，所有的步骤均在低温(低于 4℃)下进行，以免蛋白酶降解蛋白质。

(2)0.07% β-巯基乙醇的丙酮　可在-20℃贮存约 1 个月。

(3)R2D2 蛋白质溶解缓冲液　5mol/L 尿素、2mol/L 硫脲、2% 3-[3-(胆酰胺丙基)二甲氨基]丙磺酸内盐(CHAPS)、2%癸基二甲基铵基丙烷硫酸盐(SB3-10)、20mmol/L 二硫苏糖醇(DTT)、5mmol/L 磷化氢、0.5%两性电解质(Pharmalyte)pH 3~10，以双蒸水(double distilled water，ddH₂O)配制。配制时可以稍微加热以溶解尿素，但温度不能超过30℃(UKS 和 R2D2 均含有较高浓度的尿素，需要稍微加热溶解但温度不能超过 30℃，否则尿素会裂解产生异硫氰酸从而导致蛋白质氨甲酰化)，配制好的溶液可以分装保存于-80℃冰箱条件下数月。

(4)UKS 蛋白质溶解缓冲液　9.5mol/L 尿素、5mol/L K₂CO₃、1.25% SDS、5% DDT、6% Triton X-100、2%两性电解质 pH 3.5~9.5，以双蒸水配制。

K₂CO₃ 可以配制成 2.8%、SDS 配制成 10g/L 过滤、Triton X-100 配制成 20%的储备液、加入其他成分和 3mL 双蒸水直到尿素溶解(可加热至 30℃以下)，配制好的溶液可以分装保存于-80℃冰箱条件下数月。

(5)IPG(immobilized pH gradient，IPG)胶条水化液(仅适用于 UKS 制备的样品)

①溶液 A：7mol/L 尿素、2mol/L 硫脲、1.4% CHAPS、16mmol/L DTT、5mmol/L 磷化氢、0.3%两性电解质 pH 3~10，双蒸水配制。

②溶液 B：7mol/L 尿素、2mol/L 硫脲、0.5% CHAPS、10mmol/L DTT、5mmol/L 磷化氢，双蒸水配制。

(6)1.38mg/mL 牛血清白蛋白(bovine serum albumin，BSA)溶液。

(7)考马斯亮蓝 G-250 溶液。

3. 实验材料

新鲜植物材料。

【操作步骤】

1. 蛋白质沉淀与变性

①收集生长旺盛的植物材料 0.2g 于研钵中，用研磨棒将叶片在液氮中磨成粉末。

②提前加入 1.8mL 预冷的 TCA 样品提取缓冲液于 2mL 离心管中，并将约 200μL 粉末转移到离心管。混匀后置于-20℃ 1h。

③在 4℃ 12 000r/min 离心 15min，弃掉上清液。

2. β-巯基乙醇-丙酮清洗蛋白质样品

①清洗沉淀：用 1.8mL 预冷的含 0.07% β-巯基乙醇的丙酮(低温)悬浮、洗涤沉淀。-20℃静置 1h。

②弃掉上清液，重复上一步清洗操作步骤 2 次，尽可能除去沉淀中的 TCA，避免因酸化作用而导致的蛋白质难以复性溶解。同时，对于色素多的样品可以适当增加清洗次数，或者延长清洗时间(过夜)，以最后得到白色沉淀。

③将沉淀进行真空干燥或冷冻干燥除去丙酮。

④称量蛋白质沉淀重量或将蛋白质干粉保存于-80℃冰箱，但是将干粉取出进行溶解前，最好再次进行干燥。

3. 蛋白质的溶解

①溶解蛋白质样品所需的 R2D2 或 UKS 的量根据不同植物组织而定。对于植物叶片样品的蛋白质沉淀按 60μL/mg 干粉的比例进行溶解，而对于玉米粒样品的蛋白质沉淀按 50μL/mg 干粉的比例进行溶解。

②振荡 1min 即可重新溶解蛋白质干粉样品。此时，样品中含有细胞碎片。

③12 000r/min 室温离心 15min，收集上清液于一新的离心管中。

④再次室温离心 15min，上清液即为所得蛋白质样品，可以在-80℃冰箱保存数月。

4. IEF 电泳前蛋白质样品的制备

①蛋白质样品在电泳前要再次离心，去除沉淀。

②若采用硝酸银染色法，每根胶条(24cm 长，自制胶或 IPG 胶条)的上样量约为 50μg 蛋白质；若为考马斯亮蓝 R-250 染色法，则为 150~500μg 蛋白质。

③溶解在 R2D2 中的蛋白质样品可以在用 R2D2 溶液补足体积至 450μL 后直接用来水化 IPG 胶条。

溶解在 UKS 中的样品可以直接用来进行传统的等电聚焦电泳。若采用 IPG 胶条进行等电聚焦，则必须用另外配制的水化液补足体积至 450μL 后进行水化(根据所需样品的体积量决定水化前是选择溶液 A 还是溶液 B。当只需要 20~90μL 样品量时，用溶液 A 去稀释溶解在 UKS 中的蛋白质样品，当需要较大体积的样品量时，选择溶液 B。这样可以控制合适的离子浓度进行 IPG 等电聚焦)。单独配制的水化液含有硫脲、CHAPS 及三氢化磷，同时还可以降低 SDS 的浓度，提高分辨率。

【结果处理】

将蛋白质样品稀释至适当倍数，用牛血清白蛋白制作标准曲线，考马斯亮蓝 G-250 法测定蛋白浓度。具体操作步骤见 3.4 节实验。

【注意事项】

蛋白质提取过程需在低温(4℃以下)下进行。

【思考题】

1. TCA 法提取植物材料总蛋白质的原理是什么？

2. 配制 R2D2 及 UKS 溶液时，为什么不能高温加热促进尿素的溶解？

3.3.2 苯酚法提取植物总蛋白质

【实验目的】

掌握苯酚提取植物总蛋白质的原理及操作步骤。

【实验原理】

苯酚提取法首先应用于纯化碳水化合物(除去蛋白质),然后是用于纯化核酸。对于分子生物学家来说,酚抽提是一种从核酸溶液中去除蛋白质的首选方法。苯酚是最简单的芳香醇,芳香环上带有一个极性羟基,呈弱酸性,并有腐蚀性和毒性。苯酚与水部分混溶,当达到饱和时,水相含有大约7%的苯酚,有机相含有大约28%的水。苯酚主要通过氢键和蛋白质相互作用,使蛋白质变性并溶于有机相中。因此,蛋白质进入苯酚中。

苯酚法提取植物总蛋白质是利用Tris饱和酚的特性,酚是蛋白质的良好溶剂,在样品制备过程中,蛋白质和脂类溶于酚相,盐、核酸、多酚和多糖等可溶性物质进入水相。酚相中的蛋白质通过乙酸铵的甲醇溶液沉淀,再用冷丙酮多次清洗蛋白质,去除色素和铵离子等杂质。同时在研磨样品时加入交联聚乙烯吡咯烷酮(poly vinyl pyrrolidone pvp,PVPP)用来吸附样品中富含的酚、醌类物质。酚法得到的蛋白质纯度高、杂质少,但产量较低。

苯酚提取法主要应用于研究黏韧性植物组织或器官,如香蕉的果实、苹果的叶片等。破碎样品的方法取决于样品的来源,须以最小限度减少样品中蛋白质水解和其他形式的蛋白质降解为原则。破碎应在低温中进行,并减少破碎过程中热量的产生,为此可将预冷的样品放在冰块上或液氮中,并且应当直接在含有蛋白酶抑制剂的裂解液中进行样品破碎,防止蛋白酶水解蛋白质的发生。EDTA通过螯合金属离子抑制金属蛋白酶和多酚氧化酶活性;苯甲基磺酰氟(phenylmethysulfonyl fluoride,PMSF)不可逆地抑制丝氨酸蛋白酶;KCl增加蛋白质盐溶性,提高蛋白质的溶解性而有利于蛋白质的提取。

苯酚提取法对于多糖含量较多的组织能够获得较好的结果。和三氯乙酸/丙酮沉淀法相比,苯酚提取法能够更有效地除去干扰物质,得到背景浅、垂直拖尾少的高质量凝胶。这两种方法都可以减少蛋白质在样品制备过程中由于内在蛋白质水解活动而引起的降解。苯酚提取法还可以得到更多的糖蛋白。

苯酚提取法有高度清洁能力,它能够作为一种分散剂降低蛋白质和其他分子间的相互影响。但这种方法的主要不足在于其耗时长(至少6h),另外苯酚和甲醇都是有毒试剂。

【主要器材、试剂和实验材料】

1. 主要器材

离心机;离心管;真空泵;摇床;研钵;冰盒。

2. 试剂

(1)Tris饱和酚 苯酚饱和Tris-HCl缓冲液,pH 6.6~7.9,贮存于4℃备用。

(2)提取缓冲液 准备一份含有500mmol/L Tris-HCl缓冲液、500mmol/L EDTA、700mmol/L蔗糖、100mmol/L KCl的溶液,并用HCl调节至pH 8.0。这种溶液可以在4℃保存一周。

在提取实验之前加入2% β-巯基乙醇和1mmol/L苯甲基磺酰氟(有毒,可制成溶于异丙醇的200mmol/L的储备液,分装保存于-20℃)。

(3)沉淀液 含0.1mol/L乙酸铵的冷甲醇,此溶液保存于-20℃备用。

(4)等电聚焦缓冲液 9mol/L尿素、4% CHAPS、20mmol/L DTT、1.2%两性电解质

pH 3~10。Triton X-10 的初始浓度为 10%。溶液需要分装后保存于-20℃备用，可保存数月。

3. 实验材料

新鲜的植物材料。

【操作步骤】

1. 蛋白质提取

①收集生长旺盛的植物叶片材料，并于液氮中冷冻。

②将 1g 材料加入液氮预冷过的研钵，同时加入 1%PVPP，研磨成很细的粉末之后，转入 15mL 预冷过的离心管中。

③在离心管中加入 3mL 预冷过的酚提取缓冲液，蛋白质会溶解在缓冲液中。

④离心管用封口膜封好之后，放入冰盒中振荡 15min。

⑤加入等体积 pH 7.5 Tris 饱和酚，室温振荡 10min。

⑥在 4℃ 5 500r/min 离心 15min。从上到下依次为苯酚相、水相和沉淀的不溶物质。小心吸取最上层的苯酚相转移到新的离心管中，注意避免触碰到中间层。不要扰动界面上的物质。蛋白质、色素和脂类都在苯酚相中，PVPP、不溶的细胞碎片、糖类、核酸、盐都存在于水相或者沉淀中。

⑦含蛋白质的苯酚相中加入 3mL 提取缓冲液进行反萃取。振荡 3min 后涡旋，然后样品在 5 500r/min 4℃ 离心 10min。

⑧转移上层苯酚相到新的离心管中，并加入 4 倍体积的沉淀液，颠倒振荡离心管，在-20℃条件下沉淀至少 4h 或者过夜。

⑨离心沉淀蛋白质，在 5 500r/min 4℃ 离心 10min。离心后用预冷沉淀液漂洗沉淀 3 次，最后用预冷丙酮漂洗。每次漂洗后样品均要离心(5 500r/min 4℃ 离心 5min)。

⑩真空干燥蛋白质沉淀，并于-80℃保存。

2. 蛋白质的溶解和定量

①从-80℃冰箱取出蛋白质样品，放入真空干燥器恢复到室温以防止蛋白质水化。

②蛋白质沉淀重悬于 200μL 等电聚焦缓冲液，样液在室温下振荡 1h(有时需要的时间更长)不要加热样品，防止蛋白质的氨基甲酰化。溶解于等电聚焦缓冲液的样品，可用于双向电泳检测。

③定量测定蛋白质浓度时，用等电聚焦缓冲液稀释标准蛋白质溶液。制作标准曲线时用蒸馏水定容，用考马斯亮蓝法测定蛋白质浓度。

【结果处理】

蛋白质浓度测定参照 3.3.1 实验的【结果处理】。

【注意事项】

这个方法注意两个关键点：首先在第一步中保持样品的低温状态，以抑制蛋白酶活性；其次在离心后小心转移苯酚相。

【思考题】

1. 苯酚法提取蛋白质的基本原理?

2. 提取缓冲液中 EDTA、蔗糖、KCl、β-巯基乙醇和 PMSF 的作用是什么?

3.3.3　用于质谱分析的多肽样品制备

【实验目的】

学习用于质谱分析的多肽样品的准备操作相关技术及原理。

【实验原理】

双向电泳的凝胶染色后，经过扫描和图像处理，为了对感兴趣的蛋白斑点进行进一步的质谱或其他分析，可利用自动切取蛋白斑点的仪器将斑点挖出，并按程序放在 96 孔板中，再将蛋白酶解，以供质谱仪进行 MALDI-TO 分析，进而得到蛋白质氨基酸序列或肽图。本实验利用蛋白质胶类分离酶切的方法，制备用于质谱分析的多肽样品。

【实验器材、试剂和实验材料】

1. 主要器材

真空泵；抽滤装置；脱色摇床。

2. 试剂

消化液(100mmol/L 碳酸氢铵，0.5mmol/L 氯化钙，12.5ng/μL 测序级胰蛋白酶，新鲜制备并放于冰上)；乙腈；10mmol/L、100mmol/L 碳酸氢铵；50mmol/L DTT；5%甲酸；50mmol/L 碘乙酰胺(IAA)。

3. 实验材料

双向电泳染色后的凝胶。

【操作步骤】

①将考马斯亮蓝染色后的凝胶分析，使用修剪好的吸头或者干净刀片切取目的蛋白点，转移至干净的微量离心管中，同时将凝胶的非蛋白区域切去同样大小的凝胶作为胶内蛋白消化和质谱分析的对照，与样品同时处理。

②用多于 2 倍凝胶体积的水/乙腈(1∶1)混合液洗涤凝胶，并吸去洗涤液，反复洗涤凝胶，直至将凝胶中的绝大部分考马斯亮蓝染料去除。

③添加乙腈浸没凝胶，待凝胶收缩并显乳白色后，吸去乙腈。

④加入 100mmol/L 碳酸氢铵，5min 后加入等体积的乙腈，继续孵育 15min，吸去液体。

⑤用真空干燥器抽干凝胶。

⑥加入 10mmol/L DTT 和 10mmol/L 碳酸氢铵溶液，浸没凝胶，并及时补充溶液。65℃孵育 45min，目的是抑制二硫键形成。

⑦吸去溶液，加入等体积 50mmol/L IAA 和 100mmol/L 碳酸氢铵，并于 30℃避光孵育 30min，目的是将半胱氨酸残基烷基化并防止二硫键形成。

⑧吸去溶液，并重复步骤②和③，用真空干燥器抽干凝胶。

⑨加入新鲜配制的消化液浸没凝胶，冰上孵育 45min，并及时添加消化液保持浸没状态。

⑩吸去过量的消化液，添加 5~20μL 100mmol/L 碳酸氢铵溶液保持凝胶在酶解时的湿度，37℃孵育过夜。

⑪添加适量 100mmol/L 碳酸氢铵溶液浸没凝胶，室温孵育 15min。

⑫添加等体积乙腈，室温孵育 15min。

⑬将上清液转移至新的微量离心管内。

⑭用 5% 甲酸取代 100mmol/L 碳酸氢铵溶液重复提取步骤⑪~⑬两次以上，目的是为了保护肽段，所有的上清液都混合到微量离心管中。

⑮将上清液在干冰上冷冻。

⑯将提取肽段冷冻干燥至离心管中还留有 1~2μL 液体即可。

⑰加入 5% 甲酸 2~20μL 溶解肽段。

⑱样品用于质谱分析。

【注意事项】

1. 吸头修剪时可用剪刀将 200μL 吸头尖端剪掉约 1cm，孔的直径约 1mm。

2. 水/乙腈混合物洗涤凝胶时室温浸泡，每隔 30min 换一次洗涤液，一般 1~2 次即可。

3. 每一步加入的液体量视胶块大小定，一般是 50μL/管，较大的样品需要更多提取液。

4. 每次打开 EP 管盖前确认胶块在管内，并将胶块甩至管底。开盖动作尽量轻巧，以免胶块弹出。

5. 在冻干样品后，要确保样品在管底，以防样品与封口膜一起被去掉。

6. 以上所有实验所用的试剂均为最高纯度，实验过程中应佩戴无粉手套以减少人表皮蛋白污染。

7. 在电泳后对样品组分进行定量检测时，需注意以下几点：

①已知和未知样品必须使用相同的溶剂系统、相同的浓度、相同的加样量，并在同一块凝胶上电泳和染色。

②在凝胶上必须按照说明书采用合适的方法扣除背景。

③对未知和已知样品扫描和进行数据处理时，应该采用相同的参数。

④选择合适的染色方法，以使样品的浓度和吸光值的关系在线性范围内。

8. 通常可采用凝胶内切酶或电洗脱后在溶液中酶切等酶解方法将蛋白质切成肽段。

9. 酶解后，可以采用基体辅助激光解析电离飞行时间质谱（matrix-assisted laser desorption ionization time of flight mass spectrometry，MALDI-TOF-MS）测定凝胶内酶切后多肽混合物的质量，获得肽质量指纹图谱。

【结果处理】

蛋白质浓度测定参照 3.3.1 实验的【结果处理】。

【思考题】

1. 质谱分析多肽样品的原理是什么？

2. 多肽类物质的提取分离与分析方法主要有哪些？

3.4 考马斯亮蓝 G-250 法测定蛋白质含量

【实验目的】

蛋白质是细胞中最重要的含氮生物大分子之一，承担着各种生物功能。蛋白质的定量分析是蛋白质结构分析的基础，也是农牧产品品质分析、食品营养价值比较、生化育种、临床诊断等的重要手段。根据蛋白质的理化性质，提出多种蛋白质定量方法。通过本实验学习考马斯亮蓝 G-250 法测定蛋白质含量的原理，了解分光光度计的结构、原理和在比色法中的应用。

【实验原理】

考马斯亮蓝 G-250(coomassie brilliant blue G-250)是一种染料,在游离状态下呈棕红色,当它与蛋白质结合后变为蓝色。蛋白质含量在 0~1 000μg 范围内,蛋白质-色素结合物在 595nm 下的吸光值与蛋白质含量成正比,故可用比色法进行定量分析。考马斯亮蓝 G-250 法(Bradford 法)是比色法与色素法相结合的复合方法,简便快捷、灵敏度高、稳定性好,是一种较好的蛋白质常用分析方法。

【主要器材、试剂和实验材料】

1. 主要器材

分析天平;离心机;可见分光光度计;研钵;玻璃棒;离心管(10mL);容量瓶(10mL);具塞刻度试管(10mL×7);移液管(0.1mL、1mL、5mL)。

2. 试剂

(1)标准蛋白质溶液　称取 10mg 牛血清白蛋白,溶于蒸馏水并定容至 100mL,制成 100μg/mL 的原液。

(2)考马斯亮蓝 G-250 试剂　称取 100mg 考马斯亮蓝 G-250,溶于 50mL 90% 乙醇中,加入 85% 的磷酸 100mL,最后用蒸馏水定容到 1 000mL。此溶液在常温下可放置 1 个月。

3. 实验材料

萌发 2~7d 的绿豆芽。

【操作步骤】

1. 标准曲线的制作

取 6 支具塞试管,编号后,按下表加入试剂:

管号	1	2	3	4	5	6
蛋白质标准液/mL	0	0.2	0.4	0.6	0.8	1.0
蒸馏水/mL	1.0	0.8	0.6	0.4	0.2	0
考马斯亮蓝 G-250/mL	5	5	5	5	5	5
蛋白质含量/μg	0	20	40	60	80	100

盖上试管塞,摇匀。放置 2min 后在 595nm 波长下比色测定(比色应在 1h 内完成)。以牛血清白蛋白含量(μg)为横坐标,以吸光值为纵坐标,绘出标准曲线。

2. 样品中蛋白质含量的测定

①准确称取 200mg 绿豆芽下胚轴,放入研钵中,加入 3mL 蒸馏水在冰浴中研成匀浆,离心(4 000r/min,10min),将上清液倒入 10mL 容量瓶,再向残渣中加入 2mL 蒸馏水,悬浮后再离心 10min,合并上清液,定容至刻度。

②另取 1 支具塞试管,准确加入 0.1mL 样品提取液,再加入 0.9mL 蒸馏水,5mL 考马斯亮蓝 G-250 试剂,充分混合,放置 2min 后,以标准曲线 1 号试管作参比,在 595nm 波长下比色,记录吸光值。

【结果处理】

根据所测样品提取液的吸光值,在标准曲线上查得相应的蛋白质含量(μg),按下式计算:

$$样品蛋白质含量(\mu g/g 鲜重) = \frac{查得的蛋白质含量(\mu g) \times 提取液总体积(mL)}{样品鲜重(g) \times 测定时取用提取液体积(mL)}$$

【注意事项】

比色应在出现蓝色 2min~1h 完成。

【思考题】

1. 考马斯亮蓝 G-250 法测定蛋白质含量的原理是什么?

2. 如何正确使用分光光度计?

3. 测定蛋白质含量还有哪些方法? 测定原理有哪些不同?

3.5　紫外吸收法测定蛋白质含量

【实验目的】

1. 学习用紫外吸收法测定蛋白质含量的方法。

2. 掌握紫外分光光度计的使用方法。

【实验原理】

蛋白质分子中的酪氨酸、色氨酸和苯丙氨酸等氨基酸的残基含有苯环或杂环,在 280nm 波长下具有最大吸收值。由于各种蛋白质中都含有酪氨酸,因此 280nm 的吸光值是蛋白质的一种普通性质。在一定浓度范围内(0.1~1.0mg/mL),蛋白质溶液在 280nm 吸光值与其浓度成正比,故可用作蛋白质定量测定。核酸在紫外区也有吸收,可通过校正加以消除。该方法的优点是定量过程中无试剂加入,蛋白质可回收。特别适用于柱层析洗脱液的快速连续检测。

【主要器材、试剂和实验材料】

1. 主要器材

紫外分光光度计及石英比色杯;离心机;分析天平;研钵;容量瓶(50mL、100mL);移液管(1mL、2mL、5mL);离心管。

2. 试剂

0.05mol/L pH 7.5 Tris-HCl 缓冲液。

3. 实验材料

在暗箱 18~25℃ 培养 8~10d 的小麦黄化苗或用绿豆芽下胚轴。

【操作步骤】

1. 提取小麦叶片蛋白质

称取小麦黄化苗叶片 0.5g,置研钵中,加少量石英砂和 2.0mL Tris-HCl 缓冲液充分研磨,将研磨好的样品无损地洗入 50mL 容量瓶中,定容,取 5mL 离心 10min (3 500r/min)。吸取上清液 1mL 于 50mL 容量瓶中。

在做样品测量的同时,以 Tris-HCl 缓冲液做空白对照,比色时以空白对照调零。

2. 比色

在紫外分光光度计上,于 280nm 和 260nm 波长下分别测其吸光值。

【结果处理】

$$蛋白质(\mu g/mL) = (1.45A_{280} - 0.74A_{260}) \times 稀释倍数$$

式中　A_{280}——蛋白质溶液在 280nm 处测得的吸光值;

A_{260}——蛋白质溶液在 260nm 处测得的吸光值。

【注意事项】

不同蛋白质酪氨酸的含量有所差异，蛋白质溶液中存在核酸或核苷酸时会影响紫外吸收法测定蛋白质含量的准确性，尽管利用上述公式进行校正，但由于不同样品中干扰成分差异较大，致使 280nm 紫外吸收法的准确性稍差。

【思考题】

1. 紫外吸收法测定蛋白质含量的原理是什么？

2. 比较紫外吸收法和考马斯亮蓝 G-250 法测定蛋白质含量优缺点。

3.6　Folin-酚法测定蛋白质含量

【实验目的】

掌握 Folin-酚法测定蛋白质含量的原理和方法，熟悉分光光度计的操作。

【实验原理】

Folin-酚法（Lowry 法）测定蛋白质含量的过程包括两步反应：第一步是在碱性条件下蛋白质与 Cu^{2+} 作用生成络合物；第二步是此络合物还原 Folin 试剂（磷钼酸和磷钨酸试剂），生成深蓝色的化合物，且颜色深浅与蛋白质的含量成正比关系。硫酸铵、甘氨酸、还原剂（如 DTT、巯基乙醇等）会干扰反应。本法可测定范围是 25～250μg 蛋白质。

【主要器材、试剂和实验材料】

1. 主要器材

分光光度计；离心机；离心管；分析天平；水浴锅；普通试管；具塞试管；漏斗及漏斗架；移液管（0.5mL、1mL、5mL）；容量瓶（10mL、100mL）；滤纸；玻璃棒等；小烧杯；研钵。

2. 试剂

（1）0.5mol/L 氢氧化钠

（2）试剂甲

①A 液：称取 10g 碳酸钠，2g 氢氧化钠和 0.25g 酒石酸钾钠，溶解后用蒸馏水定容至 500mL。

②B 液：0.5g 硫酸铜溶解后，用蒸馏水定容至 100mL。

每次使用前将 A 液 50 份与 B 液 1 份混合，即为试剂甲。此混合液的有效期只有 1d，过期失效。

（3）试剂乙　在 1.5L 磨口回流器中加入 100g 钨酸钠（$Na_2WO_4 \cdot 2H_2O$）、25g 钼酸钠（$Na_2MoO_4 \cdot H_2O$）及 700mL 蒸馏水，再加 50mL 85%磷酸，100mL 浓盐酸充分混合，接上回流冷凝管，以小火回流 10h。回流结束后，加入 150g 硫酸锂（Li_2SO_4），50mL 蒸馏水和数滴液体溴，开口继续沸腾 15min，驱除过量的溴，冷却后溶液呈黄色（若仍呈绿色，需再重复滴加液体溴数滴，再继续沸腾 15min）。然后稀释至 1L，过滤，滤液置于棕色试剂瓶中保存。使用时大约加水稀释 1 倍，使最终浓度相当于 1mol/L 盐酸。

3. 实验材料

绿豆芽或其他植物材料。

【操作步骤】

1. 标准曲线的绘制

(1)配制标准牛血清白蛋白溶液　在分析天平上精确称取 0.025g 结晶牛血清白蛋白，倒入小烧杯内，加入少量蒸馏水溶解后转入 100mL 容量瓶中，烧杯内的残液用少量蒸馏水冲洗数次，冲洗液一并倒入容量瓶内，最后用蒸馏水定容至刻度，配制成标准蛋白质溶液，其中牛血清白蛋白的浓度为 250μg/mL。

(2)系列标准牛血清白蛋白溶液的配制　取具塞试管 6 支，按下表加入牛血清白蛋白标准溶液及蒸馏水。然后各管加入试剂甲 5mL，混合后在室温下放置 10min，再加 0.5mL 试剂乙，立即混合均匀(这一步速度要快，否则会使显色程度减弱)。30min 后，以不含蛋白质的 1 号试管为对照，与其他 5 支试管内的溶液依次用分光光度计于 650nm 波长下比色。记录各试管内溶液的吸光值。

试剂	管号					
	1	2	3	4	5	6
250μg/mL 牛血清白蛋白/mL	0	0.2	0.4	0.6	0.8	1.0
蒸馏水/mL	1.0	0.8	0.6	0.4	0.2	0
蛋白质含量/mg	0	50	100	150	200	250

(3)标准曲线的绘制　以吸光值为纵坐标，以牛血清白蛋白含量(μg)为横坐标，绘制标准曲线。

2. 样品测定

①称取绿豆芽下胚轴 1g 左右于研钵中，加蒸馏水 2mL，匀浆。转入离心管，并用 6mL 蒸馏水分次洗涤研钵，并入离心管。4 000r/min 离心 20min。弃去沉淀，上清液转入容量瓶，定容至 10mL。

②取具塞试管 2 支，各加入上清液 1mL，分别加入试剂甲 5mL，混匀后放置 10min，然后加试剂乙 0.5mL，迅速混匀，室温下放置 30min，于 650nm 波长下比色，记录吸光值。

【结果处理】

从标准曲线上查出测定液中蛋白质的含量 $m(μg)$，然后计算样品中蛋白质的百分含量。

$$样品中蛋白质含量(\%) = \frac{m(μg) \times 稀释倍数}{样品质量(g) \times 10^6} \times 100$$

【注意事项】

试剂乙(Folin 试剂)在碱性条件下不稳定，但此实验中反应在 pH 10 时发生，因此在 Folin 试剂反应时应立即混匀，否则显色程度减弱。本法也可用于测定游离酪氨酸和色氨酸。

【思考题】

Folin-酚法测定蛋白质含量的原理是什么?

3.7　蛋白质脱盐

在蛋白质的研究中，经常用一些中性盐处理，如盐析、盐溶等，因此在操作中经常要进行蛋白质脱盐，即将蛋白质同其他盐类小分子分离开。蛋白质脱盐的方法很多，各有优缺点。以下仅介绍常用的透析和凝胶过滤方法，可根据实验条件和要求选用。

3.7.1　透析法

【实验目的】

学习透析的基本原理和操作。

【实验原理】

蛋白质是大分子物质，不能通过一定规格的透析膜，而小分子物质可以自由透过。在分离提纯蛋白质的过程中，常利用透析的方法使蛋白质与其中夹杂的小分子物质分开，如提取的蛋白质用硫酸铵盐析后进一步分离之前需首先除去盐离子，以便进一步进行离子交换或亲和层析等处理。

【主要器材、试剂和实验材料】

1. 主要器材

离心机；离心管；磁力搅拌器；电磁炉；烧杯；玻璃棒。

2. 试剂

10g/L 氯化钡溶液；1mol/L EDTA；20g/L 碳酸氢钠溶液；硫酸铵粉末。

3. 实验材料

透析袋（宽约 2.5cm，长 12~15cm）；橡皮筋；鸡蛋清溶液（将鲜鸡蛋的蛋清与水按1∶20 混匀，然后用 6 层纱布过滤）。

【操作步骤】

①透析袋（前）处理：先将一适当大小和长度的透析袋放在 1mol/L EDTA 溶液中，煮沸 10min，再在 20g/L 碳酸氢钠溶液中煮沸 10min，然后再在蒸馏水中煮沸 10min 即可。

②加 5mL 鸡蛋清溶液于离心管中，缓慢加 4g 硫酸铵粉末，边加边搅拌使之溶解。然后在 4℃静置 20min，出现絮状沉淀。

③离心：将上述絮状沉淀液以 1 000r/min 离心 20min，弃去上清液。

④装透析袋：在上述离心后的沉淀中加入 5mL 蒸馏水溶解沉淀物，然后小心倒入透析袋中，扎紧袋口。

⑤将装好的透析袋放入盛有蒸馏水的烧杯中，进行透析，并不断搅拌。

⑥每隔适当时间（5~10min），自烧杯中取水 1mL，加入 10g/L 氯化钡溶液数滴，观察是否有沉淀现象。

【结果处理】

仔细观察、记录并解释实验现象。

【注意事项】

1. 使用透析袋之前一定要先对其正确处理。

2. 硫酸铵盐用前要用研钵研成细粉，再逐渐缓慢加入蛋白质溶液中，勿使局部盐浓度过高。

【思考题】

1. 为何实验前要处理透析袋？

2. 简述透析的原理。

3. 硫酸铵沉淀蛋白质的原理是什么？使用硫酸铵应注意什么？为什么要防止局部盐

浓度过高？

3.7.2　凝胶过滤法

【实验目的】

学习凝胶过滤的基本操作技术，了解凝胶过滤脱盐的原理和应用。

【实验原理】

凝胶过滤的主要装置是填充有凝胶颗粒的层析柱。目前，使用较多的凝胶是交联葡聚糖凝胶。这种高分子材料具有一定孔径的网络结构。高度亲水，在水溶液里吸水显著膨胀。用每克干胶吸水量(mL)的 10 倍(G 值)表示凝胶的交联度，可根据被分离物质分子的大小和研究目的，选择适当的凝胶型号。交联度高的小号胶如 Sephadex G-25 适于脱盐。

当在凝胶柱顶加上分子大小不同的混合物并用洗脱液洗脱时，自由通透的小分子可以进入胶粒内部，而受排阻的大分子不能进入胶粒内部。二者在洗脱过程中走过的路程差别较大，大分子只能沿着胶粒之间的间隙向下移动，所经路程短，最先流出；而渗入胶粒内部的小分子受"迷宫效应"影响，要经过层层扩散向下流动，所经路程长，最后流出；通透性居中的分子则后于大分子而先于小分子流出。从而按由大到小的顺序实现大、小分子分离。

凝胶过滤的操作条件温和，适于分离不稳定的化合物。凝胶颗粒不带电荷，不与被分离物质发生反应，因而溶质回收率接近 100%，而且具有设备简单、分离效果好、重现性强，凝胶柱可反复使用等优点，所以广泛使用于蛋白质等大分子的分离纯化、相对分子质量测定、脱盐等用途。本实验主要用凝胶进行蛋白质前处理中的脱盐、混合蛋白质样品的分离。

【主要器材、试剂和实验材料】

1. 主要器材

基础柱层析系统[梯度混合仪；恒流泵；层析柱(1.6cm×20cm)；核酸蛋白质检测仪；自动部分收集器；记录仪(数据采集系统)]或 FPLC(快速蛋白液相系统)；真空干燥器；真空泵。

2. 试剂

10g/L 氯化钡溶液；缓冲液(10mmol/L Tris-HCl，pH 7.5)；硫酸铵粉末。

3. 实验材料

Sephadex G-25 脱盐；Sephadex G-75 分离蛋白质混合物。

【操作步骤】

(1)凝胶溶胀　取 5g Sephadex G-25，加 200mL 蒸馏水充分溶胀(在室温下约需 6h 或在沸水中溶胀 2h)。待溶胀平衡后，除去细小颗粒，再加入与凝胶等体积的蒸馏水，在真空干燥器中减压除气，准备装柱。

(2)装柱　将层析柱垂直固定，加入 1/4 柱长的蒸馏水。把处理好的凝胶用玻璃棒搅匀，然后边搅拌边倒入柱中(柱口下端保持溶液排放)。最好一次连续装完要求的凝胶高度，若分次装入，需用玻璃棒轻轻搅动上层凝胶，以免出现分层影响分离效果。最后放入略小于层析柱内径的滤纸片保护凝胶床面。

(3)平衡　继续用缓冲液洗脱，调整流量使凝胶床表面保持 2cm 液层，平衡 20min。

（4）样品制备

①凝胶过滤脱盐：取 5mL 蛋白质溶液于离心管中，加 4g 硫酸铵粉末，边加边搅拌使之溶解。然后在 4℃静置 20min，出现絮状沉淀。将上述絮状沉淀以 1 000r/min 离心 20min，离心后倒掉上清液，加 5mL 蒸馏水溶解沉淀物，即为样品。

②凝胶过滤分离蛋白质混合溶液：首先配制 10mg/L 色氨酸溶液、40mg/L 溶菌酶溶液及 10mg/L 蓝色葡聚糖-2000 溶液，按照等体积比例混合后。过滤除去未溶解样品，防止其污染柱材。分装后冻存。上样前置于室温融化后，取 100～200μL 蛋白质混合液上样，观察不同样品的洗脱过程。

（5）上样　当凝胶床表面仅留约 1mm 液层时，吸取 1mL 样品，小心地注入层析柱凝胶床面中央，慢慢打开层析柱下端夹子，待大部分样品进入凝胶床，床面上仅有 2mm 液层时，用胶头滴管加入少量蒸馏水，使剩余样品进入凝胶床，然后用滴管小心加入 3～5cm 洗脱液。

（6）洗脱　继续用缓冲液洗脱，调整流速，使上下流速同步。用核酸蛋白质检测仪检测，同时用部分收集器收集洗脱液。合并与峰值相对应的试管中的洗脱液，即脱盐后的蛋白质溶液。

（7）用氯化钡溶液检测蛋白质溶液和其他各管收集液，评价脱盐效果。

【结果处理】

记录并解释实验现象，讨论凝胶过滤的脱盐效果。

【注意事项】

1. 整个操作过程中凝胶必须处于溶液中，不得暴露于空气，否则将出现气泡和断层，此时应当重新装柱。

2. 加样时应小心注入床面中央，注意切勿破坏凝胶床面的平整。

【思考题】

1. 影响凝胶过滤脱盐效果的因素有哪些？凝胶脱盐的原理是什么？

2. 装制凝胶层析柱时，应该注意哪些事项？

3. 在向凝胶柱加入样品时，为什么必须保持胶面平整？上样体积为什么不能太大？

4. 为什么在洗脱样品时，流速不能太快或者太慢？

3.8　等电聚焦电泳法测定蛋白质的等电点

【实验目的】

了解等电聚焦的原理、方法和用途。通过蛋白质等电点的测定，掌握聚丙烯酰胺凝胶垂直管式等电聚焦电泳技术。

【实验原理】

等电聚焦（IEF）是 20 世纪 60 年代中期出现的技术。近年来该技术有了新的进展，已发展成为一项成熟的近代生物大分子分析技术。目前，等电聚焦技术已可以分辨等电点只差 0.001pH 单位的生物分子。由于其分辨力高、重复性好、样品容量大、操作简便迅速，在生物化学、分子生物学及临床医学研究中得到广泛的应用。

蛋白质分子是典型的两性电解质分子。它在大于其等电点的 pH 值环境中解离成带负电荷的阴离子，向电场的正极泳动；在小于其等电点的 pH 值环境中解离成带正电荷的阳离子，向电场的负极泳动。这种泳动只有在等于其等电点的 pH 值环境中，即蛋白质所带的净电荷为零时才能停止。如果在一个有 pH 梯度的环境中，对各种不同等电点的蛋白质混合样品进行电泳，则在电场作用下，不管这些蛋白质分子的原始分布如何，各种蛋白质分子将按照它们各自的等电点大小在 pH 梯度中相对应的位置处进行聚焦，经过一定时间的电泳，不同等电点的蛋白质分子便分别聚焦于不同的位置。这种按生物分子等电点的大小在 pH 梯度的某一相应位置上进行聚焦的行为就称为"等电聚焦"。等电聚焦的特点就在于其利用了一种称为载体两性电解质的物质在电场中构成连续的 pH 梯度，使蛋白质或其他具有两性电解质性质的样品进行聚焦，从而达到分离、测定和鉴定的目的。

在聚焦过程中和聚焦结束取消了外加电场后，如何保持 pH 梯度的稳定是极为重要的。为了防止扩散，稳定 pH 梯度，就必须加入一种抗对流和扩散的支持介质，常用的支持介质是聚丙烯酰胺凝胶。当进行聚丙烯酰胺凝胶等电聚焦电泳时，凝胶柱内即产生 pH 梯度，当蛋白质样品电泳到凝胶柱内某一部位，而此部位的 pH 值正好等于该蛋白质的等电点时，该蛋白质即聚焦形成一条区带，只要测出此区带所处部位的 pH 值，即为其等电点。电泳时间越长，蛋白质聚焦的区带就越集中、越狭窄，因而提高了分辨率。这是等电聚焦的优点，不像一般的电泳，电泳时间过长则区带会扩散。所以，等电聚焦电泳法不仅可以测定等电点，而且能将不同等电点的生物大分子混合物分离而进行鉴定。

早期的等电聚焦电泳是垂直管式的，其特点为体系是封闭的，不与空气接触，可防止样品氧化。近年来，又发展了超薄层水平板式等电聚焦电泳。本实验选用垂直管式等电聚焦电泳技术，此法的优点是加样数量多，节省两性电解质，电泳后固定、染色、干燥都十分迅速简便，其最大优点是防止了电极液的电渗作用而引起正负两极 pH 梯度的漂移。

测定 pH 梯度的方法有 4 种：

①将胶条切成小块，用水浸泡后，用精密 pH 试纸或细长 pH 复合电极测定 pH 值，然后作图。

②用表面 pH 微电极直接测定胶条各部分的 pH 值，然后作图。

③用一套已知不同等电点的蛋白质作为标准，测定 pH 梯度的标准曲线。

④将胶条于 -70℃ 冰冻后切成 1mm 的薄片，加入 0.5mL 0.01mol/L KCl，用微电极测其 pH 值。

【主要器材、试剂和实验材料】

1. 主要器材

电泳仪；垂直管式圆盘电泳槽；内径 0.5cm、长 7~10cm 的玻璃管 8~10 支；精密 pH 试纸和带细长复合 pH 电极的 pH 计；移液管；注射器与长针头；小刀、铅笔、直尺。

2. 试剂

①丙烯酰胺储备液（30% Acr，交联度 2.6%）：称取 30g Acr 和 0.8g Bis 溶于双蒸水，定容至 100mL，滤去不溶物后存于棕色瓶，4℃ 可保存数月。（全班公用，另一配方为 29.1g Acr 和 0.9g Bis 溶于双蒸水，定容至 100mL，交联度为 3.0%）

②载体两性电解质 Ampholine（40%，pH 3.5~9.5）：每毫升胶液中的加入量为 50 μL。

③过硫酸铵（聚合反应催化剂）：配成 1mg/mL 的质量浓度，当天配制。配 100mL 全班公用。每毫升胶液中的加入量为 0.5mg/mL。

④TEMED（四甲基乙二胺，加速剂）：密封避光保存，每毫升胶液中的加入量为 1 μL。

⑤固定液（10% TCA）：每组配 50mL。

⑥阳极电极液(0.1mol/L 磷酸)：3.4mL 85%浓磷酸加双蒸水至 500mL。

⑦阴极电极液(0.5mol/L NaOH)：2g NaOH 加双蒸水溶解至 500mL。

3. 实验材料

蛋白质样品：选用两种等电点相差较大的蛋白质，每根垂直管中每种蛋白质的加样量控制在<100 μg。蛋白质样品的浓度均配制成 5mg/mL，配 2.5mL，全班公用。

【操作步骤】

1. 配胶

根据装管数和凝胶浓度，按下表配制胶液：

项目	凝胶含量/%		
	5.0	4.8	5.0
胶液总体积/mL	8	10	12
丙烯酰胺储备液/mL	1.33	1.60	2.0
Ampholine/μL	400	500	600
TEMED/μL	8	10	12
蛋白质样品/μL	80	100	120
双蒸水/mL	2.26	2.79	3.27
1mg/mL 过硫酸铵/mL	4.0	5.0	6.0
装管数/支	4	5	6

$$凝胶含量\ T = \frac{丙烯酰胺含量×储备液加入量}{胶液总体积} × 100\%$$

$$关联度\ C = \frac{胶液中甲叉双丙烯酰胺的量\ b}{胶液中丙烯酰胺的量\ a + 甲叉双丙烯酰胺的量\ b} × 100\%$$

2. 装管

先用肥皂洗手，然后将圆盘电泳槽的玻璃管洗净，用橡皮筋扎好后垂直放入一小培养皿中，向培养皿中倒入熔化的1%琼脂，冷却后即可封好管底，垂直放在培养皿上，用移液管将配好的凝胶溶液移入管内(每根玻璃管的容量为 1.5～1.8mL)，液面加至距管口 1mm 处，用注射器轻轻加入少许双蒸水，进行水封，以消除弯月面使胶柱顶端平坦。胶管垂直聚合约 30min，聚合完成时可观察到水封下的折射光面。

3. 装槽和电泳

用滤纸条吸去胶管上端的水封，除去下端的薄膜，水封端向上，将胶管垂直插入圆盘电泳槽内，调节好各管的高度，记下管号。每支管约 1/3 在上槽，2/3 在下槽。上槽加入 500mL 0.1mol/L 磷酸，下槽加入 500mL 0.1mol/L NaOH，淹没各管口和电极，用注射器或滴管吸去管口的气泡。上槽接正极，下槽接负极，开启电泳仪，恒压 160V，聚焦 2～3h，至电流近于零不再降低时，停止电泳。

4. 剥胶

取下胶管，用水将胶管和两端洗 2 次，用注射器沿管壁轻轻插入针头，在转动胶管和内插针头的同时分别向胶管两端注入少许水，胶条即自行滑出，若不滑出可用洗耳球轻轻挤出。胶条置于小培养皿内，记住正极端为"头"，负极端为"尾"，若分不清时，可用 pH 试纸鉴定，酸性端为正，碱性端为负。

5. 固定

取 2 支胶条置于一个小培养皿内，倒入 10%TCA 溶液至没过胶条，进行固定，约

0.5h 后，即可看到胶条内蛋白质的白色沉淀带。固定完毕，倒出固定液，用直尺量出胶条长度 L_2 和正极端到蛋白质白色沉淀带中心（即聚焦部位）的长度 L。

固定后的胶条可在紫外分光光度计上用 280nm 或 238nm 波长做凝胶扫描，然后用扫描图做相应的测量和计算。

6. 测定 pH 梯度

将放在另一个培养皿内未固定的胶条，用直尺量出待测 pH 胶条的长度 L_1。按照由正极至负极的顺序，用镊子和小刀依次将胶条切成 10mm 长的小段，分别置于小试管中，加入 1mL H_2O，浸泡 0.5h 以上或过夜，用仔细校正后的带细长 pH 复合电极的 pH 计测出每管浸出液的 pH 值。

【结果处理】

1. 以胶条长度（mm）为横坐标，pH 值为纵坐标作图，得到一条 pH 梯度曲线。所测每管的 pH 值为 10mm 胶条的 pH 的混合平均值。作图时将此 pH 值取为 10mm 小段中心即 5mm 处的 pH 值。

2. 用下式计算蛋白质聚焦部位至胶条正极端的实际长度 L

$$L = L' \times \frac{L_1}{L_2}$$

式中　L'——量出蛋白质的白色沉淀带中心至胶条正极端的长度（cm）；

$\qquad L_1$——测 pH 值的胶条的长度（cm）；

$\qquad L_2$——固定后胶条的长度（cm）。

3. 根据计算出的 L，由 pH 梯度曲线上查出相应的 pH 值，即为该蛋白质的等电点。

4. 画出固定后所测胶条的示意图。

【注意事项】

1. 丙烯酰胺和甲叉双丙烯酰胺具有神经毒性，操作时应戴一次性手套。

2. 样品应该先脱盐，因为盐离子可干扰 pH 梯度形成，并使区带扭曲。

3. 过硫酸铵需现配，不可放置（室温下有效期 1d，-20℃时其有效期可过 1 个月）。过硫酸铵是胶聚合的催化剂，因此最后加入，加毕，立即摇匀，因胶很快就会聚合，必须立即灌胶。通常化学聚合的胶液，需在过硫酸铵加入前进行减压抽气处理，本实验将此抽气步骤省略并不影响实验结果。

【思考题】

1. 简述等电聚焦电泳法的原理及应用。

2. 总结等电聚焦电泳实验成功的关键步骤。

3. 等电聚焦电泳凝胶中为什么会形成连续的 pH 梯度？

3.9　过氧化物酶及酯酶同工酶聚丙烯酰胺凝胶电泳

【实验目的】

1. 通过本实验掌握聚丙烯酰胺凝胶电泳技术分离蛋白质的原理和染色原理。

2. 掌握聚丙烯酰胺凝胶电泳的原理及其操作步骤。

【实验原理】

同工酶是指能催化同一种化学反应，但酶蛋白本身的分子结构组成不同的一组酶，是

DNA 上遗传信息表达有差异的结果。同工酶参与生物的遗传、生长发育、代谢调节及抗性等生理生化过程。

过氧化物酶是植物体内存在的活性较高的一种酶，与呼吸作用、光合作用及物质氧化等代谢密切相关，而且在植物生长发育过程中其活性不断发生变化，因此测定过氧化物酶的活性或其同工酶谱具有重要意义。酯酶同工酶在脂质代谢中具有重要作用，目前除在脂质代谢中测定酯酶同工酶组分变化外，在油料种子纯度鉴定中也被普遍使用。本实验采用聚丙烯酰胺凝胶垂直板电泳技术，分离小麦幼苗过氧化物酶同工酶和油菜萌发种子的酯酶同工酶。

聚丙烯酰胺凝胶电泳（PAGE）是以聚丙烯酰胺凝胶作为载体的一种区带电泳。聚丙烯酰胺凝胶是用丙烯酰胺（Acr）单体和 N, N′-甲叉双丙烯酰胺（Bis）交联剂在过硫酸铵和四甲基乙二胺催化剂作用下聚合而成的多孔介质。由于聚丙烯酰胺凝胶具有网状立体结构，带离子的侧基少、惰性好、电渗小、对热稳定、呈透明状、易于观察结果等优点，广泛用于生物大分子的分离。其网眼的孔径可用改变凝胶液中单体的浓度来加以控制，根据蛋白质与核酸分子质量不同，适用的浓度也不同，一般常用 7.5% 聚丙烯酰胺凝胶分离蛋白质，而用 2.4% 的分离核酸。

在由浓缩胶和分离胶组成的碱性不连续体系中，上层的浓缩胶具有浓缩效应、电荷效应、分子筛效应，下层的分离胶具有电荷效应、分子筛效应。同工酶分子在这 3 种效应的共同作用下，经过电泳被有效地分离，最后活性染色，显现出不同的酶带。通过比较不同材料酶谱的差异，可对其遗传特性等进行研究。

【主要器材、试剂和实验材料】

1. 主要器材

电泳仪；垂直板电泳槽及附件；台式高速离心机；微量移液器（50μL）；量筒（10mL、500mL）；烧杯（50mL、250mL）；移液管（1mL、2mL、5mL）；容量瓶（100mL、1 000mL）；其他（玻璃棒、滴管、刀片、离心管、大培养皿等）。

2. 试剂

①300g/L Acr/Bis 储备液：Acr 29.2g，Bis 0.8g，用去离子水溶解后定容至 100mL，过滤除去不溶物，装入棕色试剂瓶，4℃ 保存。

②分离胶缓冲液（pH 8.9 Tris-HCl 缓冲液）：取 1mol/L HCl 48mL，Tris 36.8g，去离子水溶解后定容至 100mL。

③浓缩胶缓冲液（pH 6.7 Tris-HCl 缓冲液）：取 1mol/L HCl 48mL，Tris 5.98g，去离子水溶解后定容至 100mL。

④电极缓冲液（pH 8.3 Tris-Gly 缓冲液）：Tris 6g，甘氨酸 28.8g，溶于去离子水后定容至 1 000mL，用时稀释 10 倍。

⑤100g/L 过硫酸铵溶液：新鲜配制或分装冻存。

⑥400g/L 蔗糖溶液：蔗糖 40g，去离子水溶解后定容至 100mL。

⑦pH 4.7 醋酸缓冲液：醋酸钠 70.52g 溶于 500mL 去离子水中，再加 36mL 冰醋酸，去离子水定容至 1 000mL。

⑧7% 醋酸溶液：19.4mL 36% 醋酸稀释至 100mL。

⑨样品提取液：（pH 8.0 Tris-HCl 缓冲液）Tris 120.1g 溶于去离子水后用 HCl 调节 pH 值至 8.0，定容至 1 000mL。

⑩0.5%溴酚蓝溶液：0.5g 溴酚蓝溶于 100mL 去离子水中。

⑪过氧化物同工酶显色剂：抗坏血酸-联苯胺染色液[称取维生素 C 141mg 溶于 100mL 双蒸水中，联苯胺储备液 100mL(储备液配方：2g 联苯胺溶于 18mL 文火加热的冰醋酸中，再加水 72mL 后避光保存)，0.6% H_2O_2 100mL，用前维生素 C、联苯胺和 H_2O_2 按体积比 3∶1∶1 混合]。

⑫酯酶同工酶显色液：坚牢蓝 RR 盐 80mg 加 50mmol/L pH 6.5 磷酸缓冲液 100mL 充分溶解，然后加 6mL 1% α-醋酸萘酯(用少许无水乙醇或丙酮溶解)，6.5mL 2% β-醋酸萘酯(配制同 α-醋酸萘酯)，避光保存。

3. 实验材料

小麦幼苗用于测定过氧化物同工酶；萌发的油菜种子用于测定酯酶同工酶。

【操作步骤】

1. 凝胶的制备

①将储备液由冰箱取出，在操作台放至室温后再配制工作液。

②将玻璃板正确安装在制胶架上并用楔形板夹紧，凹槽板朝外，将制胶架固定在配套的制胶底座上并用夹子固定，确保无泄漏的孔隙，即可灌胶。注意用力均衡以免夹碎玻璃板。

③按下表比例配制分离胶：

名称	去离子水	分离胶缓冲液	300g/L Acr/Bis 储备液	100g/L 过硫酸铵溶液	TEMED
体积/mL	5.0	2.0	4.0	0.4	0.06

混匀后沿长玻璃板壁用胶头滴管灌分离胶至合适高度(约至玻璃板顶端 2/3 处)，再覆盖 2~3mm 的水层，静置待聚合(室温下约 30min)。刚加过水可看出界面，后逐渐消失，当胶与水层的界面重新出现时表明胶已聚合。

④按下表比例配制浓缩胶：

名称	去离子水	浓缩胶缓冲液	300g/L Acr/Bis 储备液	100g/L 过硫酸铵溶液	TEMED
体积/mL	5.0	1.0	2.0	0.3	0.02

待分离胶聚合后，先倒掉分离胶上的水层，迅速加入浓缩胶，插入样品梳，待胶聚合后(室温下约 30min)，垂直向上小心拔出梳子。将稀释 10 倍的电极缓冲液倒入点样孔中，压平点样孔底部。

2. 样品的制备

①过氧化物同工酶材料：称取小麦幼苗茎部、根部、叶部各 0.5g，放入研钵内，加 pH 8.0 提取液 1mL，于冰浴中研成匀浆，然后以 2mL 提取液分几次洗入离心管，在高速离心机上以 8 000r/min 离心 10min，倒出上清液，与等量 40% 蔗糖混合，加入 1 滴溴酚蓝留作点样用。

②酯酶同工酶材料：油菜种子 20~24℃恒温箱中萌发 3~5d，至芽长 5~8cm，同上操作加缓冲液研磨匀浆，离心取上清液，置冰箱保存。

3. 装槽、点样

①将含有凝胶的胶板固定在凝胶架上(凹板一侧向内)，放入电泳槽中，向内、外槽小心加入稀释 10 倍的电极缓冲液，内槽要求没过样品槽，外槽要求没过电泳槽 1/3 处。

②用微量移液器(50μL)吸取少量样液,在浓缩胶上层点样,每个点样槽 20~40μL。点样时须小心,注意不要溢出梳孔。

4. 电泳

①接好电源线(内槽为负极),打开电源开关,调节电流到 40mA 左右,待溴酚蓝迁移至浓缩胶和分离胶界面后调至 50mA,电泳约 90min。待溴酚蓝迁移到距玻璃板下沿 0.5~1cm 处即可停止电泳。

②剥胶:关闭电源,取出电泳槽,用刀片小心掀开玻璃,去掉浓缩胶,在分离胶顶部用刀片掀起狭缝,用流水将分离胶冲到大培养皿,准备染色。

5. 染色、记录结果

①过氧化物同工酶显色:剥下来的凝胶在大培养皿中加 pH 4.7 醋酸缓冲液浸泡 10min。倒去醋酸缓冲液,加入抗坏血酸-联苯胺染色液,淹没整个胶板,不断摇荡培养皿,于室温下显色 20min,即得到过氧化物酶同工酶的红褐色酶谱。倒掉染色液,加入 7%醋酸溶液,注意在染色过程中观察各条带显色的先后及颜色变化。

②酯酶同工酶显色:电泳结束后,将凝胶放入瓷盘中,倒入酯酶显色液,观察显色过程,显色结束倒出显色液,冲洗干净,用 7%醋酸固定。

【结果处理】

直接于日光灯下观察并记录酶谱,绘图或照相并分析数据。

【注意事项】

1. 如果室温较高,可适当减少电流,延长电泳时间,或采取降温措施,以免温度过高造成酶活损失。

2. Acr、Bis 是神经毒剂,且对皮肤有刺激作用,操作时要戴上乳胶手套,避免毒剂与皮肤接触。

【思考题】

1. 简述聚丙烯酰胺凝胶电泳浓缩效应的原理。

2. 上、下槽电极缓冲液用过一次后,是否可以混合后再用?为什么?

3. 什么叫同工酶?研究它有何意义?

4. 两种同工酶的显色机制是什么,有何不同?过氧化物同工酶显色时要先加 pH 4.7 醋酸缓冲液,说明为什么?

第 4 章

蛋白质分离纯化综合大实验

4.1　重组绿色荧光蛋白的原核表达与分离纯化

本实验是以一种易观察的蛋白质——绿色荧光蛋白(GFP)为目标蛋白质,包括蛋白质的原核表达、分离、纯化及鉴定的一系列技术方法的一门系统、综合性实验。首先从转化的大肠杆菌 BL21 中提取 GFP,对提取物进行分离、浓缩和部分纯化,涉及超声波破碎细胞、盐析、疏水层析、离子交换层析、凝胶过滤或亲和层析等色谱技术,最终得到纯化的目标蛋白质 GFP,通过 SDS-PAGE 对纯化的蛋白质进行鉴定。学生从准备实验开始,将动手操作、课堂讲解、示范、学生讨论及课后作业整合在一起。通过该实验的训练,让学生掌握蛋白质的一系列技术方法。GFP 是荧光蛋白质,整个实验过程可以用手提紫外灯检测,直观地加深学生对整个实验过程的了解。

GFP 是一种在美国西北海岸盛产的水母中发现的一种蛋白质。这类学名为 *Aequorea victoria* 的水母有着美丽的外表,生存历史超过 1.6 亿年。1962 年,下村修在这种水母的发光器官内发现天然绿色荧光蛋白。它之所以能够发光,是因在其包含 238 个氨基酸的序列中,肽链构成一个桶状结构,第 65~67 个氨基酸(丝氨酸-酪氨酸-甘氨酸)残基,可自发地形成一种荧光发色团。当受到蓝光或紫外光激发后可产生绿色荧光。GFP 吸收的光谱最大峰值为 395nm(紫外),并有一个峰值为 470nm 的副峰(蓝光);发射光谱最大峰值为 509nm(绿光),并带有峰值为 540nm 的侧峰(shoulder)。由于 GFP 荧光是生物细胞的自主功能,荧光的产生不需要任何外源反应底物,因此 GFP 作为一种广泛应用的活体报告蛋白质,其作用是任何其他酶类报告蛋白质无法比拟的。GFP 的纯溶液在典型的室内光下呈黄色,但是当被拿到户外的阳光下时,它会发出鲜绿的颜色。这种蛋白质从阳光中吸收紫外光,然后以能量较低的绿光形式发射出来。

GFP 具有检测方便、荧光稳定、无毒害、表达不受种属范围限制、可进行活细胞实时定位观测等特点,在生物研究的各个领域都有广泛的应用。目前,人们通过基因突变的方法已开发出了各种发光不同、性质不同的荧光蛋白,如红色荧光蛋白(RFP)、蓝色荧光蛋白(BFP)、青色荧光蛋白(CFP)和黄色荧光蛋白(YFP)等。由于 GFP 具有便于检测的特点,因此其为蛋白质纯化技术的训练提供了很好的材料。本实验利用原核系统重组表达 GFP,利用细胞破碎、硫酸铵分级、疏水层析、离子交换层析、凝胶过滤、亲和层析等经典的纯化技术纯化 GFP,是一个综合性实验,有助于使操作者系统了解蛋白质纯化基本原理和操作,体会蛋白质性质和特性的差异是蛋白质分离、纯化的基础这一核心要义。同时,本实验也提供了利用融合的 His-tag 纯化 GFP 的基本技术,体会重组蛋白纯化技术的

GFP 研究发展史

发展和高效性。

大肠杆菌表达系统因遗传背景清晰、转化效率高、培养操作简单、生长快、经济高效、方便扩大规模生产等优点，成为应用最为广泛的蛋白质表达系统。大肠杆菌表达系统包括完善的表达载体、表达菌株及诱导剂等，通常操作流程包括质粒和感受态细胞的制备、质粒转化、单克隆菌筛选、菌的培养和诱导表达、菌体收集和裂解、蛋白质层析纯化及纯化后电泳检测，如图 4-1-1 所示。

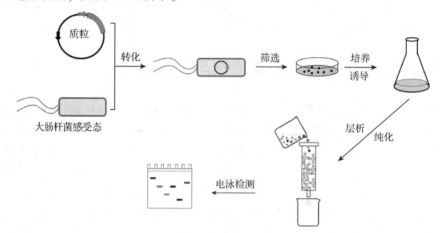

图 4-1-1　重组蛋白质的大肠杆菌表达及层析纯化流程示意

4.1.1　大肠杆菌的菌体活化及培养

【实验目的】

1. 学习细菌菌种的复苏、培养方法及基本培养基的配制。

2. 大肠杆菌(基因工程菌)的筛选培养原理。

【实验原理】

大肠杆菌(*Escherichia coli*)是革兰阴性短杆菌，大小 $0.5 \sim 3 \mu m$。周生鞭毛，能运动，无芽孢。能发酵多种糖类产酸、产气，是人和动物肠道中的正常栖居菌，婴儿出生后即随哺乳进入肠道，与人类终身相伴，几乎占粪便干重的 1/3。

原核生物大肠杆菌是遗传学和基因工程中最常用的宿主菌。实验室常用大肠杆菌是含有长约 3 000kb 环状染色体的棒状细胞。它能在含碳水化合物和提供氮、磷和微量元素等无机盐的培养基上快速生长。当大肠杆菌在培养基中培养时，其开始裂殖前，先进入一个滞后期。然后进入对数生长期，以 $20 \sim 30 min$ 复制一代的速度增殖。最后，当培养基中的营养成分和氧耗尽或当培养基中代谢物的含量达到抑制细菌的快速生长的浓度时，菌体密度就达到一个比较恒定的值，这一时期叫作细菌生长的饱和期。此时，菌体密度可达到 $1 \times 10^9 \sim 2 \times 10^9 /mL$。

大肠杆菌常用于基因克隆载体或重组蛋白表达的宿主菌，常见的菌株系列有 DH5α、BL21(DE3)、BL21(DE3)pLysS、JM109、TOP10、HB101 等。可以通过转化人工改造质粒进入大肠杆菌，控制条件诱导质粒携带的外源基因的转录和表达，从而获得大量的重组蛋白质，细胞质内表达的重组蛋白质产量可以高达总生物质量的 30%。然而高速大量的重组蛋白质表达可能会导致重组蛋白质的非正确折叠，从而导致形成不溶性的包涵体，影响可溶性重组蛋白质的获取，可以通过载体设计时增加促溶性蛋白标签、减低培养温度、降低诱导剂浓度等方法降低包涵体，增加可溶蛋白量。

在通用的细菌培养基（如 LB 液体培养基）可扩大培养大肠杆菌，使其迅速扩增。在 LB 固体平面培养基上对大肠杆菌进行划线分离，是消除污染杂菌的通用方法，也是用于筛选突变菌株的最简便方法。

【主要器材、试剂和实验材料】

1. 主要器材

高压灭菌锅；超净工作台；恒温摇床；移液器及枪头；培养箱；培养皿；带帽试管；涂布器；锥形瓶等。

2. 试剂

（1）药品　胰蛋白胨；酵母提取物；NaCl；琼脂粉；氨苄青霉素（ampicillin，Amp）；L-阿拉伯糖（arabinose，Ara）；NaOH。

（2）本实验每组试剂、材料用量（4 人/组）　每组需液体培养基 500mL，固体培养基 150mL。500mL 锥形瓶每瓶装 200mL 液体 LB 培养基；每组制备固体培养板 5 块（每块需固体培养基 30mL），灭菌后温度降至 50℃左右时（不烫手为宜），在倒板前其中 4 块加入 Amp 100mg/L 和 L-Ara 3.5g/L（灭菌后加入），1 块仅加入 Amp 作为对照。每组 5 个灭菌培养皿，6 个灭菌带帽试管，灭菌 1.5mL 离心管若干。枪头及牙签若干，不同体积空锥形瓶若干。

3. 实验材料

大肠杆菌：含有 pGLO 质粒的 DH5α 菌株；不含质粒的 BL21 株系（空载菌株）。

【操作步骤】

1. 液体 LB 培养基的配制

配制每升 LB 液体培养基，应在 950mL 去离子水中加入 10g 胰蛋白胨、5g 酵母提取物、10g NaCl。摇动容器直至溶质完全溶解，用 1mol/L NaOH 调节 pH 值至 7.0，加入去离子水至总体积为 1L，在 0.1MPa、121℃高压下蒸汽灭菌 20min。

LB 固体培养基是在 LB 液体培养基的基础上，另加琼脂粉至终浓度为 15g/L。

2. 细菌的培养

（1）固体培养基中培养（平板划线法分离单菌落）　细菌在固体培养基上培养主要是为了获得单菌落和短期保存菌株。

①从 -80℃冰箱取出含有 pGLO 质粒的 DH5α、大肠杆菌储备菌种 pGLO-DH5α，以及 BL21 空载菌株，在超净台上稍微融化，用接种环或无菌牙签蘸取部分融化的菌液，从平板的一侧开始"Z 字形"划线。

②重新消毒接种环，从第一划线处将样品划线至平板的其余部分，重复划线直至覆盖整个平板。

③将划线完毕的培养皿盖上盖子，倒扣于 37℃恒温培养箱培养 12h，长出单菌落。

（2）液体培养基中培养

①接菌过夜培养：

a. 取含 Amp（100mg/L）的 5mL 液体培养基加入一支无菌的带帽试管中。用接种环或无菌牙签挑一个单菌落（pGLO-DH5α 大肠杆菌），接种于培养液中。盖上试管盖，在摇床上以 160r/min 37℃过夜培养。

b. 另取不含 Amp 的 5mL 液体培养基加入一支无菌的试管中，用枪头挑取一个 BL21（空载）单菌落，接种于培养基中，在摇床上以 160r/min 37℃过夜培养。

②扩大培养：

a. 按 1∶100 的体积比将过夜培养物(pGLO-DH5α 大肠杆菌及 BL21 空载大肠杆菌)加入一个无菌锥形瓶中，培养液体积为 50mL 成分同"①接菌过夜培养"。

b. 于 37℃，约 150r/min 摇动培养 8h。

【结果处理】

仔细观察、记录并解释实验现象。

【注意事项】

1. 在实验过程中，小心操作，切勿将大肠杆菌洒出污染桌面、地面及周围环境。一旦不小心溅出应立即用 75% 乙醇、消毒液或高浓度的 NaOH 溶液喷洒消毒，消除大肠杆菌可能造成的环境危害。

2. 实验中使用的器材、容器、枪头等，接触过大肠杆菌后不能随意丢弃或放置，需统一收集、放置在一起。实验结束后，大肠杆菌的污染物、废弃物必须统一高压灭菌后，才能作为普通垃圾丢弃。

3. 高压灭菌锅的使用应小心烫伤，且需在专业人员的指导下使用。

【思考题】

1. 大肠杆菌逃逸入环境后，可能会产生怎样的危害？

2. 在固体培养板上过夜培养大肠杆菌，培养板为何要倒置(倒扣)？

4.1.2　大肠杆菌质粒提取、感受态细胞的制备与热激转化

【实验目的】

1. 学习碱裂解法提取质粒的原理及方法。

2. 质粒提取质量的凝胶电泳鉴定。

3. 掌握感受态细胞的制备与转化原理及操作。

【实验原理】

质粒(plasmid)是具有双链闭环结构的 DNA 分子，是一种染色体外的稳定遗传元件。它具有自主复制能力，能使子代细胞保持它们恒定的拷贝数，可表达它携带的遗传信息。目前，经人工改造的质粒已广泛用作基因工程中目标基因的运载工具——载体(vector)。

质粒 DNA 的提取是依据质粒 DNA 分子较染色体 DNA 分子小，且具有超螺旋共价闭合环状的特点，从而将质粒 DNA 与大肠杆菌染色体 DNA 分离。现在常用的方法有碱裂解法、密度梯度离心法、煮沸裂解法等。实验室普遍采用的碱裂解法，具有操作简便、快速、得率高的优点。其主要原理是利用染色体 DNA 与质粒 DNA 的变性与复性的差异而达到分离的目的。在碱变性条件下，染色体 DNA 的氢键断裂，双螺旋解开而变性，质粒 DNA 氢键也大部分断裂，双螺旋也有部分解开，但共价闭合环状结构的两条互补链不会完全分离，当用 pH 4.8 的乙酸钾将其 pH 值调到中性时，变性的质粒 DNA 又恢复到原来的构型，而染色体 DNA 不能复性，形成缠绕的致密网状结构，同时变性的蛋白质及加入 SDS 沉淀的细胞膜碎片会与变性的染色体 DNA 进一步缠绕，离心后，由于浮力密度不同，染色体 DNA 与大分子 RNA、蛋白质-SDS 复合物等一起沉淀而被除去。

琼脂糖凝胶电泳是基因工程操作中最常规的实验方法，简单易行，检测分辨率高。琼脂糖是从海藻中提取的一种线状高聚物，电泳纯的琼脂糖，筛除了抑制物和核酸酶，自身不带电荷不会对电泳分离物泳动造成影响的优良介质。在凝胶电泳中，DNA 分子的迁移速率与相对分子质量的对数值成反比。DNA 分子在琼脂糖凝胶中泳动时，有电荷效应与分子筛效应，前者由分子所带净电荷的多少而定，后者则主要与分子大小及构型有关。

DNA 分子在高于其等电点的溶液中带负电荷。在电场中向着正极移动，在用电泳法检测 DNA 分子时，应该尽量减少电荷效应。增加凝胶的浓度可以在一定程度上降低电荷效应，使得分子的迁移速率主要由分子受凝胶阻滞程度差异所决定，提高分辨率。同时适当降低电泳时的电压，也可以使分子筛效应相应增强而提高分辨率。

在进行基因克隆时，体外构建的 DNA 重组子必须导入合适的受体细胞，才可以复制、增殖和表达。裸露的外源 DNA 直接进入细胞体内称为转化。载体与外源目的基因构成的重组载体可以通过转化直接导入受体细胞，从而实现基因在异源细胞的表达。进行转化时，要求细胞处于容易吸收外源 DNA 的状态，即感受态，重组分子才能进入细胞内。

基因工程中最常用的感受态细胞制备通常用 $CaCl_2$ 处理，此法制备感受态细胞简单易行。虽然对其基本原理仍然不完全清楚，但目前普遍认为，将快速生长的大肠杆菌置于低温（0℃）处理的低渗 $CaCl_2$ 溶液中，会造成细胞膨胀成球形，Ca^{2+} 使磷脂双分子层形成液晶结构，细胞膜透性发生变化。42℃ 90s 热击导致液晶结构发生剧烈搅动，并随机出现许多间隙，导致细胞膜透性增加。外源 DNA 进入细胞，带有选择标记基因（本实验为 Amp）的外源载体在受体细胞内表达，表现出标记基因的表型，在培养基中添加抗生素 Amp 筛选，使转化子与非转化子在选择培养基上得以区分。

热激法的转化效率可达 $10^5 \sim 10^6$ 转化子/μg DNA。环化的质粒 DNA 越小，转化率越高。环化的 DNA 分子比线性 DNA 分子转化率高 1 000 倍。

有研究通过添加 Ru^{2+}、Li^{2+}、Mg^{2+} 等二价金属离子、二甲基亚砜或还原剂等制备感受态细胞，可明显提高转化效率。制备好的感受态细胞可以在 -80℃ 长时间保存而不会严重影响转化效率。热激转化法简单快速、转化效率高、适用范围广，是最常用的一种转化方法，又称化学转化法。另外，外源 DNA 的导入还有电转化法，电击法不需要预先制备感受态细胞，依赖短暂、瞬时的脉冲电流在细胞膜上打孔而将外源 DNA 导入细胞。电转化效率和脉冲电流的强度、持续时间有关，常用来转染常规方法不容易转染的细胞，如植物原生质体。转化率最高达 $10^9 \sim 10^{10}$ 转化子/μg 闭环 DNA。电转化法需要专门的电转仪。

pGLO 质粒上主要含有两个基因（图 4-1-2）：一个为编码 GFP 的基因；另一个为 Amp 抗性基因。此外，该质粒还整合有一个特殊的参与受体细胞中绿色荧光蛋白表达的基因调控体系 araC，转化细胞中的绿色荧光蛋白基因只有在培养基中存在 Ara 时才能启动表达。转化子将在不含 Ara 的培养基上呈白色，而在含 Ara 的培养基上用紫外灯照射后，显绿色荧光。

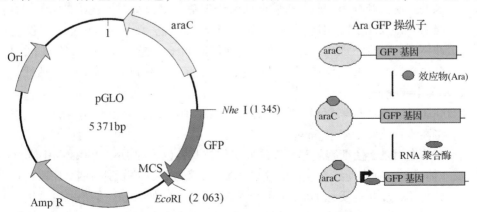

图 4-1-2　pGLO 质粒及阿拉伯糖操纵子结构相关信息

【主要器材、试剂和实验材料】

1. 主要器材

超净工作台；恒温摇床；高速离心机及离心管；水平电泳仪；凝胶成像系统；水浴锅；涡旋混合仪；移液器及枪头；带帽试管；培养皿；涂布器；锥形瓶。

2. 试剂

(1)药品　胰蛋白胨；酵母提取物；NaCl；琼脂粉；Amp；Ara；NaOH。

(2)试剂及溶液

①溶液 I：Tris-HCl(pH 8.0)25mmol/L，EDTA (pH 8.0) 10mmol/L，葡萄糖 50mmol/L，溶菌酶 5mg/mL(临用时加入效果更好，也可不加)。

②溶液 II(新鲜配制)：NaOH 0.2mol/L，1% SDS。

③溶液 III(100mL)：5mol/L 乙酸钾 60mL，冰醋酸 11.5mL(pH 4.8)，水 28.5mL。

④无水乙醇和70%乙醇溶液。

⑤10× TBE 储备液配制方法：将 Tris 108g、硼酸 55g、40mL 0.5mol/L EDTA 溶解在 600mL 去离子水中，而后调节 pH 值至 8.3，加去离子水定容至 1L 后，室温保存。使用时稀释 10 倍即 1×TBE Buffer。

⑥上样缓冲液(10×)：0.25%溴酚蓝，40%甘油。

⑦0.1mol/L $CaCl_2$ 溶液 20mL 高压灭菌后-20℃保存备用。

⑧含 15%甘油的 0.1mol/L $CaCl_2$ 溶液 20mL 高压灭菌后-20℃保存备用。

⑨GoldView™ 新型核酸染料。

3. 实验材料

大肠杆菌：含有 pGLO 质粒的 DH5α 菌株；不含质粒的 BL21 株系(空载菌株)。

【操作步骤】

1. 质粒提取

①将 1.4mL 培养物(pGLO-DH5α 大肠杆菌)转入 1.5mL 离心管，于 4℃以 8 000r/min 离心 5min，弃去培养基上清；重复上述操作一次。

②离心将菌体沉淀，弃去培养上清液，将离心管倒扣于吸水纸上除净 LB 残液。

③向细菌沉淀中加入 200μL 溶液 I(可加入 5μg/μL RNase，用以降解胞内释放的 RNA)，用涡旋混合仪剧烈振荡重悬。

注：溶菌酶促使大肠杆菌细胞变得脆弱而易于裂解。溶菌酶对反应液的 pH 值有很大的依赖性，当其低于 8.0 时，细胞裂解的效果就大为逊色。因此，溶液 I 不仅使用了 Tris-HCl 缓冲体系，同时还加入了适量的葡萄糖而有利于渗透压及 pH 值的调节；EDTA 因其是二价金属离子(如 Mg^{2+} 等)的螯合剂，故少量地存在便可抑制核酸酶的活性，从而保护质粒 DNA 不被降解。

④加 200μL 溶液 II，盖紧管口，温和颠倒离心管 3~5 次，以混合内容物。注意不要剧烈振荡。将离心管放置于冰上 5min。

注：SDS 的作用在于使细胞裂解，以释放出质粒及染色体的 DNA。在高 pH 值(12.0~12.5)的反应体系中，则会使线性缺口的质粒 DNA 以及线性的染色体 DNA 片段被选择性地变性，而共价闭合环状的质粒 DNA 则不会受影响(注意：如果 pH 值超过 12.5 时，超螺旋闭合环状 DNA 也会发生不可逆的变性效应)。但在此种条件下，蛋白质同样也会发生变性，从而减轻了核酸酶对质粒 DNA 的降解作用的可能性。若把反应管在 65℃水浴中保温

一段时间，会进一步加强染色体 DNA 的变性作用，得到清亮的裂解液。

⑤加入 200μL 溶液Ⅲ，盖紧管口，将管倒置，温和振荡 20s，使溶液Ⅲ在黏稠的细菌裂解物中分散均匀，之后将管置于冰上 5min。

注：pH 4.8 的乙酸钾溶液起到中和溶液Ⅰ的作用，降低了反应混合物的 pH 值，使线形的质粒及染色体 DNA 复性，并聚集成不可溶的网络状聚合物。同时，高浓度的乙酸钾也会引起蛋白质–SDS 复合物和高分子质量的 RNA 分子发生沉淀，而共价闭合环状的质粒 DNA 分子则仍然以天然的状态保存在溶液中。这样通过离心处理，便可把网状的染色体 DNA 聚合物同变性的蛋白质等以复合物形式沉淀出来，从而使质粒 DNA 得到纯化。

⑥在 4℃，12 000r/min 离心 10min，将上清液转移另一离心管中，小心不要吸到白色的蛋白沉淀。

⑦加 800μL 无水乙醇到上清液中，混匀，12 000r/min 离心 8min，此时离心管底部的白色沉淀即为质粒。除去上清液(尽可能除去残液)。

⑧用 0.5mL 70% 乙醇洗涤质粒 DNA 沉淀 2 次，12 000r/min 离心 5min，除去乙醇(可打开管盖室温或冰上放置数分钟，尽可能除去乙醇残液)。

⑨干燥 DNA，加 20μL TE 或双蒸水溶解 DNA，待用(或-20℃保存)。

2. 质粒的琼脂糖凝胶电泳检测

①选择合适的水平式电泳槽，检测稳压电源和正负极的线路连接正确。

②制备琼脂糖凝胶：按照被分离的 DNA 分子大小，决定凝胶中琼脂糖的百分含量。一般情况下可参考表 4-1-1。

表 4-1-1　琼脂糖凝胶浓度与分析 DNA 分子质量关系表

琼脂糖的含量/%	分离线状 DNA 分子的有限范围/kb	琼脂糖的含量/%	分离线状 DNA 分子的有限范围/kb
0.3	5~60	1.2	0.4~6
0.6	1~20	1.5	0.2~4
0.7	0.8~10	2.0	0.1~3
0.9	0.5~7		

称取琼脂糖溶解在 1× 的 TBE 缓冲液中(浓度一般为 0.8%~2%)，置微波炉中加热熔解。

③待凝胶溶液冷却至 50℃左右，即不烫手时加入 GoldView™(100mL 琼脂糖胶溶液中加入 5μL)，轻轻摇匀，避免产生气泡。倒胶，轻轻倒入电泳槽的制胶器中，插入梳子，待凝胶完全凝固后，小心拔掉梳子保持点样孔完整。将凝胶槽移入已加入 1×TBE 缓冲液的电泳槽中，TBE 缓冲液要高出凝胶面 2mm。

④待测的质粒 DNA 样品中，加入 1 倍体积的上样缓冲液(loading buffer)，混匀后小心点样，主要记录样品点样顺序和点样量。

⑤开启电源，进行电泳，最高电压不超过 5V/cm。

⑥电泳时间看实验的具体要求而定，一般检测质粒的质量，当溴酚蓝跑到凝胶长度的 2/3 部位的时候即可在凝胶成像仪上进行观察。分析确定质粒的提取质量是否适用于后期转化实验。

3. 感受态细胞的制备

①挑取大肠杆菌菌株 BL21 的单菌落,接种于 5mL 无抗生素的 LB 液体培养基中,37℃振荡培养 12h 或过夜,至对数生长后期。将该菌液以 1∶100 的比例接种于 100mL LB 液体培养基中,37℃振荡培养 2~3h 至 OD_{600} = 0.5。

②将 BL21 空载大肠杆菌培养液 1.5mL 转入离心管中,冰上放置 10min,使培养物冷却至 0℃,然后 4℃ 4 000r/min 离心 10min。

③弃去上清,并倒置 1min,以便最后的痕量培养液流尽。

④用预冷的 0.1mol/L CaCl₂ 溶液 1mL 轻轻悬浮细胞,混匀,冰上放置 30min 后,4℃ 4 000r/min 离心 10min。

⑤弃去上清液,并倒置 1min,以便最后的上清液流尽。

⑥加入 100μL 预冷的含 15%甘油的 0.1mol/L CaCl₂ 溶液,轻轻悬浮细胞,冰上放置几分钟,即成感受态细胞。

4. 热激化学转化及重组子的培养

①100μL 新鲜配制的感受态细胞中加入 4μL 之前提取的 pGLO 质粒,温和混匀。

②冰上放置 30min,将管放到 42℃水浴热冲击 90s,取出,迅速冰浴 2min。

③加 400μL LB 液体培养基(不含 Amp),37℃ 150r/min 复苏 1h。

④取 50μL 已转化 pGLO 的复苏后的感受态细胞 BL21-pGLO,分别涂布于两种固体培养基上,一种含有 Amp 及 Ara 的固体培养板;另一种是仅含有 Amp 的固体培养板。在培养板划线后,注意不要戳破培养基表面,盖上培养皿盖,倒置培养皿,置于 37℃培养箱过夜培养。

【结果处理】

仔细观察、记录并解释实验现象。

【注意事项】

1. 质粒提取步骤中,分别加入溶液Ⅱ(新鲜配制)、溶液Ⅲ之后,离心管中溶液的混匀要轻柔,不能剧烈。

2. 热激法遗传转化的关键是选用的细菌必须处于对数生长期,实验操作必须在低温下进行。

3. 转基因微生物不能随意丢弃,以免污染环境造成生物危害。必须要统一收集并高温高压灭菌消毒后,清洗整理或丢弃。

【思考题】

1. 为什么培养不含 pGLO 质粒的大肠杆菌培养基中不用加抗生素,而培养含有质粒的大肠杆菌要加入相应的抗生素?转化重组子的筛选为什么可用 Amp 筛选?

2. 碱裂解法提取质粒过程中为什么加入无水乙醇?原理是什么?

3. 为什么用 70%乙醇洗涤质粒沉淀,而不用无水乙醇?

4.1.3　GFP 的诱导表达及细胞破碎

【实验目的】

1. 掌握重组绿色荧光蛋白(GFP)基因在大肠杆菌中的诱导表达。

2. 学习细胞收集、裂解及重组蛋白质的粗提方法。

【实验原理】

常用原核表达系统主要有大肠杆菌表达系统和枯草芽孢杆菌表达系统，而大肠杆菌表达系统是目前应用最为广泛的蛋白质表达系统。大肠杆菌表达系统主要包括表达载体、外源基因和表达菌株。表达载体在基因工程中有十分重要的作用，原核表达载体通常为质粒，典型的表达载体应具有以下几种元件：①选择标志的编码序列。②可控转录的启动子。③转录调控序列(转录终止子，核糖体结合位点 ribosome-binding site，RBS)。④一个多克隆位点接头。⑤宿主体内自主复制的序列。目前，商品化原核表达载体种类繁多，有多重启动子、多种诱导组件、多种标签、多种多克隆位点等可供选择。表达菌株是接收质粒载体并将其复制、转录、翻译成相关蛋白质的宿主细胞，现有不同缺陷型、补充不同促表达元件的大肠杆菌表达菌株，如 BL21 系列、Rosetta 系列等，可根据表达蛋白质需要选择。

把含有外源基因表达载体的大肠杆菌在有相应抗生素和诱导物的条件下培养，可以诱导外源蛋白质在大肠杆菌中表达。这种方法在蛋白质纯化、定位及功能分析等方面应用广泛。大肠杆菌用于表达重组蛋白有以下特点：①易于生长和控制。②用于细菌培养的材料比哺乳动物细胞系统的材料便宜。③有各种各样的大肠杆菌菌株及与之匹配的具备各种特性的质粒可供选择。但是，在大肠杆菌中表达的蛋白质由于缺乏糖基化、磷酸化等修饰和翻译后加工，常易形成包涵体而影响表达蛋白质的生物学活性及构象。要获得好的重组蛋白表达结果，需要对表达载体、外源基因密码子、表达菌株系选择、诱导剂浓度、温度、诱导时间等进行多重优化。

诱导表达后的大肠杆菌细胞需要通过离心等方法收集，然后用合适的溶液将细胞悬浮，并采用超声波破碎法、溶菌酶裂解法、高压破碎法等方式裂解细胞，将细胞内物质充分释放并溶解在溶液中；通过高速离心法去除裂解液中不溶性沉淀物质，获得重组蛋白质的粗提液，以备后续继续纯化。

超声波破碎法是利用超声波的空化效应和机械效应破坏细胞，从而引起细胞破碎的方法。超声波破碎法操作简单、可控性好、经济适用，是实验室最常用细菌破碎方法。

【主要器材、试剂和实验材料】

1. 主要器材

小型及大型高速离心机及离心管；涡旋混合仪；超声波组织破碎仪；制冰机；手提紫外灯。

2. 试剂

①100mg/mL 氨苄青霉素母液。

②L-Ara 干粉。

③细菌蛋白质抽提液：2mmol/L EDTA，300mmol/L NaCl，50mmol/L Tris-HCl(pH 8.0)。

3. 实验材料

4.1.2 实验中得到的转化重组子(BL21-pGLO)培养板。

【操作步骤】

1. 大肠杆菌的诱导培养

①从 37℃培养箱中取出过夜培养板，肉眼观察菌落生长情况。观察到有菌落长出后，

用手提式紫外灯在避光暗处检测，是否能够看到菌落发出绿色荧光。

②从含 Amp 及 L-Ara 的 LB 固体培养板上挑取发绿色荧光的转化重组菌（含有 pGLO 的 BL21 菌体）单克隆，接种于带帽试管中的 5mL LB 培养基（含 Amp 终浓度 100μg/mL）中，恒温摇床 37℃ 培养 2h。

③从带帽试管中取 2mL 培养物加到装有 200mL LB 培养液（含 Amp 终浓度 100μg/mL）的锥形瓶中，培养约 3h，至 OD_{600} = 0.4~0.6，加入 L-Ara（终浓度为 3.5mg/mL），恒温摇床上 37℃ 振荡培养，过夜诱导培养。

2. 超声破碎抽提

①将诱导培养的大肠杆菌培养物转移到 50mL 离心管中，8 000r/min 离心 5min，倾去上清液后重复收集，将所有的培养物沉淀都收集在一起。

②每管中加入 15mL 细菌蛋白抽提液，用涡旋混合仪涡旋，使沉淀悬浮。

③准备装满碎冰块的 1L 大烧杯，将 15mL 细菌蛋白质抽提液及大肠杆菌混合物转入 50mL 小烧杯中，将小烧杯插入冰块中，将超声波破碎仪的金属头插到小烧杯中，调整好小烧杯的位置（超声波探头至少伸入液面 1cm 以下），关上超声破碎仪的门，打开仪器的电源，对小烧杯中的菌体进行超声破碎。条件：功率 300W，工作 5s、间隔 5s，处理 160 个循环，重复 3 次。或用以上条件处理 1.5h。

④将破碎后的裂解液转入高速离心管，4℃ 10 000r/min 离心 30min。

⑤取出离心管，在紫光灯下观察离心管底的沉淀，如果大量沉淀仍然为绿色，则说明破碎不够，继续按前面方法再超声处理 2 次，然后再离心。如果仅有很少的绿色沉淀或根本看不到，说明破碎完全。

⑥上清液即为蛋白质粗提液，小心吸出放于新离心管中，冰上或 4℃ 保存备用。

【结果处理】

观察、记录并解释实验现象。

【注意事项】

谨防在操作过程中基因工程菌对环境的污染，及时处理污染物。在操作过程中产生的器材污染及废弃物，需要高温高压灭菌后才能够作为普通垃圾丢弃。

【思考题】

1. 为什么扩大培养的菌要生长到 OD_{600} = 0.4~0.6 时开始诱导？菌液浓度过低或过高有何不好？

2. 蛋白质抽提液两种基本成分有什么作用？如果要增加抽提的蛋白质成分稳定，可添加什么物质？

3. 超声破碎设定为何工作 5s、间隔 5s？持续超声会有何后果？

4.1.4 硫酸铵沉淀分离 GFP

【实验目的】

学习硫酸铵分级沉淀纯化蛋白质的原理与方法。

【实验原理】

硫酸铵沉淀法分离蛋白质是利用蛋白质盐析的原理。溶液中盐离子浓度在较低范围时，蛋白质的溶解度随着盐离子浓度升高而升高；而高浓度的盐离子在蛋白质溶液中可与蛋白质竞争水分子，从而破坏蛋白质表面的水化膜，降低其溶解度，使之从溶液中析出，即盐析。硫酸铵沉淀蛋白质实质上是盐析而非沉淀，蛋白质沉淀是由于蛋白质变性引起的，蛋白质高级结构破坏，功能丧失，往往是不可逆的；而盐析只是蛋白质表面水化层受影响，而高级结构不变，当溶液中盐浓度降低时会复溶，对蛋白质的功能和活性无明显影响。各种蛋白质的溶解度不同，因而可利用不同浓度的盐溶液来沉淀不同的蛋白质。硫酸铵在水溶液中溶解度大，能解离出大量 NH_4^+ 和 SO_4^{2-} 离子，又因其不容易引起蛋白质变性，分离效果好，价格低廉，是理想的蛋白质盐析试剂，可用于从大量粗提液中浓缩和部分纯化蛋白质。通常用由低到高不同浓度硫酸铵处理欲分离蛋白质样品，分级沉淀，离心分开溶解度不同的蛋白质成分，再加入低盐溶液复溶得到不同蛋白质成分，称为硫酸铵分级沉淀。也可用高浓度硫酸铵沉淀后，用由高到低不同浓度硫酸铵溶液分级溶解的方式进行分离。

蛋白质硫酸铵沉淀的影响因素有蛋白质浓度、pH 值和温度等。蛋白质浓度越高越容易盐析出来，但过高的蛋白质浓度容易使各种蛋白质共同沉淀，过低浓度蛋白质不易盐析，回收率低。溶液 pH 值在蛋白质等电点时更易析出。高浓度盐溶液中蛋白质、多肽等生物大分子的溶解度随温度升高而降低，而一般为保持目的蛋白质的稳定，会采用较低温度(0~4℃)操作。

【主要器材、试剂和实验材料】

1. 主要器材

冷冻离心机及离心管；透析装置；透析袋；手提式紫外灯。

2. 试剂

硫酸铵粉末或饱和硫酸铵溶液。

3. 实验材料

4.1.3 实验中的细胞破碎抽提液。

【操作步骤】

1. 小规模确定 GFP 的硫酸铵沉淀浓度

①取 9 支 1.5mL 离心管，分别标记后置于离心管架上，用移液枪取 9 份 GFP 粗提液，每份 1mL，管上标记 10%，20%，30%，…，90%。

注：不要忘记保存 100μL 蛋白质溶液作为屡次纯化的对照。

②根据附录 2，计算需要达到相应饱和度的硫酸铵的质量。缓慢加入硫酸铵至各设定浓度(表 4-1-2)，上下颠倒轻柔混匀，室温放置 15min。

表 4-1-2　硫酸铵浓度表

管号	1	2	3	4	5	6	7	8	9
$(NH_4)_2SO_4$ 饱和度	10%	20%	30%	40%	50%	60%	70%	80%	90%
$(NH_4)_2SO_4/g$, 0℃	0.056	0.106	0.164	0.226	0.291	0.361	0.436	0.576	0.603
$(NH_4)_2SO_4/g$, 25℃	0.056	0.114	0.174	0.243	0.313	0.39	0.472	0.562	0.662

注：温和地颠倒离心管，剧烈的混合会产生蛋白质混合物的泡沫，使蛋白质变性。温育的温度将影响硫酸铵的含量，所以温育的温度应该是与计算硫酸铵的温度一致。

③7 500r/min 离心 15min，用紫外灯检测沉淀，标记沉淀中 GFP 量的多少。确定沉淀里没有 GFP 的最高硫酸铵浓度(饱和度 X)、沉淀里 GFP 含量最高的最低硫酸铵浓度(饱和度 Y)。这步主要是为大量沉淀 GFP 做准备。

2. 大规模用硫酸铵沉淀纯化 GFP

①测量剩余上清液体积，计算达到饱和度 X 需要的硫酸铵的量。在烧杯中慢慢加入硫酸铵，同时用玻璃棒搅拌，加够计算所需的硫酸铵量。室温放置 30min。

②7 500r/min 离心 15min，测量上清液的体积并转移到一个新离心管中，然后慢慢加入硫酸铵饱和量达到 Y 时所需的硫酸铵的量。室温放置至少 15min。

③7 500r/min 离心 15min，弃上清，沉淀即 GFP。

注：温育的温度影响硫酸铵的量，应该与计算的硫酸铵的温度保持一致。

【结果处理】

1. 将步骤 1 中系列离心管沉淀在手提式紫外灯下拍照记录。

2. 达到饱和度 X 及 Y 值分别是多少？分析说明原因。

【注意事项】

硫酸铵的加入要分步、分次缓慢加入并轻摇混匀，避免局部浓度过高导致非目标蛋白质的析出。

【思考题】

1. 硫酸铵沉淀蛋白质过程中为何要寻找硫酸铵浓度 X 和 Y？

2. 小规模实验确定好所需硫酸铵浓度后，同样浓度扩大规模处理是否能够得到完全一致的分离效果？为什么？

4.1.5　疏水层析纯化 GFP

【实验目的】

学习疏水层析的原理与方法。

【实验原理】

疏水层析(HIC)是根据生物大分子表面疏水性差异以及与介质疏水相互作用强弱不同而进行分离纯化一种层析方法。蛋白质和多肽等生物大分子常含有一些疏水性基团，在高盐存在下大分子构象发生一些变化，使疏水基团暴露在分子表面，这些疏水基团可以与疏水性层析介质发生疏水性相互作用而结合(图 4-1-3)，高盐离子还能增强疏水基团与介质的相互作用。当盐浓度降低时，大分子与介质的疏水相互作用减弱，从介质上脱落下来；而不同的分子由于疏水性不同，它们与疏水性层析介质之间的疏水性作用力强弱不同，随着盐浓度逐渐降低，不同疏水性质的大分子会依次从层析介质上洗脱下来，从而起到分离作用。

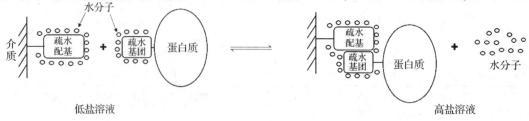

图 4-1-3　疏水相互作用示意

常用疏水层析介质是用交联琼脂糖等作为支持物，偶联上疏水配基（图 4-1-4）。根据目标蛋白质的疏水性质选择合适疏水强度的介质能够提高疏水层析的分离效率，优化过程中可以尝试比较不同介质的分离效果，选择最优材质。

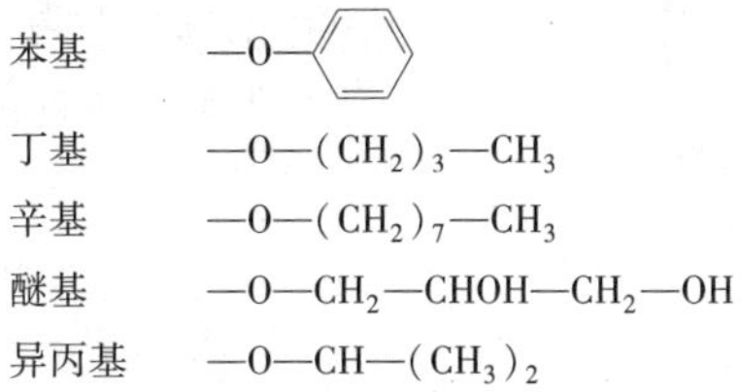

苯基 　　—O—⬡

丁基 　　—O—(CH$_2$)$_3$—CH$_3$

辛基 　　—O—(CH$_2$)$_7$—CH$_3$

醚基 　　—O—CH$_2$—CHOH—CH$_2$—OH

异丙基 　—O—CH—(CH$_3$)$_2$

图 4-1-4 常用疏水层析介质疏水配基组成示意

疏水层析分离中用到的盐离子对疏水相互作用也十分重要，一般钠、钾、铵的硫酸盐对蛋白质的盐析作用强，对疏水相互作用促进也比较明显，且对蛋白质结构有一定稳定作用，所以疏水层析纯化蛋白质过程中常选择硫酸铵、硫酸钠、氯化钠、氯化钾等盐。

【主要器材、试剂和实验材料】

1. 主要器材

基础柱层析系统［梯度混合仪；恒流泵；层析柱（1.6cm×20cm）；核酸蛋白质检测仪；自动部分收集器；数据采集系统］，或快速蛋白液相色谱仪；手提式紫外灯；试管及试管架。

2. 试剂

（1）平衡液　2mol/L 硫酸铵（pH 8.0）100mL/组。

（2）洗涤液　1.3mol/L 硫酸铵（pH 8.0）100mL/组。

（3）洗脱液　10mmol/L Tris-HCl，1mmol/L EDTA（pH 8.0）300mL/组。

（4）透析液［20mmol/L Tris-HCl（pH 7.0）］　称取 Tris 溶于水后，用稀盐酸调 pH 值至7.0，定容至 1L。

3. 实验材料

4.1.4 实验硫酸铵沉淀所得重组蛋白 GFP 粗提液；疏水层析介质（Phenyl Sepharose Cl4B）。

【操作步骤】

1. 层析系统的安装、调试

（1）恒流泵的调试　打开背后电源开关，按下 Start 按钮，上下箭头调节流速大约为2mL/min，将软管充满去离子水。

（2）系统的连接　将恒流泵的出水管与层析柱上端管相连，层析柱的下端管与核酸蛋白质检测仪（紫外检测仪）的进样端连接，将紫外检测仪的 Out 端与自动部分收集器相连。

（3）核酸蛋白质检测仪（紫外检测的调试）　打开紫外背后开关，调节灵敏度旋钮（ABS-Range），调节调零旋钮。

（4）自动部分收集器的设置　打开电源开关，按"复位"键，确定出液管的位置，按"手动"按钮，进行设置，如选择 120s 每管进行收集，按"自动"即开始计时收集。若无自动部分收集器可手动收集，每管收集 3mL 左右蛋白质样品。

（5）色谱工作站（软件）的使用方法　点击计算机桌面的"伍豪色谱工作站"图标打开程序，点击左上角的图标，选择 A 或 B 通道，点击"▲"即开始采样，采样结束后点击"■"

即结束采样，然后载入 A 或 B 通道谱图，保存结果，并打印结果。

2. 疏水柱层析纯化重组 GFP 蛋白质

(1)层析介质准备　疏水层析介质苯基琼脂糖凝胶(交联度 4%)Phenyl Sepharose Cl 4B 平均粒径为 90μm，工作 pH 3 ~ 13，操作温度为 4 ~ 40℃，配基偶联量为 40μmol Phenyl/mL，能够耐受 121℃ 30min 灭菌。性质在缓冲液中较为稳定。

Phenyl Sepharose Cl 4B 介质通常保存在 20%乙醇或 0.1mol/L NaOH 溶液中。实验前取出层析介质后，倒掉上层的乙醇溶液。加入 10 倍体积的 ddH$_2$O 清洗并置换掉乙醇溶液。然后用 2 倍体积的硫酸铵溶液清洗介质，最后加入硫酸铵溶液的体积约占总体积的 1/4，预备装柱。

(2)装柱　用前将层析柱在清洁液内浸泡处理 24h，然后依次用自来水、蒸馏水充分洗涤，将层析柱洗净，固定在铁架台上。层析柱下口用螺旋夹夹紧，加入 2mol/L 硫酸铵 (pH 8.0)溶液，打开下口让溶液流出，排出残留气泡，柱中保留高度约 2cm 的溶液。将准备好的层析介质轻轻搅匀，用玻璃棒引流，沿层析柱内壁将层析介质缓慢加进柱中。等到层析介质在柱中沉积高度超过 1cm 时，打开下口。柱床高度达到 5 ~ 10cm 时关闭下口，装柱尽可能一次装完，避免出现断层界面。通过调节进入缓冲液的流量，至层析介质沉降完全。剪一圆形滤纸或滤膜(与柱内径大小一致)，从柱的上端轻轻放入，使其沉降于柱床表面，以免在加样时搅动、打乱层析柱的柱床表面。装好的层析柱的柱床表面应该是平整的，无倾斜，整个柱床内无气泡、不分层。

(3)柱平衡　用 2mol/L 硫酸铵，pH 8.0 平衡缓冲液平衡 3 个柱床体积。注意始终保持层析介质处于溶液中，不要干柱。

(4)样品处理及上样　从-20℃冰箱里取出硫酸铵沉淀过程中得到的蛋白质，用 5mL 2mol/L pH 8.0 的硫酸铵溶解 GFP 沉淀。9 000r/min 离心 10min，上清转移到一个新的离心管，用手提式紫外灯检测，弃沉淀。保持平衡缓冲液在柱子上 2mm，在柱子上快速地加入 4.5mL 的上清液，完全深入胶里，然后立即往柱子上加入 4mL 洗涤缓冲液[1.3mol/L (NH$_4$)$_2$SO$_4$ pH 8.0]。用手提式紫外灯检测柱子。

(5)洗脱　用 3 个柱床体积的洗涤缓冲液 1.3mol/L 硫酸铵，pH 8.0 洗涤层析柱，去除杂蛋白。并继续用 10mmol/L Tris，1mmol/L EDTA pH 8.0 洗脱液洗脱 GFP。同时用手提式紫外灯检测柱子。GFP 开始沿着柱子流动，收集流出液直到 GFP 完全从柱子流出。

(6)检测　取各收集管样品，280nm 处测定紫外吸收。或用手提式紫外灯检测各管 GFP 浓度，合并高峰管。

(7)用 20mmol/L Tris-HCl (pH 7.0)透析收集的高峰管，透析袋的截留相对分子质量是 1.2×10^4 ~ 1.4×10^4。过夜透析除盐。

(8)疏水层柱材 Phenyl Sepharose Cl 4B 的再生

①通常先用 3 倍柱床体积的 30%异丙醇清洗柱材，然后继续用 3 倍体积的蒸馏水清洗。最后用柱平衡缓冲液再次平衡柱材，可继续加样用于下一个样品的分离。

②当柱材里含有沉淀蛋白质、强力结合蛋白质、脂类和脂蛋白质时，用上述再生方法无法去除 Phenyl Sepharose Cl 4B 层析介质内残余物，可以用 3 倍柱床体积 1mol/L NaOH 溶液冲洗(预装柱反向冲洗)，然后静置 4h 或过夜。用 5 ~ 10 倍柱床体积的蒸馏水清洗层析柱，至流出液中性为止。最后用柱平衡缓冲液再次平衡柱材，可继续加样用于下一个样品的分离。

（9）柱材的保存　将预装柱或凝胶介质保存于 20% 乙醇中，也可以保存于 0.1mol/L NaOH 溶液中，置于 4℃冰箱保存。

（10）FPLC 纯化 GFP 方法及操作步骤参照 4.1.9.2。

【结果处理】

1. 对收集到的梯度管拍照并分析各管的成分及收集规律。

2. 以各个收集管的管号为横坐标，280nm 处紫外吸收值为纵坐标作图，得到洗脱曲线。分析实验结果并讨论。

【注意事项】

1. 柱子装好之后，始终保持层析介质处于溶液中，整个过程不要干柱。

2. 加样品和缓冲液的时候不要破坏柱床的表面，柱床的表面保持平整、无倾斜，整个柱床内无气泡、不分层。

【思考题】

1. 疏水层析的分离蛋白质的基本原理是什么？

2. 疏水柱层析有哪些特点？

4.1.6　离子交换层析纯化 GFP

【实验目的】

掌握离子交换层析纯化 GFP 的原理及操作方法。

【实验原理】

离子交换层析技术（IEC）是以离子交换纤维素、离子交换树脂或离子交换葡聚糖凝胶为固定相，以待分离的样品溶液为流动相，利用待分离物质与离子交换层析介质结合力强弱差异分离和提纯蛋白质、核酸、酶、激素、多糖等生物分子的技术。

离子交换层析介质是固体支持物上结合有一定的离子基团，当结合阳离子基团时，可置换出阴离子，则称为阴离子交换介质，反之带有阴离子基团的称为阳离子交换介质（原理如图 1-7-9 所示）。如 DEAE 介质是在支持物上结合了 DEAE，含有正电荷，它的反离子为阴离子（如 Cl^- 等），可与带负电荷的蛋白质阴离子进行交换并可逆结合。阳离子交换层析介质（如 SP 介质）结合磺丙基带负电荷，其反离子为阳离子（如 Na^+ 等），可与带正电荷蛋白质阳离子进行交换并可逆结合。

蛋白质等大分子与离子交换层析介质结合能力与溶液 pH 值有直接关系。溶液的 pH 值与蛋白质等电点相同时，静电荷为 0，当溶液 pH 值大于蛋白质等电点时，则羧基解离（—COOH 解离为 $—COO^-$），蛋白质带负电荷，可与阴离子交换介质结合。反之，溶液的 pH 值小于蛋白质等电点时，则氨基电离（$—NH_3$ 与质子结合为 $—NH_4^+$），蛋白质带正电荷。溶液的 pH 值距蛋白质等电点越远，蛋白质的电荷越多，与相应离子交换层析介质结合越强。由于各种蛋白质所带的电荷不同，它们与交换介质的结合程度也不同，溶液 pH 值发生改变，就会直接影响蛋白质与交换剂的吸附，从而可能把不同的蛋白质逐个分离开来。离子交换层析介质对带电荷生物大分子和无机盐离子（如 NaCl）都具有交换吸附的能力，当两者同时存在于一个层析过程中，则产生竞争性的交换吸附。当竞争性盐离子的浓度大时，蛋白质不容易被吸附，而脱离层析介质；当竞争性盐离子浓度小时，蛋白质易被吸附在层析介质上。因此，在离子交换层析中，一般采用两种方法达到分离蛋白质的目的：一种是增加洗脱液的离子强度；另一种是改变洗脱液的 pH 值。低盐离子溶液中，离子竞争弱，蛋白质分子与离子交换层析介质结合力强，容易吸附到介质上；增加盐离子浓度可以竞争蛋白质与离子交换层析介质的结合，促使蛋白质分子从层析介质上脱离。pH 值增高时，蛋白质与阳离子交换介质的吸附力减弱，与阴离子交换介质的吸附力增强；降低 pH 值则相反。当使用阴离子交换剂时，增加盐离子，则降低 pH 值。当使用阳离子交换剂时，增加盐离子浓度，则升高溶液 pH 值。溶液中盐离子浓度较易精确控制，所以实验中常用盐离子浓度梯度洗脱来分离带电性质有差异的蛋白质等生物大分子。

离子交换层析介质根据固体支持物的种类分为纤维素、琼脂糖凝胶、葡聚糖凝胶、聚丙烯酰胺树脂等。不同种固体介质各有优劣，如纤维素介质吸附量大、稳定性好，但介质形态不规则、孔隙不均一、层析过程中流速不稳定；离子交换葡聚糖凝胶和离子交换琼脂糖凝胶，颗粒整齐、孔径均一、结合能力高；聚苯乙烯等交联物离子交换树脂可形成高度球形，颗粒直径非常小的多孔或无孔颗粒，这类介质分辨率更高，可用于微量制备或分析性纯化。

离子交换层析介质根据携带带电基团分为强酸性、弱酸性、强碱性、弱碱性介质等，强酸性或强碱性交换介质，适合 pH 值范围广，稳定性好，在实验初始阶段优先选用高电荷密度的强酸性或强碱性的强型介质；若强型介质不能获得好的分离效果，可以尝试弱型离子交换介质。选择阴离子交换介质还是阳离子交换介质需要根据蛋白质的等电点判断，等电点比较低的优先选用阴离子交换介质和 pH 值高于等电点的溶液环境进行分离，等电点比较高的则优先选用阳离子交换层析介质和 pH 值低于等电点的溶液环境。

本实验所用柱材 DEAE-Sepharose™ Fast Flow 为一种弱阴离子交换介质，层析介质成分是固体支持物交联琼脂糖（6%）上结合有 DEAE，总离子能力为 0.11~0.16mmol/L，平均粒径 90μm，工作范围 4~40℃、pH 2~12。在 1mol/L NaOH、8mol/L 尿素、6mol/L 盐酸胍以及 70% 乙醇溶液中均能够维持化学性质稳定。柱床高度为 15cm 时流速可达 300~600cm/h。通常贮存于 20% 乙醇溶液中，4~30℃ 保存。

GFP 的等电点为 5.7，在 pH 7.0 的缓冲液里带负电，DEAE-Sepharose™ Fast Flow 弱阴离子交换介质带正电荷，在 pH 7.0 的缓冲液中可与带负电荷蛋白质 GFP 阴离子进行交换并可逆结合。

【主要器材、试剂和实验材料】

1. 主要器材

主要器材与 4.1.5 实验中相同。

2. 试剂

（1）平衡 Buffer A   20mmol/L Tris-HCl（pH 7.0）。

（2）洗脱 Buffer B   20mmol/L Tris-HCl（pH 7.0，含 0.05mol/L NaCl）；

20mmol/L Tris-HCl（pH 7.0，含 0.1mol/L NaCl）；

20mmol/L Tris-HCl（pH 7.0，含 0.2mol/L NaCl）；

或用 20mmol/L Tris-HCl（pH 7.0）和 20mmol/L Tris-HCl（pH 7.0，含 0.5mol/L NaCl）在梯度混合仪上配制梯度混合液对 GFP 进行梯度洗脱。

3. 实验材料

4.1.5 实验所得重组 GFP 蛋白质疏水层析的混合物；离子交换柱的柱材为 DEAE-Sepharose™ Fast Flow。

【操作步骤】

1. 柱材准备

新胶在处理时，主要是为了除掉保护液 20% 乙醇，可以用 5 倍柱材体积的蒸馏水反复冲洗 5 次，直至洗至中性或 pH 值稳定为止。也可以用平衡缓冲液清洗柱材质至 pH 7.0。在洗的过程中介质如果产生很多气泡，可以用真空或超声波进行脱气。

2. 装柱

用前将层析柱在清洁液内浸泡处理 24h，然后依次用自来水、蒸馏水充分洗涤。把层析柱垂直固定在三角铁架上，倒入起始缓冲液（20mmol/L Tris-HCl，pH 7.0）至 3cm 的柱高，除去管内的气泡。再将 DEAE-Sepharose™ Fast Flow 用玻璃棒引流入层析柱。注意不要产生气泡，如有气泡应排除或重装。等到层析介质在柱中沉积高度超过 1cm 时，拧开螺旋夹下口，使流速至 1mL/5min。柱床高度达到 5~10cm 时关闭下口，装柱尽可能一次装完，避免出现断层界面。剪一圆形滤纸或滤膜（与柱内径大小一致），从柱的上端轻轻放入，使其于沉降于柱床表面。

3. 平衡

用 5 倍柱床体积的 20mmol/L Tris-HCl，pH 7.0 缓冲液 A 平衡柱材 DEAE-Sepharose™ Fast Flow，使流出液的 pH 值与流入液的 pH 值完全一致为止。

4. 上样

关掉恒流泵，使柱床上层的平衡缓冲液 A 保持 3mm 的高度。用胶头滴管在层析柱上加入 2mL 重组蛋白 GFP 混合物，并使其完全渗入胶中，然后立即加入 4mL 缓冲液 A，用手提式紫外灯检测柱子。

5. 洗脱

用 3~5 倍柱床体积的缓冲液 A 洗柱子，洗去结合弱的杂蛋白，直至紫外吸收值不变为止。同时用手提式紫外灯检测柱子。然后用盐浓度逐渐增加的缓冲液 B 20mmol/L Tris-HCl（pH 7.0，分别含 0.05mol/L NaCl、0.1mol/L NaCl、0.2mol/L NaCl）分别洗脱 2 个柱体积，用手提式紫外灯检测并收集 GFP。

或者用含有梯度 NaCl 的梯度洗脱液，洗脱含杂质蛋白的 GFP，然后收集 GFP。

对于阴离子交换剂而言，洗脱的办法可以用 pH 值逐渐降低，而离子浓度逐渐升高的方法。一般是稳定一个因素而改变另一个因素的洗脱。本实验采用稳定 pH 值，提高离子浓度的方法。洗脱可采用分段洗脱和连续洗脱法，前者较实用，后者较准确。

6. 收集

用手提式紫外灯观察柱子，用管子收集，直到所有的 GFP 都流出柱子。

7. 留样

记录实际的体积。用 20mmol/L Tris-HCl（pH 7.0）缓冲液过夜透析样品，PEG10 000 浓缩到约 2mL，保留 100μL 样品用于 SDS-PAGE 检测。

8. 交换柱的再生

①层析结束后，将可逆结合 DEAE-Sepharose™ Fast Flow 的其他杂质洗去。可用 5 倍柱床体积的 2mol/L NaCl 溶液清洗层析柱。或者用逐渐升高 pH 值的溶液，清洗柱床。直至洗脱液 pH 值稳定为止。

②柱材深度清洁和预装柱在位清洁（cleaning-in-place，CIP）法：如果 DEAE-Sepharose™ Fast Flow 层析介质多次分离使用后（2~5 个循环）。层析介质被脂类、变性蛋

白质或沉淀物污染，并且在层析柱再生后这些污染物还保留在层析介质中。CIP 法用于消除这些污染物对离子交换柱的分离效果的影响，保证 DEAE–Sepharose™ Fast Flow 层析介质的基本性能。根据不同污染物，处理方法有所不同（表 4-1-3）。

表 4-1-3　DEAE–Sepharose 层析介质柱材处理方法

结合的污染物类型	处理方法
离子结合蛋白质	用 0.5 倍柱体积的 2mol/L NaCl 溶液，洗涤层析柱 10~15min；预装柱反向冲洗
沉淀物、疏水性结合蛋白质或脂蛋白	用 1mol/L NaOH 溶液，洗涤层析柱 1~2h；预装柱反向冲洗
脂类或强疏水性蛋白质	用 2~4 倍柱体积的 0.5% 非离子型洗涤剂 1mol/L 醋酸溶液洗涤 1~2h；也可用 2~4 倍柱体积的 70% 乙醇或 30% 异丙醇溶液洗涤 1~2h；预装柱反向冲洗

9. 柱材的保存

再生后的 DEAE–Sepharose™ Fast Flow 柱材如不立即使用，可保存于 20% 乙醇溶液中；为防止微生物的污染可用 1mol/L NaOH 溶液处理 1h 或加 0.02% 叠氮化钠防腐，保存于 4℃ 冰箱中。

保存过程中注意 DEAE–Sepharose™ Fast Flow 柱材避免接触氧化剂、阴离子洗涤剂；并且不能长时间（20℃，一周）暴露于 pH<4 的环境中。

10. 快速蛋白液相色谱仪纯化 GFP 方法及操作步骤参照 4.1.9.2。

【结果处理】

以各个收集管的时间为横坐标，280nm 处紫外吸收值为纵坐标作图，得到洗脱曲线。分析实验结果并讨论。

【注意事项】

1. 柱子装好之后，始终保持层析介质处于溶液中，整个过程不要干柱。

2. 装好柱的柱面应该是平整的、无倾斜，整个柱床内无气泡、不分层。

【思考题】

1. 离子交换层析的原理是什么？

2. 离子交换层析中，用梯度洗脱和一步洗脱的分离效果会有什么不同？

3. 如果对含有杂质蛋白的 GFP 进行梯度洗脱，GFP 可能的梯度范围是多少？为什么？

4.1.7　凝胶过滤层析纯化 GFP

【实验目的】

1. 了解凝胶过滤层析的原理及其应用。

2. 掌握利用凝胶过滤层析法分离纯化蛋白质的实验技能。

【实验原理】

凝胶过滤层析（GFC）又称为分子筛层析（MSC）、尺寸排阻层析（SEC）、凝胶排阻层析（GEC）或凝胶渗透层析（GPC），是一种按分子质量大小分离物质的层析方法。凝胶过滤柱层析所用的基质是具有立体网状结构、多孔且呈球状颗粒的物质。这种物质可以完全或部分排阻某些大分子使之不能进入凝胶颗粒中，只留在凝胶颗粒之间的流动相中，因此以较快的速度首先流出层析柱，而小分子则能自由出入凝胶颗粒中，并很快在流动相和静止相之间形成动态平衡，因此就要花费较长的时间流经柱床，从而使不同大小的分子得以分离。凝胶过滤层析分离条件温和、分辨率高、样品回收率高，被广泛应用于生物大分子的分离、相对分子质量测定等研究工作，然而也存在上样体积有限、柱体积大、样品稀释严重等问题。

葡聚糖凝胶是一种珠状的凝胶，含有大量的羟基，很容易在水中和电解质溶液中溶胀。G 型的葡聚糖凝胶有各种不同的交联度，因此它们的溶胀度和分级分离范围也有所不同。葡聚糖凝胶的溶胀度基本上不因盐和洗涤剂的存在而受影响。不同规格型号的葡聚糖用英文字母 G 表示，G 后面的阿拉伯数为凝胶吸水值的 10 倍。例如，G-75 为每克凝胶膨胀时吸水 7.5g，同样 G-200 为每克干胶吸水 20g。

蛋白质的凝胶过滤层析要考虑凝胶材质、颗粒大小、颗粒孔径大小、装柱密度、样品体积、层析柱直径与长度、缓冲液黏度和流速等因素。根据实验目的选择凝胶材质，如需要脱盐或置换溶液选择 Sephadex。根据目的蛋白质的分子质量选择合适分离范围的凝胶材质和规格，如 Superdex 75 适合 $3\times10^3 \sim 7\times10^4$，Superdex 200 适合 $1\times10^4 \sim 6\times10^5$ 分子质量蛋白质。根据目的选择凝胶颗粒规格，要大规模制备可选择大颗粒(如 $34\mu m$)，要求高分辨率可选择小颗粒(如 $13\mu m$)。柱床高度影响分辨率和洗脱时间，柱床越高分辨率越高，洗脱时间越长。为获得最高分辨率，上样体积与柱床总体积比不应高过 2%，

本实验采用 Sephadex G-75 作层析介质，该介质可分离相对分子质量范围在 $2\times10^3 \sim 7\times10^4$ 的多肽与蛋白质，GFP 重组蛋白相对分子质量(约 2.7×10^4)在此介质主要分离范围。葡聚糖凝胶介质稳定性好，在水、盐溶液、有机溶剂、碱和弱酸性溶液中都是稳定的，可高压灭菌，但需避免长期接触强酸、强氧化剂。

【主要器材、试剂和实验材料】

1. 主要器材

主要仪器为蛋白质纯化装置(与 4.1.5 基本相同)；透析袋。

2. 试剂

①洗脱液：20mmol/L Tris-HCl(pH 7.0)。

②PEG 10000。

3. 实验材料

4.1.6 实验所得重组 GFP 蛋白质混合物；凝胶过滤层析的柱材为 Sephadex G-75。

【操作步骤】

1. 凝胶的前处理

将 Sephadex G-75 干粉置于烧杯中，将洗脱液用 $0.22\mu m$ 滤膜过滤除菌后，加入烧杯于室温溶胀 24h，反复倾泻去掉细颗粒，然后减压抽气去除凝胶孔隙中的空气。或者沸水浴中煮沸 2~3h(可去除颗粒内部的空气及灭菌)。最后加入 1/4 体积的洗脱液备用。在凝胶溶胀时避免剧烈搅拌，以防凝胶交联结构的破坏，装柱前倾去悬浮颗粒。

2. 装柱

取洁净的层析柱垂直固定在铁架台上。在柱中注入洗脱液约 3cm，将凝胶浓浆液用玻璃棒缓慢引流入层析柱中，待凝胶沉积 1~2cm 高度后打开出水口，并不断加入凝胶浓浆，使凝胶沉降至柱床高度为 15cm 左右。注意装柱过程中凝胶不能分层、无气泡。柱高的选择也与分离要求相关，柱高控制在 40cm 以下，过高的凝胶层会引起较大的反压，应当尽可能避免。难分离物质要有一定柱高和流速控制。

3. 平衡

装柱完成后，接上恒流泵，洗脱液 20mmol/L Tris-HCl（pH 7.0）为流动相，以 0.75mL/min（ϕ1.6cm 柱）或 0.5mL/min（ϕ1.0cm 柱）的速度开始洗脱，用 2~3 倍床体积的洗脱液平衡，使柱床稳定。

4. 上样

将柱中多余的液体放出，使液面刚好盖过凝胶，关闭出口。用移液管吸取浓缩的约 2mL 蛋白质混合液小心地加到凝胶床上，打开出水口，待样品完全进入凝胶后，加少量洗脱液冲洗柱内壁 2 次，待液体完全流进柱床内后，关闭出水口。立即在柱上端加 3mL 20mmol/L Tris-HCl（pH 7.0）缓冲液。

凝胶过滤的上样量一般为 5% 柱床体积，通常初次上样应控制在 1%~2% 床体积，视分离情况可以调整；脱盐时上样量可以达到 20% 柱床体积，脱盐时高径比为 5：1 即可。

5. 洗脱

打开恒流泵，开始用 20mmol/L Tris-HCl（pH 7.0）缓冲液洗脱并收集，1min 收集一管。用核酸蛋白质监测各管收集液的 OD_{280} 值，把吸光值最高的一管留样。同时，用手提式紫外灯检测柱子。

6. 样品的浓缩

鉴定好的高峰管样品装在透析袋中，用 PEG 10000 浓缩到大约 1mL 为止，浓缩后的样品-20℃贮存。

7. 凝胶柱材的再生

①一般凝胶柱材用过后，反复用蒸馏水（2~3 倍柱床体积）通过柱即可。在下一次上样前，用 3 倍柱体积的平衡缓冲液重新平衡凝胶系统。必要时用高压灭菌法在 120℃ pH 7 下灭菌。

②如若凝胶有颜色或比较脏，柱床内存在其他污染物。可用在位清洁方法（CIP）。

CIP 法：凝胶使用 3~5 次后做一次 CIP，目的是去除柱床内沉淀的及顽固残留的蛋白。方法：以 40cm/h 用 0.2mol/L NaOH 清洗 4 个柱体积（预装柱反向冲洗），再用蒸馏水洗 2 个柱体积。最后以 3 个柱体积平衡缓冲液平衡凝胶系统后再生。

8. 凝胶柱材的保存

①还未使用的干胶贮存在 2~8℃长期保存。

②将使用过的凝胶贮存在 2~8℃的 20%乙醇中，长期不用加入 0.02%叠氮化钠防腐。

9. 快速蛋白液相色谱仪纯化 GFP 方法及操作步骤参照 4.1.9.2。

【结果处理】

绘制洗脱曲线：以各个收集管的时间为横坐标，280nm 处紫外吸收值为纵坐标作图，得到洗脱曲线。分析实验结果并讨论。

【注意事项】

1. 装柱后要检查柱床是否均匀，若有气泡或分层的界面时，需要重新装柱。

2. 流速不可太快，否则分子小的物质来不及扩散，随分子大的物质一起被洗脱下来，达不到分离目的。

【思考题】

1. 上样时，为何需要待胶床上部的平衡缓冲液几乎全部进入凝胶时，立即加入蛋白质样品？

2. 凝胶过滤层析的原理是什么?

3. 如何提高凝胶过滤层析的分辨率?

4.1.8　SDS-PAGE 分析纯化产物 GFP 的纯度

【实验目的】

掌握 SDS-PAGE 对蛋白质分离纯化效果的检测。

【实验原理】

聚丙烯酰胺凝胶电泳(PAGE)是以聚丙烯酰胺凝胶作为介质的电泳技术,聚丙烯酰胺凝胶是由丙烯酰胺和甲叉双丙烯酰胺聚合成的立体网状结构。化学聚合以过硫酸铵(APS)为催化剂,以四甲基乙二胺(TEMED)为加速剂,在聚合过程中,TEMED 催化 APS 产生自由基,后者引发丙烯酰胺单体聚合,同时,甲叉双丙烯酰胺与丙烯酰胺链间产生甲叉键交联,从而形成三维网状结构。具有分子筛效应,可以将不同分子大小的物质在泳动过程中分开。可以对蛋白质进行定量、定性分析,快速高效、经济、重复性好,是蛋白质研究中十分重要的一种技术手段。

有两种形式:非变性聚丙烯酰胺凝胶电泳(native-PAGE)及 SDS-PAGE。非变性PAGE 是电泳过程中,蛋白质能够保持完整的状态,并依据蛋白质的相对分子质量大小、形状及其所附带的电荷量而逐渐呈梯度分开。而变性的 SDS-PAGE 一般采用的是不连续缓冲系统,与连续缓冲系统相比,能够有较高的分辨率。而强还原剂(如巯基乙醇、DTT)能使 Cys 残基间的二硫键断裂,在样品和凝胶中加入还原剂和 SDS 后,SDS 作为变性剂和助溶试剂,它能断裂分子内和分子间的氢键,可与蛋白质的疏水部分相结合,破坏其高级结构。通过加热使蛋白质亚基解离,大量的 SDS 结合蛋白质,使 SDS-蛋白质复合物形成连续的棒状结构及相同密度的负电荷。不同蛋白质的迁移率仅取决于相对分子质量。采用考马斯亮蓝快速染色,可及时观察电泳分离效果。另外,通过对电泳过程中出现的蛋白质条带分析,可以初步判定蛋白质分离纯化的效果。

SDS-PAGE 一般采用的是不连续缓冲系统,与连续缓冲系统相比,能够有较高的分辨率。不连续电泳分为浓缩胶和分离胶两部分。浓缩胶的作用有浓缩样品的作用,凝胶浓度较低,孔径较大,把较稀的样品加在浓缩胶上,经过大孔径凝胶的迁移作用而被浓缩至一个狭窄的区带。当样品液和浓缩胶选 Tris-HCl 缓冲液,电极液选 Tris-Gly。电泳开始后,HCl 解离成 Cl⁻,Gly(等电点为 5.97)解离出少量的 Gly⁻,蛋白质带负电荷,向正极移动,Cl⁻最快,Gly⁻最慢,蛋白质居中。电泳开始时 Cl⁻泳动率最大,超过蛋白质,因此在后面形成低电压区,而电场强度与低电压区成反比,因而产生较高的电场强度,使蛋白质和Gly⁻迅速移动,形成一稳定的界面,使蛋白质聚集在移动界面附近,浓缩成一中间层。蛋白质的迁移率主要取决于它的相对分子质量,而与所带电荷和分子形状无关。其次,分离胶浓度高,孔径小,具有分子筛作用,当蛋白质混合物样品进入分离胶后,小分子的蛋白质可以容易地通过凝胶孔径,阻力小,迁移速度快;大分子蛋白质则受到较大的阻力而被滞后,这样蛋白质在电泳过程中就会根据其各自分子质量的大小而被分离。

【主要器材、试剂和实验材料】

1. 主要器材

电泳仪及电泳垂直板式装置;水浴锅;脱色摇床;离心机;离心管;移液器及枪头。

2. 试剂

(1)5×样品缓冲液(10mL)　0.6mL 1mol/L 的 Tris-HCl pH 6.8,5mL 50%甘油,2mL

10% SDS，0.5mL β-巯基乙醇，1mL 1%溴酚蓝，0.9mL 蒸馏水。可在 4℃保存数周，或在-20℃保存数月。

（2）30%凝胶储备液　在通风橱中，称取 Acr 29.0g，Bis 1.0g，加去离子水溶解后，定容到 100mL，过滤后置棕色瓶中。4℃保存，一般可放置 1 个月。

（3）分离胶缓冲液（1.5mol/L Tris-HCl pH 8.8）　称取 Tris 18.17g，加 ddH$_2$O 80mL 使其溶解，加 1mol/L HCl 调节 pH 值至 8.8，定容至 100mL，4℃保存。

（4）浓缩胶缓冲液（1.0mol/L Tris-HCl pH 6.8）　称取 Tris 12.11g，加 ddH$_2$O 80mL 使其溶解，加 1mol/L HCl 调节 pH 值至 6.8，定容至 100mL，4℃保存。

（5）TEMED（四甲基乙二胺）原液。

（6）10%过硫酸铵（APS）　1.0g 过硫酸铵溶于去离子水并定容到 10mL。现配现用或贮存-20℃，取出溶解后使用。

（7）10% SDS　称取 10g SDS，溶于去离子水并定容至 100mL，室温保存。

（8）Tris-Gly（pH 8.3）电极缓冲液　称取 Tris 6.0g、甘氨酸 28.8g，加蒸馏水约 900mL，调 pH 8.3 后，用蒸馏水定容至 1 000mL。置 4℃保存，临用前稀释 10 倍。

（9）考马斯亮蓝 R-250 染色液　称取 1.25g 考马斯亮蓝 R-250，溶于 250mL 甲醇、35mL 冰醋酸，用去离子水定容至 500mL，小孔滤纸过滤。

（10）脱色液　甲醇：冰醋酸：H$_2$O 按照体积比为 5∶1∶5 配制，可用 95%乙醇代替甲醇。

3. 实验材料

4.1.3 实验至 4.1.7 实验中得到的蛋白质样品预留液 100μL。

【操作步骤】

1. 样品制备

将之前所得 GFP 重组蛋白质样品与 5×样品缓冲液（100μL+25μL）在一个离心管中混合。放入 100℃加热 5min，12 000r/min 离心 5min，上清转移到新的离心管，取上清液点样。

若纯化后的蛋白质样品浓度太低，用于 SDS-PAGE 的蛋白质样品可用丙酮浓缩：

①取 250μL 纯化样品，加入 1mL 预冷的丙酮，混匀，-20℃，静置 30min。

②12 000r/min，20min，弃上清液。

③风干沉淀，加 20μL ddH$_2$O 溶解，然后加入样品缓冲液，沸水煮 5~10min，冷却，10 000r/min 离心 10min 后点样，进行 SDS-PAGE。

2. 凝胶制备

按表 4-1-4 配制凝胶，APS、TEMED 最后加入，混匀。

表 4-1-4　分离胶、浓缩胶不同组分配制

试剂	12%分离胶	5%浓缩胶
30% Acr-Bis/mL	4	0.667
Tris-HCl/mL	2.6（pH 8.8）	0.5（pH 6.8）
ddH$_2$O/mL	3.08	2.73
10% SDS/μL	100	40
10% APS/μL	140	60
TEMED/μL	8	4

①将玻璃板、样品、橡胶条、样品梳用洗涤剂洗净，用去离子水冲洗数次，晾干。

②将长短两块洗净的玻璃板固定在制胶架的橡胶条上，加水检验是否漏液，确认不漏后将水倒掉，用吸水纸吸干玻璃表面。

③按表 4-1-4，12% 分离胶配方依次加各成分，搅拌混匀，迅速灌进玻璃板间空隙，大概灌胶至玻璃板高度的 3/4，立即覆一层去离子水。室温静置 15~20min，即可观察到分离胶与水的界面上出现一根"亮线"，表明分离胶已经聚合。

④将玻璃板上层去离子水倒掉，用滤纸吸干剩余水分，同时按表 4-1-4 体积配制 5% 浓缩胶，快速混匀。

⑤然后灌制浓缩胶，插入样品梳，室温静置 10~15min 浓缩胶即可聚合。竖直向上快速拔掉梳子，并用滤纸条轻扫梳孔，除去多余的水分及未聚合的胶的单体。

⑥装好电泳系统，加入电极缓冲液，每孔点样 20μL。

⑦电泳：开始电压恒定在 50V，当蓝色样品条带进入分离胶后改为 100V，溴酚蓝距凝胶边缘约 1cm 时，停止电泳，整个电泳过程需 1~2h。

⑧电泳结束后，卸下胶板，剥离胶片放入染色液中，放在摇床上 80r/min 摇动染色 1h 以上；倒掉染色液，加入脱色液，置于脱色摇床上 80r/min 摇动脱色，30min 更换一次脱色液直至蛋白质区带清晰。

也可以进行快速染色，步骤如下：加入适量染色液，微波炉中加热 0.5~1min，溶液微沸，稍等再继续加热至微沸，反复加热 3~5min，然后在摇床上摇约 30min，弃去染色液，用蒸馏水清洗后换脱色液，微波炉中加热 0.5~1min，溶液微沸，弃脱色液，换成蒸馏水继续加热至微沸，弃蒸馏水，换成脱色液做法同上，脱色 1h 左右，至背景基本无色条带清晰为止。或者加适量染色液于烧杯中，沸水浴中加热 40min 后，倒掉染色液。将胶片放入培养皿，倒入脱色液，摇床过夜，中间及时更换脱色液。摇床过夜，脱色至背景清晰为止。

【结果处理】

1. 拍照记录 SDS-PAGE 结果。

2. 用直尺量出 Marker 中各种标准蛋白质的迁移距离及 GFP 的迁移距离，计算相对迁移率。

3. 以相对迁移率为横坐标，已知 Marker 中标准蛋白质的相对分子质量的常用对数为纵坐标，绘制标准曲线。计算目标蛋白 GFP 的相对分子质量。

【注意事项】

1. 电泳过程采用恒压或恒流方式，电流不宜过大。防止其对分子质量接近的亚基的分离效果产生不利的影响，

2. 电泳过程中要注意观察，始终保证胶片淹没在电极缓冲液中，防止电流断路。

3. 快速染色过程中，用微波炉加热要注意随时补充染色液，让胶片完全淹没在染色液中。

【思考题】

1. SDS-PAGE 为什么要用不连续电泳系统？

2. 分离胶浓度是否可以提高或降低？会对蛋白质亚基的分离结果有何影响？

3. 比较 SDS 凝胶电泳结果：GFP 重组蛋白经过疏水层析、离子交换层析、凝胶过滤层析后得到的分离纯化蛋白质产物的纯度变化。理论上与只做亲和层析的产物纯度相比，

二者相较而言，哪种方式纯化效果更好？请具体分析原因。

4.1.9　亲和层析纯化 6× His-GFP

在科研工作及实际生产过程中，为了减少目标蛋白质在纯化过程中的损耗，提高目标蛋白质的效率及产率，得到更多的目标蛋白质产品。实验中常设计给重组蛋白质末端连接连续的组氨酸标签（His-tag）进行融合表达，结合 Ni-NTA 等固定化金属离子亲和层析介质进行纯化，细节内容及注意事项参考 1.7.3 亲和层析章节内容。

【实验目的】

1. 学习人工改造重组 His-tag 标签法纯化重组蛋白。
2. 掌握亲和层析原理及操作技术。

【实验原理】

为了方便纯化，在 pGLO 载体中 GFP 基因后（在 GFP 的 C 端）插入 6×His-tag 基因，构建成 GFP-His-tag 融合表达载体（图 4-1-5）。本实验纯化的目的蛋白质是用 Ara 诱导表达的 GFP，该蛋白是和 6×His-tag 融和表达的，含有特定的组氨酸标记物，这种可溶性蛋白质能用固定化金属离子亲和层析进行富集与分离，且操作简单、快速、纯化效率高。

人工添加 His-tag 标签后，本实验操作流程包括质粒和感受态细胞的制备、质粒转化、单克隆菌筛选、重组菌的培养和诱导表达、菌体收集和破碎、硫酸铵沉淀、蛋白质亲和层析纯化及纯化后电泳检测。

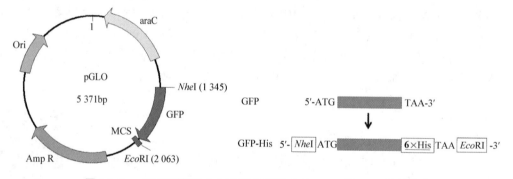

图 4-1-5　pGLO 质粒及人工改造后带有 6×His-tag 的 GFP 相关信息

亲和层析（AC）是利用生物大分子能与某些特定分子通过次级键进行特异识别并可逆结合的特性来分离纯化的层析方法。从原则上讲，所有的蛋白质都能通过亲和层析来分离和纯化。与蛋白质发生亲和作用的基团称为配体（ligand）。配体是指能被生物大分子所识别并与之结合的原子、原子基团和分子。例如，酶的作用底物、辅酶、调节效应物、激素的受体、抗原与抗体互为配体。亲和层析具有专一性强、高效、快速、简便等优点。

利用过渡金属离子与组氨酸或半胱氨酸序列作用的亲和层析又称为固定化金属离子亲和层析。

His-tag 可与多种金属离子发生特殊的相互作用，包括 Ca^{2+}、Mg^{2+}、Ni^{2+}、Co^{2+} 等，其中以镍离子使用最为广泛。组氨酸和半胱氨酸残基在接近中性的水溶液中能与镍或铜等过渡金属离子形成比较稳定的络合物，因此，连接上镍或铜离子的载体凝胶可以选择性地吸附含咪唑基和巯基的蛋白质。金属螯合亲和层析行为在很大程度上，由被吸附的肽和蛋白质分子表面咪唑基和巯基的稠密程度所支配。过渡金属元素镍在较低 pH 值范围时（pH 6~

8），有利于选择性地吸附带咪唑基和巯基的肽或蛋白质，在碱性 pH 值时，使吸附更有效，但选择性降低。

4.1.9.1　基础柱层析系统分离 GFP

【主要器材、试剂和实验材料】

1. 主要器材

主要器材与 4.1.5 基本相同；1.5cm × 8.5cm 透明塑料层析柱。

2. 试剂

（1）平衡缓冲液（同蛋白质抽提液）　含 5mmol/L 咪唑的 50mmol/L Tris-HCl（pH 8.0）50mL，300mmol/L NaCl。

（2）洗涤液　含 15mmol/L 咪唑的 50mmol/L Tris-HCl（pH 8.0）20mL，300mmol/L NaCl。

（3）洗脱液　含 300mmol/L 咪唑的 50mmol/L Tris-HCl（pH 8.0）20mL，300mmol/L NaCl。

（4）2mol/L NaCl 50mL。

（5）0.5mol/L NaOH 50mL。

（6）20% 乙醇溶液 50mL。

3. 实验材料

4.1.3 细菌蛋白抽提上清液（GFP 混合蛋白质）；亲和层析的柱材为 Ni-NTA Resin，2~3mL/组。

【操作步骤】

①取出柱管及上垫片，加满水自然流动，让下垫片和柱底充分接触。

②混匀 Ni-NTA Resin 亲和层析柱材，将层析柱竖直放置，在层析柱中加入 2mL 柱材让其自然沉降，柱材上面保持一层液体。

③用 10 倍柱体积的 ddH$_2$O 清洗柱材。

④用 10 倍柱体积的含 5mmol/L 咪唑的平衡缓冲液平衡柱材。

⑤将前期细菌蛋白抽提上清液 2mL 加入预冷的 100μL 0.1mol/L CaCl$_2$ 混匀螯合除去 EDTA，10 000r/min 离心 10min，取上清夜作为亲和层析的样品，上样。

⑥用 20 倍柱体积的含 15mmol/L 咪唑的洗涤液冲洗 GFP 混合蛋白质，去除弱吸附的杂质蛋白，收集流出液。

⑦用含 300mmol/L 咪唑的洗脱液洗脱结合在柱材上的 GFP，每次 1mL 收集。用手持式紫外灯观察柱子，直至无绿色荧光为止。

⑧将上样前粗提液样品、流出液、淋洗液、3~5 管洗脱样品分别取样 50μL，进行 SDS-PAGE 检测亲和层析分离纯化的结果。

⑨层析柱的再生及保存：

a. 清洗层析注：一般凝胶柱材用过后，先用 10 倍柱床体积的去离子水清洗层析柱。再用 10 倍柱床体积 2mol/L NaCl 清洗层析柱，然后用 10 倍柱床体积的去离子水清洗层析柱。即可再次平衡用于下一个样品的分离。

b. 柱材的深度清洁：用 5~10 倍柱体积 100mmol/L EDTA（pH 8.0）溶液洗脱螯合的 Ni^{2+}，继续用 5 倍柱床体积的 0.5mol/L NaOH 洗柱，并浸泡 30min，清除残留蛋白质。再用 10~20 倍柱床体积的去离子水清洗层析柱直至 pH 值接近中性。用 3~5 倍柱床体积的

50mmol/L NiSO₄ 溶液浸泡重新结合 Ni²⁺，再用 3~5 倍柱床体积的去离子水清洗，最后用 5 倍柱床体积的 20% 乙醇冲洗层析柱。

将 Ni-NTA 凝胶介质保存于 20% 乙醇中，置于 4℃ 冰箱。

【结果处理】

在手提式紫外灯照射下，拍照记录亲和层析 GFP 产物。

【注意事项】

1. 平衡缓冲液不应对待分离物质与配体的结合有明显影响，以免将待分离物质同时洗下。

2. 一般生物大分子和配体之间达到平衡的速度很慢，所以样品液的浓度不宜过高，上样时流速应比较慢，以保证样品和亲和吸附剂有充分的接触时间进行吸附。

3. 不管是装柱还是上样、洗脱，在整个操作过程中，水或溶液面都不能低于凝胶柱平面。否则，凝胶柱会产生气泡，就会影响层析效果。样品上柱和洗脱过程，其流速都要慢，分离效果才好。

4. 亲和层析柱材在再生处理、上样、洗脱过程中其颜色都有明显变化(白、蓝、绿)，只要细心操作，样品是否被吸附上去或被洗脱下来，都能观察到从而做出判断。

【思考题】

1. 理想的载体需要满足哪些条件?

2. 亲和层析的原理是什么? GFP 重组蛋白经过疏水层析、离子交换层析、凝胶过滤层析后得到的蛋白质产物的纯度，与亲和层析的产物纯度二者相比较而言，哪种纯化方式更好? 为什么?

4.1.9.2 快速蛋白液相色谱仪分离 GFP

【主要器材、试剂和实验材料】

1. 主要器材

快速蛋白液相色谱仪(FPLC)及相关样品环等配件；HisTrap 1mL HP 预装柱或 Ni-NTA 层析介质及 10mL 空层析柱；真空泵；超声波水槽；移液器及枪头；磁力搅拌器和转子；注射器(20mL)；注射器用滤头(0.4μm)；抽滤器和滤膜；离心管(1.5mL、2mL)；烧杯。

2. 试剂

①200mL 亲和层析平衡缓冲液(同蛋白质抽提液)：50mmol/L Tris-HCl(pH 8.0)，300mmol/L NaCl。

②200mL 亲和层析洗脱缓冲液：50mmol/L Tris-HCl(pH 7.5)，300mmol/L NaCl，500mmol/L 咪唑。

③2mol/L NaCl 50mL。

④0.5mol/L NaOH 50mL。

⑤20% 乙醇溶液 50mL。

3. 实验材料

4.1.3 实验中得到的蛋白质粗提液。

【操作步骤】

①溶液准备：配制好平衡溶液和洗脱溶液(各 500mL)后，分别用真空抽滤装置过 0.4μm 滤膜，并置于超声波水槽超声除气 10~20min(用于除去溶液搅拌、抽滤过程中溶于溶液中的空气，避免纯化过程中对预装柱、快速蛋白液相色谱仪和检测信号的不良影响)；

同样抽滤 500mL ddH₂O 并除气备用。

②仪器和预装层析柱准备：打开快速蛋白液相色谱仪、计算机及相关操作软件，将 HisTrap 1mL 预装柱连接到检测池上方接口处，将 A 泵和 B 泵进液管道放入 ddH₂O，用软件程序清洗仪器及管路，并以 1mL/min 冲洗预装柱 10mL。分别将 A 泵和 B 泵进液管道放入平衡缓冲液和洗脱缓冲液，用仪器程序分别润洗泵和管道，并用 A 泵以 1mL/min 平衡预装柱 10mL。将样品环连接仪器相应位置，用平衡缓冲液清洗备用。

③上样：向 GFP 蛋白粗提液中加入终浓度为 10mmol/L 咪唑，用注射器和 0.4μm 注射器用滤头手推蛋白质粗提液过滤，并将过滤后粗提液注射入样品环。设定程序以 0.2mL/min 注射上样，设置样品收集 1mL/管。

④淋洗：设定程序以 0.8mL/min 流速，4% B（20mmol/L 咪唑）冲洗层析柱 10～20mL 至 UV 值降低趋平。

⑤梯度洗脱：设定程序以 0.8mL/min 流速，设置 4%～100% B 长度为 20mL 咪唑浓度梯度洗脱。收集样品并存于 4℃冰箱。

⑥电泳检测：依次取粗提液样品和各紫外吸收峰对应样品进行 SDS-PAGE 检测。

⑦层析柱的再生及保存（参照具体厂商说明书）。

【结果处理】

SDS-PAGE 结果分析各阶段样品中 GFP 分布状况。

【注意事项】

1. 如果流出液中 GFP 蛋白很少，说明与层析介质结合好，反之说明结合不牢固，可以考虑采取延长结合时间、降低咪唑浓度等措施改善。

2. 若淋洗下样品中 GFP 蛋白多，洗脱样品中 GFP 少，说明淋洗液中咪唑浓度过高，可以降低咪唑浓度。

3. 若淋洗下样品中 GFP 含量少，洗脱样品中杂蛋白多，可考虑提高淋洗液咪唑浓度或增加淋洗液体积。

【思考题】

1. 上样时蛋白质粗提液中为什么要加入低浓度咪唑？

2. 用 FPLC 梯度洗脱时如何提高目的蛋白质洗脱的纯度？

4.2　溶菌酶的分离纯化与结晶

溶菌酶（lysozyme，EC 3.2.1.17）又称胞壁酸酶（muramidase）或 N-乙酰胞壁质聚糖水解酶。1922 年，英国细菌学家 A. Fleming 发现人的唾液、泪液中存在有溶解细菌细胞壁的酶，因其具有溶菌作用，故命名为溶菌酶。此后，人们在动物、植物和微生物中都发现了溶菌酶的存在，其中在乳汁、唾液、泪液、鸡蛋清和鱼卵中含量最为丰富。溶菌酶是一种能水解细菌中黏多糖的碱性酶。溶菌酶主要通过破坏细胞壁中的 N-乙酰胞壁酸和 N-乙酰氨基葡萄糖之间的 β-1,4-糖苷键，使细胞壁不溶性黏多糖分解成可溶性糖肽，导致细胞壁破裂内容物逸出而使细菌溶解。溶菌酶还可与带负电荷的病毒蛋白直接结合，与 DNA、RNA、脱辅基蛋白形成复合体，使病毒失活。溶菌酶是一种高效抑菌、杀菌、抗病毒蛋白质，能够分解杀灭诸如葡萄球菌属、链球菌属等革兰阳性菌。溶菌酶作为一种杀菌物质和营养添加剂，在医药、食品及生物化学领域有着广泛的应用。

本实验主要通过蛋清溶菌酶的分离纯化和纯度检测的训练，使学生掌握根据蛋白质的性质设计纯化工作的路线，并熟练掌握离子交换层析、凝胶过滤层析、透析、浓缩和电泳等蛋白质纯化和分析的相关技术。本实验选择新鲜鸡蛋作为实验材料，材料易得，高含量及溶菌酶独特的性质保障了实验工作的重现性，可以充分训练蛋白质纯化及酶动力学分析的技能。

4.2.1　溶菌酶粗提液的制备

【实验目的】

学习溶菌酶粗提液的制备方法和基本原理。

【实验原理】

蛋清溶菌酶的等电点为 10.5，相对分子质量为 4 300，在鸡蛋蛋清中的含量为 3%～4%，蛋清中与溶菌酶的等电点接近的蛋白质种类较少，所以在提取缓冲液 pH 值为 9.0 的条件下，只有包括溶菌酶在内的个别蛋白质带正电荷，很容易利用阳离子交换层析与大量带负电荷的蛋白质分开。本实验利用 pH 9.0 的缓冲液抽提蛋清，通过离心的方法除去不溶物，获得溶菌酶的粗提液，为阳离子交换层析做好准备。

【主要器材、试剂和实验材料】

1. 主要器材

冷冻离心机；离心管(50mL)；脱脂纱布 1 卷。

2. 试剂

提取缓冲液：0.05mol/L Tris-HCl 缓冲液(pH 9.0)。

3. 实验材料

新鲜鸡蛋。

【操作步骤】

小心破碎鸡蛋，将蛋清收集到一个干净的 100mL 烧杯中，用双层纱布过滤蛋清，收集滤液，每 10mL 加入 20mL pH 9.0 的提取缓冲液，轻轻振荡混匀，4℃冰箱中静置 20min，转入 50mL 离心管中，10 000r/min 离心 10min，上清液即为溶菌酶的粗提液。吸取 1mL 粗提液保存在 1.5mL 离心管中，做好标记，置-20℃冰箱保存。

【结果处理】

观察、记录并解释实验现象。

【注意事项】

收集蛋清时不要混入蛋黄，在用纱布过滤时，勿用力挤压，以免将卵胚等物质滤过。

【思考题】

如何选择溶菌酶粗提液制备的缓冲液，粗提液制备各步骤的基本作用是什么？

4.2.2　离子交换层析纯化溶菌酶

【实验目的】

掌握离子交换层析介质处理的方法和离子交换层析的基本操作。

【实验原理】

离子交换层析是以离子交换剂为固定相，以特定的含离子的溶液为流动相，利用离子交换剂对待分离物质结合力的差异进行分离。常用的离子交换剂有离子交换纤维素、离子交换葡聚糖和离子交换树脂。在纤维素和葡聚糖分子上结合一定的离子集团，即称为离子交换剂，或离子交换介质。当结合阳离子基团时，可以置换出阴离子，则称为阴离子交换剂，如 DEAE-纤维素。当结合阴离子基团时，可置换出阳离子，则称为阳离子交换剂，如羧甲基纤维素(carboxymethyl，CM)，在适当的盐浓度下，溶液的 pH 值高于等电点时，蛋白质带负电荷，蛋白质被阴离子交换剂所结合；溶液的 pH 值低于等电点时，蛋白质带正电荷，蛋白质被阳离子交换剂所结合。由于各种蛋白质所带电荷不同，其与交换剂的结合牢固程度也不同，当溶液的 pH 值反生改变时，就会影响到蛋白质与交换剂的结合，从而可能把不同的蛋白质逐个分离出来。离子交换剂对胶体离子和无机盐离子都具有交换吸附能力，当两者同时存在于一个层析系统时，则产生竞争性的交换吸附。因此，在离子交换层析中，一般采用两种方法达到分离蛋白质的目的：一是增加洗脱液的离子强度，二是改变洗脱液的 pH 值。当 pH 值增高时，抑制蛋白质阳离子化，随之对阳离子交换剂的结合力减弱；当 pH 值降低时，抑制蛋白质阴离子化，随之降低了蛋白质对阴离子交换剂的结合力。洗脱时也可以同时改变洗脱液的离子强度和 pH 值。当使用阴离子交换剂时，洗脱时可使用增加洗脱液的盐离子浓度，降低 pH 值；当使用阳离子交换剂时，洗脱时可增加盐离子浓度，升高洗脱液的 pH 值。

溶菌酶的等电点是 10.5，在抽提液的 pH 值为 9.0 时，溶菌酶带正电荷，可以结合到阳离子交换介质上，本实验选用 CM-纤维素作为阳离子交换介质纯化溶菌酶。

【主要器材、试剂和实验材料】

1. 主要器材

基础柱层析系统或 FPLC(快速蛋白液相系统)；磁力搅拌器；真空泵与抽滤瓶；移液器；玻璃砂芯漏斗；烧杯。

2. 试剂

0.5mol/L NaOH 溶液；0.5mol/L HCl 溶液；柱平衡缓冲液[0.05mol/L Tris-HCl 缓冲液(pH 8.2)]；洗脱缓冲液[0.1mol/L Na_2CO_3-$NaHCO_3$ 缓冲液(pH 10.5)]。

3. 实验材料

4.2.1 实验所得溶菌酶粗提液；CM-纤维素干粉。

【操作步骤】

1. 离子交换剂的处理

称取 4g CM-纤维素干粉，加入 0.5mol/L NaOH 溶液(约 50mL)，轻轻搅拌，浸泡30min，用玻璃砂芯漏斗抽滤，并用去离子水洗至中性，放入小烧杯中，加 50mL 0.5mol/L HCl 溶液，搅拌，浸泡 30min，通过倾泻法用去离子水洗至近中性，再用 0.5mol/L NaOH 溶液重复处理 1 次，用去离子水洗至近中性后，抽干备用。

2. 装柱和平衡

将一根层析柱(1.5cm ×20cm)套夹在铁支架上，保持垂直位置，从上端注入口倒入柱平衡缓冲液，以除去层析柱底部及出口管内的气泡，当柱平衡缓冲液为 3~5cm 高度时，关闭柱出口。用玻璃棒轻轻搅匀 CM-纤维素浆液，通过玻璃棒引流将浆液倒入柱内，待柱底板上沉积 1~2cm 高度凝胶层时，缓慢打开柱出口，让缓冲液下流，使凝胶沉积到 15cm 高度，在柱床表面覆盖一滤纸片，保持柱床表面约 2cm 高的平衡缓冲液，开启恒流泵，调节流速为 0.5~1mL/min，使交换剂充分平衡，床体积稳定(平衡约需 3 倍柱体积平衡缓冲液)。

3. 上样和洗脱

将溶菌酶的粗提液 3mL 小心地加到层析柱床上，当样品刚好完全进入柱床中，用少量的柱平衡缓冲液清洗层析柱内壁，等此部分缓冲液刚好进入柱床内时，小心加入约 2cm 高的缓冲液于柱床顶端，开启恒流泵用平衡缓冲液洗去未结合的蛋白质，通过核酸蛋白质检测仪检测蛋白质的洗脱情况，收集通过层析柱的蛋白峰(取 1mL 置于 1.5mL 离心管中，标记置于−20℃保存备用)。当记录仪的记录信号达到基线时，停止洗脱，换用 0.1mol/L Na_2CO_3−$NaHCO_3$ 缓冲液(pH 10.5)洗脱，收集洗脱的蛋白峰，标记后置 4℃冰箱或直接用于下一步实验。

【结果处理】

收集并记录杂蛋白及目标蛋白溶菌酶的洗脱体积，分析离子交换层析图谱，比较各个洗脱峰面积及蛋白质的纯化效果。

【注意事项】

在层析过程中特别是上样过程中勿出现干柱的现象。

【思考题】

1. 离子交换层析分离生物大分子的基本原理是什么？离子交换层析有哪些种类？

2. 蛋白质纯化中如何选择离子交换介质？

4.2.3　溶菌酶的透析与浓缩

【实验目的】

掌握蛋白质透析和浓缩的基本方法与原理。

【实验原理】

透析是利用蛋白质等生物大分子不能透过半透膜而进行纯化的一种方法，是纯化蛋白质和核酸的重要技术之一。脱盐透析是应用最广泛的一种透析方法。将含盐的生物大分子溶液装入透析袋内，将袋口扎好放入装有蒸馏水或低盐缓冲液的大容器中，并不断搅拌使蒸馏水或缓冲液保持流动。经过一段时间后，小分子盐类透过半透膜进入蒸馏水中，并在膜内外两侧盐浓度达到平衡。如在透析过程中多次更换大容器中的液体，就可以达到使生物大分子溶液脱盐的目的。另外，平衡透析也是常用的透析方法之一，将装有生物大分子的透析袋装入盛有一定浓度的盐溶液或缓冲液的大容器中，经过透析，袋内外的盐浓度或缓冲液 pH 值一致，从而有控制地改变被透析溶液的盐浓度或 pH 值。

溶液中蛋白质浓度过低时，往往要进行蛋白质溶液的浓缩，常用的浓缩方法有冷冻干燥浓缩、超滤膜浓缩、透析袋浓缩法等。其中，在实验室条件下，透析袋浓缩蛋白质溶液是应用最广的一种。将要浓缩的蛋白质溶液放入透析袋，把高分子吸水聚合物(如 PEG、聚乙醇吡咯烷酮等)或蔗糖撒在透析袋上。也可将吸水剂配成 30%~40% 的溶液，将装有蛋白质溶液的透析袋放入即可。

【主要器材、试剂和实验材料】

1. 主要器材

磁力搅拌器；电炉；透析袋(截留相对分子质量为 8 000)；烧杯(1 000mL)。

2. 试剂

20g/L Na_2CO_3 溶液；EDTA(pH 8.0，1mmol/L、10mmol/L)；PEG 10000；0.05mol/L Tris−HCl(pH 7.0)。

3. 实验材料

4.2.2实验离子交换层析所得溶菌酶粗提液。

【操作步骤】

1. 透析袋的处理

将透析袋剪成长度10~20cm的小段，在等体积的20g/L Na₂CO₃溶液和10mmol/L ED-TA(pH 8.0)中将透析袋煮沸10min，用蒸馏水彻底清洗透析袋，放在1mmol/L EDTA(pH 8.0)中再煮沸10min，冷却后，4℃保存，必须确保透析袋浸没在溶液中，取用透析袋时必须戴手套，用前在透析袋内装满水，然后排出，将内部尽可能清洗干净。

2. 溶菌酶溶液的透析

扎好一个透析袋一端，装入约10mL溶菌酶溶液，扎紧透析袋另一端，置于盛有蒸馏水的大烧杯中，4℃透析4h。

转移透析袋于盛有0.05mol/L Tris-HCl(pH 7.0)的烧杯中，4℃透析过夜。

3. 溶菌酶溶液的浓缩

将透析好的样品连同透析袋转移到一个干净的烧杯中，加入适量的PEG 10000，每隔30min观察一次浓缩的程度，当浓缩体积约为原来样品体积的1/3时，停止浓缩，将浓缩的蛋白质转入离心管中，4℃保存。

【结果处理】

观察并记录实验现象，收集透析前后的蛋白质样品，保留备用。

【注意事项】

1. 扎透析袋时不要用力拉扯，否则透析袋可能会被撕裂。

2. 透析袋在使用后应立即清洗干净并保存在20%乙醇中，勿使透析袋干燥，长期保存应置于0.2g/L叠氮化钠溶液中。

【思考题】

1. 透析袋为什么在用前要进行严格的处理？

2. 透析后透析袋内常常产生大量沉淀，解释原因？

4.2.4　凝胶过滤层析纯化溶菌酶

【实验目的】

掌握凝胶过滤层析的基本方法和操作。

【实验原理】

凝胶层析是按照蛋白质相对分子质量大小进行分离的技术，又称为凝胶过滤、分子筛层析或排阻层析。单个凝胶珠本身就像个"筛子"，不同类型凝胶筛孔的大小不同，将凝胶装入一个足够长的柱子中，即做成一个凝胶层析柱。当含有相对分子质量不同的蛋白质样品加到凝胶柱表面时，比凝胶珠孔径小的蛋白质就会连续不断地穿入珠子内部，这样的小分子不但其运动路程长，而且受到来自凝胶珠内部的阻力也相对较大，所以越小的蛋白质，将其从柱子洗脱下来所花费的时间越长；而相对分子质量大的蛋白质则是直接通过凝胶珠之间的路径被洗脱下来，所以洗脱需要的时间相对较短。用凝胶过滤层析除去溶菌酶中的少量杂蛋白，以获得纯品的溶菌酶。

【主要器材、试剂和实验材料】

1. 主要器材

主要器材与 4.2.2 相同，为基础柱层析分离纯化系统装置。

2. 试剂

0.05mol/L Tris-HCl 缓冲液（pH 7.0）。

3. 实验材料

4.2.3 实验所得溶菌酶透析产物；凝胶过滤柱的柱材为 Sephadex G-75。

【操作步骤】

1. Sephadex G-75 凝胶的处理

称取 5g Sephadex G-75，加 200mL 蒸馏水在室温下溶胀至少 24h（或在沸水浴中溶胀 1h）。待凝胶溶胀平衡后，用倾泻法除去细小颗粒，再加入与凝胶等体积的平衡缓冲液，在真空干燥器中减压抽气 10min。

2. 装柱

将层析柱垂直固定，在柱内加入少量缓冲液以排尽层析柱下端的气泡，旋紧柱下端的螺旋夹，将处理好的凝胶轻轻搅拌均匀，在玻璃棒引流下注入层析柱中，同时开启螺旋夹，控制一定流速。若分次装入，需用玻璃棒轻轻搅动已沉积的柱床表层凝胶，再进行二次装柱，以免出现界面影响分离效果（最好一次装到所需的凝胶高度）。装柱后形成的凝胶床至少长 45cm，并使胶床表面保持 2~3cm 液层，在胶床表面小心地覆盖上一层滤纸片。

3. 平衡

用平衡缓冲液洗柱，平衡缓冲液所需体积为柱床体积的 2~3 倍。

4. 上样

旋开层析柱下端旋钮，待胶床上部的缓冲液几乎全部进入凝胶（即缓冲液液面与胶床平面相切）时，立即加入 3mL 溶菌酶溶液，待其刚好完全进入胶床时，沿层析柱内壁缓慢加入 0.5mL 平衡缓冲液。当胶床表面仅留约 1mm 液层时，用胶头滴管在柱床表面小心加入 2cm 左右高的洗脱缓冲液。

5. 洗脱

用 0.05mol/L Tris-HCl 缓冲液（pH 7.0）洗脱，观察记录仪记录的洗脱曲线并确定对应蛋白峰在部分收集器中的管号。

6. 收集各蛋白峰，标记清楚后置于-20℃。

【结果处理】

保留溶菌酶洗脱样品，分析凝胶层析图谱，比较个各蛋白质洗脱曲线及蛋白质纯化效果。

【注意事项】

凝胶过滤层析过程中特别是上样过程中勿出现干柱，凝胶过滤的上样量一般为柱床体积的 5%~7%。建议初次上样量控制在柱床体积的 1%~2%，视分离情况逐步增加；柱高的选择也与分离要求相关，组分复杂的物质要有一定柱高和流速控制。

【思考题】

1. 凝胶过滤层析的原理是什么？

2. 上样时，为何需要待胶床上部的平衡缓冲液几乎全部进入凝胶时，立即加入蛋白质样品？

4.2.5　溶菌酶的比活力测定

【实验目的】

掌握酶比活力测定的基本方法。

【实验原理】

溶菌酶溶解细菌的细胞壁，从而降低细菌悬液的浊度，可用分光光度计测定这一反应。规定一个溶菌酶活力单位为在规定条件下于 450nm 处每分钟使吸光值降低 0.001 时所需的酶量。测定单位质量酶在单位时间溶解溶壁微球菌使光吸收下降的数值就可以计算出溶菌酶的比活力。

【主要器材、试剂和实验材料】

1. 主要器材

超净台；灭菌锅；摇床；离心机；可见分光光度计；恒温水浴锅。

2. 试剂

(1)溶壁微球菌、LB 培养基。

(2)0.1mol/L 磷酸缓冲液(pH 6.2)。

(3)标准酶溶液　所买标准溶菌酶活力为 20 000U/mg，称取适量酶粉溶于 pH 6.2 的磷酸缓冲液中，稀释至酶活力为 50~300U/mL 的系列梯度。

3. 实验材料

4.2.4 实验所得溶菌酶凝胶过滤产物。

【操作步骤】

1. 溶菌酶底物的制备

(1)溶壁微球菌菌种的活化　在超净台上用酒精棉球擦拭装有菌种的安瓿瓶，用火焰加热安瓿瓶顶部数秒，滴少量无菌水至安瓿瓶顶部使之破裂，用锉刀或镊子敲下已破裂的安瓿瓶的顶部，吸取 0.3mL LB 培养基滴入安瓿瓶内，轻轻振荡，使冻干菌体溶解呈悬浮状。用接种环取少量菌体悬浮液，划线接种于固体 LB 平板上，37℃培养过夜，4℃保存备用。

(2)菌体的扩大培养　将活化的菌种接种到 5mL LB 液体培养基中，37℃ 200r/min 培养 20h，然后转接至 100mL LB 液体培养基中，继续培养 12h。

(3)菌体收集　将培养好的菌液于 3 000r/min 离心 10min，菌体用蒸馏水洗涤 2 次，除去残余的培养基，所得菌体加入 15%甘油作为保护剂，混匀，置-20℃保存。

2. 溶菌酶比活力的测定

(1)样品蛋白质含量的测定　采用考马斯亮蓝 G-250 法。

(2)溶菌酶比活力的测定　打开分光光度计，调波长到 450nm 处预热 20min，将一定量的在冰浴中融化的溶壁微球菌溶解于一定量的磷酸盐缓冲液中，使吸光值在 0.8 左右，此底物溶液及标准酶液于 25℃水浴中保温，用 1cm 比色皿装 2.5mL 底物于水浴中，加入 0.5mL 酶液开始计时，记下反应 1min 时的读数 A_1 和反应 2min 时的读数 A_2。

【结果处理】

依据下列公式计算溶菌酶的比活力：

$$酶的比活力 = \frac{\Delta A_{450}}{0.001 \times m}$$

式中　ΔA_{450}——450nm 处每分钟吸光值的变化；

　　　m——每 0.5mL 所用酶溶液中含有酶的质量(g)；

　　　0.001——一个单位在每分钟内使吸光值下降 0.001。

用标准酶液的各个稀释梯度作标准曲线，即可计算出纯化酶液的比活力。

【注意事项】

注意纯化溶菌酶要进行适当的稀释，使活性测定值位于标准溶菌酶稀释梯度之内，或者对纯化的溶菌酶进行倍比稀释进行测定。

【思考题】

溶菌酶活性测定的基本原理是什么？

4.2.6　溶菌酶纯度的鉴定与结晶

【实验目的】

掌握蛋白质纯度分析的基本方法。

【实验原理】

蛋白质纯品一般是指不含有其他杂蛋白等物质的单一蛋白质。用于蛋白质纯度鉴定的方法很多，如 PAGE、SDS-PAGE、IEF、双向电泳、毛细管电泳(CE)、离子交换层析、凝胶过滤等。其中，电泳是常用的一种方法，由于生物样品的复杂性，因此一般检测蛋白质的纯度必须应用两种不同检测原理的分析方法才能做出判断。本实验采用 SDS-PAGE 鉴定所纯化溶菌酶的纯度，并与标准溶菌酶进行比较，从相对分子质量的角度探讨纯化蛋白质的纯度。

【主要器材、试剂和实验材料】

1. 主要器材

电泳仪；恒温水浴；垂直版电泳槽；微量进样器；脱色摇床；微波炉。

2. 试剂

(1)2%琼脂　2g 的琼脂加入 100mL 电极缓冲液。

(2)胶储备液(30%丙烯酰胺)　Acr 29.2g，Bis 0.8g，加水至 100mL，棕色瓶 4℃保存。

(3)分离胶缓冲液 1.5mol/L Tris-HCl(pH 8.8)　称取 18.15g Tris，用 1mol/L HCl 调 pH 值至 8.8，加水至 100mL，4℃保存。

(4)浓缩胶缓冲液 0.5mol/L Tris-HCl(pH 6.8)　称取 5.98g Tris，用 1mol/L HCl 调 pH 值至 6.8，加水至 100mL，4℃保存。

(5)电极缓冲液(pH 8.3)　称取 14.49g 甘氨酸，3.02g Tris，加 10mL 10% SDS，定容至 1 000mL，4℃保存。

(6)10% SDS　称取 10g SDS，定容至 100mL，完全溶解后室温保存。

(7)10%过硫酸铵(APS，现配现用)　称取 1g 过硫酸铵，加入蒸馏水 10mL 溶解即可。

(8)染色液(0.25%考马斯亮蓝 R-250、50%甲醇、7%醋酸)　考马斯亮蓝 R-250 2.5g，甲醇(可用 95%乙醇代替)500mL、冰醋酸 70mL，溶解后定容至总体积 1 000mL。

(9)脱色液(30%甲醇、7%醋酸)　甲醇(可用 95%乙醇代替)300mL，冰醋酸 70mL，用水定容至 1 000mL。

(10)2 倍体积的样品缓冲液　pH 8.0 的 0.05mol/L Tirs-HCl 缓冲液 20mL，甘油

10mL，SDS 1.0g，β-巯基乙醇 1.0mL，0.25%溴酚蓝 2mL，用水定容至 50mL。

（11）四甲基乙二胺（TEMED）原液。

（12）低相对分子质量标准蛋白　兔子肌肉磷酸酶 b 97 200；牛血清蛋白 66 409；鸡蛋卵清蛋白 44 280；牛碳酸酐 29 000；大豆胰蛋白酶抑制剂 20 100；鸡蛋白溶菌酶 14 300。

（13）0.1mol/L 醋酸-醋酸钠缓冲液（pH 4.8）　称取 0.492g 醋酸钠溶解，加入 0.23mL 醋酸，定容至 100mL。

3. 实验材料

4.2.4 实验所得溶菌酶凝胶过滤产物。

【操作步骤】

1. 电泳鉴定溶菌酶的纯度

（1）器材准备步骤

①将凝胶板洗涤干净，自然风干或烘干。

②梳子临用前用无水乙醇擦拭，让其挥发至干。

（2）准备凝胶

①安装玻璃板、胶条，并将玻璃板固定在制胶架上，用少量蒸馏水检查玻璃板不漏为止。

②按表 4-2-1 配制适合浓度（15%）的分离胶，摇匀后迅速灌注在两块玻璃板间隙中，小心在胶表面覆盖一薄层蒸馏水。

③在分离胶聚合过程中（约 20min 后），按表 4-2-2 配制 4%浓缩胶。

表 4-2-1　7.5%～15%分离胶的配制　　mL

试剂	7.5%	10%	15%
H_2O	4.90	4.10	2.40
30%丙烯酰胺	2.50	3.30	5.00
分离胶缓冲液	2.50	2.50	2.50
10% SDS	0.10	0.10	0.10
TEMED	0.02	0.02	0.02
10%过硫酸铵	0.02	0.02	0.02
总体积	10.04	10.04	10.04

表 4-2-2　3%～6%浓缩胶的配制　　mL

试剂	3%	4%	6%
H_2O	3.20	3.05	2.70
30%丙烯酰胺	0.50	0.65	1.00
分离胶缓冲液	1.25	1.25	1.25
10% SDS	0.05	0.05	0.05
10%过硫酸铵	0.02	0.02	0.02
TEMED	0.02	0.02	0.02
总体积	5.04	5.04	5.04

④分离胶聚合完全后，此时在胶面与水封之间可见清晰的界限，倒去蒸馏水，用蒸馏水冲洗胶面数次，用滤纸吸干胶面上的残余蒸馏水。

⑤在配制好的浓缩胶溶液中加入20μL TEMED，混匀后灌注于凝胶腔中，立即插入干净的梳子。

⑥浓缩胶聚合完全后，小心、竖直拔出梳子。用滤纸条轻蘸点样孔，以除去未聚合的丙烯酰胺及多余的水分。

⑦将灌胶的玻璃板固定在电泳槽上，玻璃板及电泳槽内加入适量的电极缓冲液。

（3）样品的制备 取各个时期纯化的溶菌酶溶液100μL，加入等体积的2倍浓度的样品缓冲液，使蛋白质的终浓度为0.5~1mg/mL，混合液在沸水浴中加热3min，冷却后即可上样。

（4）上样 用微量进样器加样，每个样孔加入20μL样品，每次加样后均应用下槽电极缓冲液洗涤加样器数次，最后在空白加样孔中加入等体积的1倍浓度的样品缓冲液。

（5）电泳 连接好电泳槽，打开电源，调节电压为100~200V或恒流20mA，当溴酚蓝前沿进入分离胶后，将电压提高到150~200V或恒流30mA，继续电泳直至溴酚蓝前沿达到离凝胶底部1cm处。

（6）染色 从电泳装置上卸下玻板，小心撬开玻板，弃去浓缩胶部分，将分离胶放入染色盘中，加入蒸馏水漂洗约1min，然后放入染色液染色4h以上。

（7）脱色 移除凝胶放入脱色液中，置脱色摇床上振荡，中间更换脱色液2次，脱色至背景清晰，回收的脱色液经活性炭脱色后可重复利用多次。

2. 溶菌酶的结晶

①采用考马斯亮蓝G-250法测定纯化溶菌酶的浓度。

②采用悬滴法进行溶菌酶的结晶。

③用0.1mol/L醋酸-醋酸钠缓冲液（pH 4.8）配制75mg/mL的溶菌酶溶液，在蛋白质洁净板的结晶室中加入1mL含100g/L的NaCl、25%乙二醇的0.1mol/L醋酸-醋酸钠缓冲液，用注射器在结晶板的边沿均匀涂抹真空脂。

④硅烷化盖玻片中央加入6μL溶菌酶（以0.1mol/L醋酸-醋酸钠缓冲液作为结晶对照）和4μL含100g/L的NaCl、25%乙二醇的0.1mol/L醋酸-醋酸钠缓冲液，用移液器反复缓慢吸打以充分混匀。将盖玻片迅速翻转，覆盖在涂有真空脂的微孔上，轻轻按压盖玻片以使结晶室完全封闭。静置于4℃的冷室或者冰盒中，约48h后，用体视显微镜观察晶体的生长状态。结晶过程中要防止振动。

附：蛋清中主要蛋白质的种类及特性

鸡蛋清	含量/%	等电点	相对分子质量/×10³
卵白蛋白	54.0	4.5	46.0
卵转铁蛋白	12.0	6.1	76.6
卵黏蛋白	11.0	4.1	28.0
溶菌酶	3.4	10.7	14.3
卵类黏蛋白	1.5	5.1	49.0
卵巨球蛋白	0.5	4.5	900.0
卵糖蛋白	1.0	3.9	24.4
抗生物素蛋白	0.05	10.0	68.3

【结果处理】

绘制蛋白质电泳图谱或拍照，并根据电泳结果，评价样品的纯度与纯化过程。

【注意事项】

浓缩胶的高度一般为点样时样品深度的 2~3 倍，可根据浓缩胶的高度确定分离胶的灌注高度，对于 SDS-PAGE 不需要置于冷室中进行，电泳时电压或电流的大小以玻璃板不发热为宜。

【思考题】

1. 如何评价蛋白质的纯化效果，如何评价蛋白质特定的纯化工艺？

2. 蛋白质结晶的方法有哪些？

4.3　钙调蛋白的纯化与鉴定

钙调蛋白（calmodulin，CaM）是一种分子质量小的酸性蛋白质（等电点为 4.05），由 148 个氨基酸残基组成，不含色氨酸和半胱氨酸残基。钙调蛋白分布于真核生物体内，是目前已知的分布最为普遍和高度保守的蛋白质之一。在生物体内的离子强度和 pH 值条件下，CaM 能够可逆地结合钙离子，并作为多种酶的钙依赖调节剂进行信号转导，并引起相应的生理反应。

依据蛋白质理化性质的差异可以从蛋白质混合液中分离纯化某种蛋白质。常用于分离纯化蛋白质的理化性质有：分子大小、形状、密度、携带电荷、溶解度、疏水性、配体结合能力等，利用这些理化性已经发展出来相应的分离纯化方法。CaM 的纯化通常用到粗分级分离和层析技术。粗分级分离包括硫酸铵沉淀法和等电点沉淀法，层析技术包括离子交换层析和疏水作用层析。用聚丙烯酰胺凝胶电泳对纯化的 CaM 进行鉴定。

4.3.1　钙调蛋白组分的活性检测

【实验目的】

通过本实验掌握钙调蛋白的活性检测原理及方法。

【实验原理】

钙调蛋白能以钙依赖性方式激活多种酶类，包括环核苷酸磷酸二酯酶、若干蛋白激酶、蛋白磷酸酶、Ca^{2+}/Mg^{2+} ATP 酶和 NAD^+ 激酶。CaM 活性的测定通常采用激活依赖 Ca^{2+} 的环腺苷磷酸二酯酶（PDE）来间接测定。依赖 Ca^{2+} 的 PDE 可以直接购买或从动物组织中分离得到。PDE 法测定 CaM 活性的酶促反应分两步进行：第一步为 CaM 激活的 PDE 将 cAMP 转化为 5'-AMP；第二步是蛇毒中的 5'-核苷酸酶将 5'-AMP 分解为腺嘌呤核苷和无机磷，通过测定无机磷的含量可得到 CaM 对 PDE 的激活活性，再与 CaM 标准曲线比较即可测定 CaM 活性和含量。

【主要器材、试剂和实验材料】

1. 主要器材

水浴锅；试管；移液器；分光光度计等。

2. 试剂

（1）植物 CaM 储备液（0.1mg/mL 或 1mg/mL）。

（2）PDE 储备液（1mg/mL）。

（3）CaM 测活反应液（40mmol/L Tris-HCl pH 7.5，40mmol/L 咪唑，5mmol/L $MgCl_2$，0.1mmol/L $CaCl_2$，100μg/mL PDE。

（4）反应启动液（1mmol/L cAMP）。

（5）蛇毒（1mg/mL）。

（6）55%TCA。

（7）标准磷酸盐溶液　将分析纯磷酸二氢钾置于 105℃ 烘箱中烘至恒重，待温度降至室温后精确称取 0.219 5g（含磷 50mg），溶解后定容至 50mL（1mg/mL），作为储备液保存于冰箱。测定时稀释至 10μg/mL。

（8）定磷试剂（6mol/L 硫酸∶水∶2.5%钼酸铵∶10%维生素 C＝1∶2∶1∶1）按上述顺序加入试剂配制，并在当天使用。

3. 实验材料

花椰菜球状花序或植物组织（提取钙调蛋白）。

【操作步骤】

1. CaM 活性的测定

（1）PDE 的水解反应　0.5mL CaM 测活反应液中加入不同浓度的植物 CaM（含量为 10～104ng）或各步纯化所得的 CaM 样品，并加入 0.05mL 反应启动液，30℃ 反应 10min；沸水浴加热 2min 终止反应。

（2）核苷酸酶的水解反应　冷却后加入 0.05mL 蛇毒溶液，30℃ 反应 10min，加入配制的 TCA 溶液 0.05mL 终止反应。3 500r/min 离心 10min。

（3）定磷反应　取 0.1mL 上清液加 2.9mL 水和 3.0mL 定磷试剂，摇均匀后 45℃ 水浴保温 25min，冷却后在 660nm 波长下测定吸光值，并从无机磷的标准曲线中查出磷的含量。

（4）无机磷标准曲线的制作　配制 0、2、4、6、8、10 μg/3mL 的梯度无机磷溶液 3.0mL，加入 3.0mL 定磷试剂，摇均匀后 45℃ 水浴保温 25min，冷却后在 660nm 波长下测定吸光值。以磷含量为横坐标，吸光值为纵坐标，绘制标准曲线。

2. CaM 的定量测定

以 CaM 含量或各步纯化样品的蛋白含量（考马斯亮蓝法测定）为横坐标，以 PDE 激活活性的百分数为纵坐标，绘制标准 CaM 和各步纯化样品对 PDE 的激活曲线。

【结果处理】

将提取液对 PDE50% 激活时所需的量与 CaM 标准曲线相比较即可求出提取液中 CaM 的含量，然后计算其活性。

CaM 活性单位（U）定义为激活 50% PDE 所需的样品量。

【注意事项】

1. 蛇毒中的蛋白水解酶会分解 PDE，干扰 CaM 的测定。因此，蛇毒应在 PDE 反应结束后再加入反应体系，不能同时加入。

2. 在稀释 CaM 时，由于浓度很低，容易吸附到试管壁，可以在稀释液中加入 0.1% 牛血清蛋白保护 CaM。

【思考题】

钙调蛋白活性的检测原理是什么？

4.3.2　钙调蛋白粗提液的制备

从组织中提取蛋白质，必须考虑目标蛋白质在不同物种和组织中的特异性与分布，同时考虑提取缓冲溶液、离子强度、金属离子螯合物、还原剂、蛋白酶抑制剂、温度和组织破碎方法等因素对目标蛋白质得率和活性的影响。本实验将从花椰菜花序中提取 CaM。花椰菜球状花序呈白色，CaM 含量比较丰富。

【实验目的】

通过本实验掌握钙调蛋白的提取方法和条件。

【实验原理】

用提取缓冲溶液提取 CaM，实验过程中使用的螯合物（EDTA）和还原剂（β-巯基乙醇），除了部分地抑制蛋白酶，主要作用是促进 CaM 从其激活底物上释放出来。

【主要器材、试剂和实验材料】

1. 主要器材

匀浆器；超速离心机；离心管；水浴锅；纱布；漏斗；烧杯等。

2. 试剂

提取缓冲液（50mmol/L Tris-HCl pH8.0，2mmol/L EGTA，0.15mol/L NaCl，0.25mmol/L PMSF，20mmol/L NaHSO$_3$，1mmol/L β-巯基乙醇）现配现用。

3. 实验材料

花椰菜球状花序。

【操作步骤】

1. 取样

取 400~500g 花椰菜花序，剪碎后 4℃ 预冷。

2. 提取

加入 2~2.5 倍体积的 4℃ 预冷的提取缓冲液（如 400g 组织加 1 000mL 提取缓冲液）。在匀浆器中以接近最高的转速匀浆 3 次，每次 30s。4 层纱布过滤后，滤液转入离心管中，平衡，对称放入离心机中，4℃ 8 000r/min 离心 30min。

【结果处理】

记录上清液的体积，留取 1% 体积的上清液用于活性测定。

【注意事项】

β-巯基乙醇，如吞服可致命，如吸入或通过皮肤吸收可致伤。高浓度 β-巯基乙醇对黏膜、上呼吸道、皮肤和眼睛有极强的破坏作用。配制 1× 提取缓冲溶液时只能在化学通风橱中进行，并应戴手套和防护镜。

【思考题】

1. 为获得高产率的 CaM，应考虑哪些因素？

2. 选择提取钙调蛋白的合适组织的原则是什么？

4.3.3　粗分级分离钙调蛋白

CaM 粗提液通常含有较高的总蛋白质浓度，包含目标蛋白质和其他可溶于提取缓冲液的化合物。粗提液可以采用沉淀法进行粗分级分离，通过改变缓冲液的组成使部分蛋白质沉淀，达到目标蛋白质与其他蛋白质分离的目的。采取沉淀法纯化蛋白质时需要注意以下几个因素：足够高的总蛋白质浓度以快速产生沉淀；保护目标蛋白质的活性并能监测它的回收；适宜的 pH 值及温度等。常用的能保持蛋白质活性的沉淀方法有中性盐沉淀（如硫酸铵）和等电点沉淀。

【实验目的】

通过本实验掌握硫酸铵和等电点沉淀钙调蛋白的原理、方法和条件。

【实验原理】

上述 CaM 粗提液的粗分级分离需要进行两次不同的沉淀反应，即硫酸铵沉淀（利用其在中性以上 pH 值条件下的高溶解度）和等电点沉淀（等电点为 4.05）。首先，在中性或略碱性 pH 值及不存在 Ca^{2+} 的条件下，CaM 是高度可溶的，因此可利用 pH 8.0 条件下的硫酸铵沉淀大部分杂蛋白，而使 CaM 留在上清液中。其次用等电点沉淀，在 pH 4.0 条件下浓缩和沉淀 CaM。加入少量的 50%硫酸将溶液的 pH 值快速调至 4.0~4.1，避免其他蛋白质在中间 pH 值条件下沉淀。

为使样品达到所需的 pH 值和离子强度，需要对重溶的样品进行快速透析。重溶的 pH 4.0 沉淀物第一次透析时用纯水，可以极大地稀释 Tris 硫酸盐。但纯水透析的时间不宜过长，否则会导致样品中所有缓冲液和盐都失掉，并可能导致蛋白质的不溶性。第二次用透析缓冲液（Tris-HCl 缓冲液 pH 8.0 及 0.2mol/L NaCl）进行透析。

提取液中的蛋白水解酶和 CaM 结合蛋白会对后续的 PDE 活性测定产生干扰，因此在层析技术之前进行热处理，利用 CaM 的热稳定性消除它们的影响。

【主要器材、试剂和实验材料】

1. 主要器材

超速离心机；聚碳酸酯离心管；磁力搅拌器与搅拌子；聚丙烯烧杯（2L）；量筒；大聚丙烯漏斗（宽嘴型）；小聚丙烯漏斗（具长颈）；透析袋（标准截留相对分子质量 6 000~8 000）；粗棉布；刮勺。

2. 试剂

（1）硫酸铵。

（2）浓硫酸（稀释至 50% 水溶液）。

（3）Tris 碱（1mol/L，约 10mL）。

（4）10×缓冲液 A（100mmol/L Tris-HCl pH 8.0，2mol/L NaCl，10mmol/L EGTA ）　Tris 12.1g，NaCl 116.9g，乙二醇双（2-氨基乙基醚）四乙酸（EGTA）3.80g，溶于蒸馏水，用 1mol/L HCl 调 pH 值至 8.0，定容至 1 000mL，保存于 4℃。现配现用，临用前用蒸馏水稀释至 1×缓冲液 A，并对每升 1×透析缓冲液加入 70.1μL β-巯基乙醇，使终浓度中含有 1mmol/L β-巯基乙醇。

3. 实验材料

4.3.2 实验所提的钙调蛋白粗提液。

【操作步骤】

1. 称取硫酸铵

以实验 4.3.2 所得上清液的体积为基础，称取 60% 饱和度（361g/L，0℃）所需的固体硫酸铵。

2. 沉淀杂蛋白

将上清液加入含 4L 聚丙烯烧杯中，并放入大的磁力搅拌子。4℃，在大磁力搅拌器上慢慢搅拌。于 20min 内缓慢抖动加入硫酸铵。如固体硫酸铵沉于烧杯底部，可停几分钟让其溶解，然后再继续搅拌 40min。

3. 离心

将混合物转至 500mL 聚碳酸酯离心管，平衡后，置高速离心机中，4℃ 8 000r/min 离心 60min。取上清液，倒入铺有两层粗棉布的聚丙烯漏斗后收集到带刻度的聚丙烯量筒中。弃去沉淀物。记录上清液的体积。留 1% 的体积供随后的活性测定使用。

4. 等电点沉淀

将上清液转移至 4L 聚丙烯烧杯。用 pH 计测量 pH 值，中速搅拌，加 50% 硫酸溶液，至 pH 值约 4.05。尽量使 pH 值介于 4.05~4.1。烧杯置冷室(4℃)，搅拌 1h。

5. 离心

将上清液移至 500mL 聚碳酸酯离心管。于高速离心机中，4℃ 8 000r/min 离心 60min。

6. 重悬沉淀物

移出上清液并弃去。用刮勺将沉淀物重悬于几毫升含几滴 1mol/L Tris 碱的蒸馏水中。尽量以最小的体积重悬沉淀物。用柔韧的刮勺温和地搅碎蛋白质沉淀团块，小心地溶解沉淀物。

7. 蒸馏水透析

戴上手套，用具长颈的聚丙烯小漏斗将重悬液转移至透析袋。排出过量的空气，留出 50% 空余(透析袋应该是瘪的，无空气)。透析袋两头打双结扎紧或用夹钳夹紧。4℃，用蒸馏水透析 4h，中间换蒸馏水 1 次。

8. 缓冲液透析

将透析袋转至 4 000mL 1× 缓冲液 A 中，继续透析过夜(4℃)。

9. 离心处理

置沸水浴处理 3min，冷却至 4℃，8 000r/min 离心 60min，取上清液。

【结果处理】

保留透析后的样品。

【注意事项】

1. 操作浓硫酸应极其小心，应戴手套和面罩。将硫酸加至水中并使之保持冷却，因为用水稀释硫酸时是放热的。

2. β-巯基乙醇有毒，配制 1×透析缓冲液应在通风橱进行。

3. 在所有透析的情况下，均由小搅拌子在烧杯中缓慢搅拌，混匀透析液。不能让搅拌子碰击透析袋，否则会导致透析袋破裂。

4. 为获得高得率的 CaM，沉淀物的重悬步骤要彻底，任何不溶解的蛋白质都将会在随后一步离子交换层析时丢失；重悬过程中必须小心地溶解沉淀物，不可剧烈搅拌。

【思考题】

1. 常用的粗分级分离方法有哪些？其原理分别是什么？

2. CaM 的粗分级分离为什么选择硫酸铵沉淀法和等电点沉淀法？

4.3.4　离子交换层析纯化钙调蛋白

离子交换层析是一种吸附-解吸附型的过程，待分离的蛋白质利用其所带电荷被吸附于带相反电荷树脂基质的表面，而未被吸附的蛋白质则从空体积或排阻体积中穿过层析柱；然后利用平衡离子解吸附待分离的蛋白质。离子交换剂由基质、电荷基团(或功能基团)和反离子组成。离子交换剂分为两大类，即阳离子交换剂和阴离子交换剂。阳离子交换剂是在不溶性载体上结合有中性 pH 值下带负电荷的功能基团(如羧甲基或磺丙基)，它适用于分离等电点在中性以上的蛋白质(碱性蛋白质)。而阴离子交换剂则是在不溶性载体上结合有中性 pH 值下带正电荷的功能基团[乙氨乙基(DEAE)或季铵乙基(QAE)]，在中性 pH 值时它们能与酸性蛋白质相互作用。

【实验目的】

通过本实验掌握 DEAE-Sephadex A-50 纯化钙调蛋白的原理和方法。

【实验原理】

CaM(等电点为 4.05)是一种强酸性蛋白质，在中性或微碱性 pH 值条件下带有大量的净负电荷。在低离子强度条件下，CaM 会与带正电荷的树脂结合，而其他等电点较高的蛋白质则不与带正电荷的树脂结合。然后，改变条件将结合的蛋白质分别洗脱下来。用 DEAE 树脂进行阴离子交换层析纯化 CaM 时，pH 值设定为 8.0，有利于其他弱酸性蛋白质的去除(若选择强碱性离子交换剂 QAE，则弱酸性蛋白质也可与 QAE 结合)。同时，采用的 DEAE Sephadex A-50 树脂使用的基质(Sephadex A-50)，兼有凝胶过滤的特性，可以将高相对分子质量的杂蛋白(>70 000)与 CaM(约 17 000)分离。

【主要器材、试剂和实验材料】

1. 主要器材

基础柱层析系统或快速蛋白液相系统；超速离心机；pH 计；硼硅玻璃管(16mm×150mm)。

2. 试剂

(1)DEAE Sephadex A-50(干粉)。

(2)10×缓冲液 A(100mmol/L Tris-HCl，pH 8.0，2mol/L NaCl，10mmol/L EGTA)　Tris 12.1g，NaCl 116.9g，EGTA 3.80g，溶于水，用 1mol/L HCl 调 pH 值至 8.0，定容至 1 000mL，保存于 4℃。

1×缓冲液 A 现配现用，临用前用蒸馏水稀释，并对每升 1×透析缓冲液加入 70.1μL β-巯基乙醇，使终浓度含有 1mmol/L β-巯基乙醇。

(3)高盐洗脱液(0.7mol/L NaCl)　NaCl 14.62g 溶于 500mL 1×缓冲液 A。

(4)浓 NaOH(10mol/L)。

3. 实验材料

4.3.3 实验中获得的热处理后离心的上清液。

【操作步骤】

1. 溶胀树脂

用 1×缓冲液 B 溶胀 DEAE Sephadex A-50 树脂，4℃过夜或沸水浴 1h，pH 8.0 条件下，树脂溶胀至约 30mL/g。装一根 400mL 的柱子约需 15g 干树脂。用浓 NaOH 将 DEAE Sephadex A-50 树脂(酸性形式)溶液的 pH 值调至 8.0，边加浓 NaOH 边用玻璃棒手动缓慢搅拌。调好 pH 值后，静置，树脂沉下后去上清。按此法用 1×缓冲液 A 洗涤 3 次，每次洗涤后重新调 pH 值，直至 pH 值为 8.0 并保持不变。

2. CaM 提取物的准备

将上清液倒入烧杯中。4℃测定样品的电导率，样品的电导率必须等于或低于缓冲液的电导率。如果太高，加蒸馏水至与缓冲液 A 相同。

3. 装填层析柱

装填层析柱，安装层析装置。在柱床上保留约 2cm 的缓冲液，以利于梯度混合。让洗脱液经 UV 检测器流出，确保记录仪上出现基线。调节分部收集器使之能分部收集 10 ~ 12mL 的组分。

4. 加样

将恒流泵的进液口放入装有样品的烧杯中，加样。密切关注进液口，避免吸入空气。

5. 洗涤去杂质

用 1×缓冲液 A 淋洗层析柱，直至记录仪上的 UV 信号接近原来的基线。将流出液收集在一烧杯中。在梯度开始前不需要用收集组分。

6. 洗脱与收集

梯度洗脱液的总体积为 1 000mL，包括 500mL 1×缓冲液 A 和 500mL 含 0.7mol/L NaCl 的 1×缓冲液 A。使用一同心圆塑料梯度混合器时，高盐溶液置于外腔，低盐溶液置于内腔。搅拌子置于内腔，适度搅拌。按 10 ~ 12mL 组分将全部梯度洗脱液分别收集于试管（硼硅玻璃）中。

【结果处理】

收集并保留洗脱液。

【注意事项】

操作浓碱应极小心，应戴手套和面罩。

【思考题】

1. 离子交换剂由哪几部分组成？什么是阳离子和阴离子交换剂？

2. 请设计利用离子交换剂分离一种含等电点分别为 4.0、6.0、7.5 和 9.0 的蛋白质混合液的方案，并简述理由。

4.3.5　疏水层析纯化钙调蛋白

疏水作用层析(HIC)属于吸附–解吸附型的层析，是利用待分离成分和固定相之间疏水作用力大小的性质而进行分离的。疏水层析中的基质结合待分离成分时疏水作用力弱，与待分离成分产生温和的吸附作用，吸附物容易被解吸附下来。球状蛋白质分子中的疏水性氨基酸残基数是从外向内逐步增加的。在疏水层析中，可通过两种方法使亲水性强的蛋白质与疏水性固定相有效地结合：一是通过蛋白质发生局部可逆变性，暴露出掩藏于分子内部的疏水性氨基酸残基；二是利用蛋白质分子表面的疏水氨基酸残基，特别是在高盐浓度下暴露于分子表面的疏水性氨基酸残基。在 1mol/L（NH$_4$）$_2$SO$_4$ 或 2mol/L NaCl 高浓度盐溶液中，亲水性较强的物质会发生局部可逆变性，同时暴露分子表面的疏水性氨基酸残基，从而与疏水层析的固定相结合在一起；然后通过降低流动相的离子强度即可将结合于固定相的物质按其结合能力大小依次进行解吸附。因此，这类方法较适合用来分离纯化盐析后或高盐洗脱下来的物质。这不仅能使待分离成分的纯度得到提高，而且还保持了其原来的结构和生物活性。

【实验目的】

通过本实验掌握苯基–琼脂糖(Sepharose)纯化钙调蛋白的原理和方法。

【实验原理】

DEAE 层析后的样品含盐量较高，一般用 HIC 层析进一步纯化 CaM。但 CaM 结合 Ca^{2+} 后可以大大增强它的表面疏水性。而在合并后的含 CaM 的 DEAE 组分中，因缓冲液中加有螯合剂，故只有极少量的游离 Ca^{2+}。因此，需要在疏水层析之前采用透析法将缓冲液换成含 Ca^{2+} 的缓冲液。当然也可以在合并后的组分加入过量的 Ca^{2+} 和 Mg^{2+}，以增强 CaM 表面的疏水性，使它吸附于苯基-Sepharose 柱上。有 Ca^{2+} 条件下，CaM 与苯基-Sepharose 柱疏水作用力加强，但同时增加了梯度浓度洗脱 CaM 的难度，使 CaM 即使在非常低的离子强度下（不加盐）也有可能不被洗脱。为了洗脱 CaM，可采用含有螯合物的缓冲液进行洗脱。缓冲液中含有过量的 Mg^{2+} 和 EGTA，EGTA 对 Ca^{2+} 有较高的亲和性，在有 Mg^{2+} 存在的条件下有选择地除去 Ca^{2+}，这样可以避免杂蛋白的共纯化。

【主要器材、试剂和实验材料】

1. 主要器材

基础柱层析系统或快速蛋白液相系统；透析袋（相对分子质量 6 000~8 000）；冻干机或冷冻干燥器。

2. 试剂

（1）缓冲液 A（10mmol/L Tris-HCl，pH 8.0，1mmol/L $MgCl_2$，2mmol/L EGTA，1mmol/L β-巯基乙醇） Tris 1.21g，$MgCl_2$ 0.095g，EGTA 0.38g，β-巯基乙醇 70.1μL，溶于水，用 1mol/L HCl 调 pH 值至 8.0，定容至 1 000mL。

（2）含 0.2mol/L NaCl 的缓冲液 B NaCl 11.7g 溶于 200mL 缓冲液 B。

（3）含 8mol/L 尿素的缓冲液 B 尿素 6.01g 溶于 100mL 缓冲液 B。

（4）缓冲液 C（10mmol/L Tris-HCl，pH 8.0，1mmol/L $MgCl_2$，2mmol/L $CaCl_2$，1mmol/L β-巯基乙醇）Tris 1.21g，$MgCl_2$ 0.095g，$CaCl_2$ 0.11g，β-巯基乙醇 70.1μL，溶于水，用 1mol/L HCl 调 pH 值至 8.0，定容至 1 000mL。

（5）含 0.2mol/L NaCl 的缓冲液 C NaCl 11.7g 溶于 200mL 缓冲液 C。

（6）碳酸氢铵（10mmol/L，pH8.0） 碳酸氢铵 0.79g，调 pH 值至 8.0，溶于水，定容至 1 000mL。

3. 实验材料

4.3.4 从 DEAE 离子交换柱收集的含钙调蛋白的组分；疏水层析柱材为苯基-Sepharose 4B（已溶胀）。

【操作步骤】

1. 样品准备

戴上手套，将从 DEAE 柱收集后合并的含钙调蛋白的组分转移至透析袋。在缓冲液 C 中透析过夜。将透析袋中的存留液小心地转移至烧杯，记下体积。留取约 1% 供分析用，并记下该体积。对透析后的样品补加固体 $CaCl_2$ 至终浓度 1mmol/L，以保证 Ca^{2+} 处于饱和状态，并能有效地与固定相吸附。

2. 固定相吸附剂的处理

除去吸附剂中的乙醇后，用缓冲液 B（不含 NaCl）洗涤苯基-Sepharose 吸附剂，以 50% 质量浓度悬于缓冲液 B 中。

3. 装填并平衡层析柱

将约 40mL 的苯基-Sepharose 吸附剂装入一根 2.5cm × 10cm 的玻璃柱。用缓冲液 C（不含 NaCl）以约 2mL/min 的低流速淋洗几个柱体积，平衡层析柱。

4. 加样

给苯基- Sepharose 柱加样，在加样过程中让样品结合 30~60min。

5. 洗涤去杂质

用 2~4 倍体积(60~120mL)含 0.2mol/L NaCl 的缓冲液 C 淋洗层析柱。将清洗液收集于一烧杯或烧瓶中。除去柱顶部的所有缓冲液。

6. 洗脱与收集

用含 0.2mol/L NaCl 的缓冲液 B 洗脱，使有效成分解离(EGTA 对 Ca^{2+} 有较大亲和力，Mg^{2+} 可置换层析柱中 Ca^{2+})，分部收集 2~4mL 组分。监测紫外吸收，吸收峰回至基线后停止。

7. 结果检测

对各组分作 SDS-聚丙烯酰胺凝胶电泳分析，检测 CaM 洗脱液。

8. 样品保存

合并含 CaM 的组分，在 10mmol/L 碳酸氢铵溶液(pH 8.0)中透析，然后冻干。称量最终干燥的 CaM 样品。

9. 层析柱再生

用含 8mol/L 尿素的缓冲液 B 彻底清洗柱子。用缓冲液 B 再生并保存层析柱。

【结果处理】

称量并记录干燥的 CaM 样品。

【注意事项】

注意对透析后的样品补加固体 $CaCl_2$ 至终浓度 1mmol/L，以保证 Ca^{2+} 处于饱和状态，保证样品能有效地与固定相吸附。

【思考题】

疏水作用层析的固定相与流动相与普通吸附层析有何区别？为什么？

4.3.6　钙调蛋白回收率的计算

在 CaM 纯化过程的每步操作中，均留存制备物的等分样品。定量测出各等分试样样品的 CaM 活性；同时，已知每步制备物的总体积，就能算出每步操作的 CaM 的回收率。测定每步制备物中的总蛋白质含量，就能确定比活性，即每单位总蛋白质的蛋白活性数。

一般来说，活性单位(U)可以任何方式定义。不过，所测活性必须对样品呈线性关系，以便能精确定量。用半数最大激活剂量来定义往往是最方便的，因为这一点正处于 S 形激活曲线中线性最好的部分。粗制品的任一等分样品的活性常不能落在线性部分。因此，通常必须测量若干稀释度的样品的活性，以达到精确测定比活性的目的。另外，在计算每一步操作的总活性时，必须考虑取出等分样品所造成的影响。

操作程序	总蛋白质/mg	总活力/U	回收率/%	比活力/(U/mg)	纯化倍数倍
匀浆上清					
硫酸铵沉淀					
pH 4.0 沉淀					
DEAE-Sephadex					
苯基-Sepharose					
纯钙调蛋白					

注：回收率 =（每一步总活力/第一步总活力）×100%；纯化倍数 = 每一步比活力/第一步比活力。

4.3.7   电泳鉴定钙调蛋白纯度

鉴定钙调蛋白纯度可用两种聚丙烯酰胺电泳：有、无 Ca^{2+} 离子存在条件下的 SDS-PAGE 和非变性聚丙烯酰胺凝胶电泳。

【实验目的】

掌握两种鉴定 CaM 纯度的聚丙烯酰胺凝胶电泳的原理和方法。

【实验原理】

聚丙烯酰胺凝胶是由单体丙烯酰胺和交联剂 N，N-甲叉双丙烯酰胺，在催化剂过硫酸铵或核黄素和加速剂四甲基乙二胺的作用下聚合交联而成。

SDS-PAGE 可以消除蛋白质各种亚基间原有的电荷差异，使亚基的构象均呈长椭圆棒状。因此，各种 SDS-蛋白质（或蛋白质亚基）复合物在电场中的迁移速率只受分子质量大小的影响。变性剂 SDS 不影响，CaM 结合 Ca^{2+} 的能力。CaM 结合 Ca^{2+} 后可以大大增强它的表面疏水性。因此，在有 Ca^{2+} 存在的 SDS-PAGE 中，CaM 能比无 Ca^{2+}（有螯合剂）存在时结合更多的 SDS 并具有更快的迁移率。需要注意的是，在有 Ca^{2+} 存在和无 Ca^{2+} 存在的情况下，通过测量 SDS-PAGE 中的相对迁移率而算出的 CaM 的分子质量是不正确的。SDS-PAGE 所能测定的仅仅是电泳迁移率的相对量度而不是分子质量的绝对量度。有 Ca^{2+} 和无 Ca^{2+} 存在时，其表观分子量分别为 $1.2\times10^4\sim1.4\times10^4$ 和 $1.9\times10^4\sim2\times10^4$，而 CaM 真实的相对分子质量为 1.67×10^4。1mmol/L EGTA 和 0.1mmol/L $CaCl_2$ 的缓冲液中的 SDS-PAGE 分别对应有 Ca^{2+} 或无 Ca^{2+} 条件。

非变性聚丙烯酰胺凝胶电泳可用来检测活性蛋白质。CaM 是强酸性的，在 pH 8~9 时带有强的净负电荷，同时其分子质量小，在电场中迁移的速率比较快。

【主要器材、试剂和实验材料】

1. 主要器材

稳压稳流电泳仪；垂直板电泳槽及附件；台式高速离心机；脱色摇床；平板注胶架；注胶用玻板；移液枪。

2. SDS-PAGE 试剂

（1）10×电极缓冲液（0.25mol/L Tris-1.92mol/L 甘氨酸，10.0g/L SDS，pH 8.3）　Tris 30.3g，甘氨酸 144.0g，SDS 10.0g，去离子水溶解后，用 1mol/L HCl 调节 pH 值至 8.3，定容至 1 000mL。用前稀释 10 倍。

①含 1mmol/L EGTA 的 1×电极缓冲液：EGTA 0.38g 溶于 1 000mL 1×电极缓冲液；

②含 0.1mmol/L $CaCl_2$ 的 1×电极缓冲液：$CaCl_2$ 0.01g 溶于 1 000mL 1×电极缓冲液。

（2）15.0g/L 琼脂　琼脂 1.5g 加 1×电极缓冲液 100mL，水浴中溶化。

（3）Acr(0.3g/mL)/Bis(8.0g/L)储备液　Acr 30.0g，Bis 0.8g，水溶后定容至 100mL，0.22μm 膜过滤，4℃冰箱中贮存备用。

（4）4×浓缩胶缓冲液（0.5mol/L Tris-HCl，pH 6.8，4.0g/L SDS）　Tris 6.06g，SDS 0.4g，适量水溶解，然后用 1mol/L HCl 调 pH 值至 6.8，定容至 100mL，0.22μm 膜过滤，4℃保存。

①含 4mmol/L EGTA 的 4×浓缩胶缓冲液：0.1mol/L EGTA 0.4mL 于 9.6mL 4×浓缩胶缓冲液；

②含 0.4mmol/L CaCl$_2$ 的 4×浓缩胶缓冲液：10mmol/L CaCl$_2$ 0.4mL 于 9.6mL 4×浓缩胶缓冲液。

(5)4×分离胶缓冲液(1.5mol/L Tris-HCl, pH 8.8, 4.0g/L SDS)　Tris 18.17g, SDS 0.4g, 适量水溶解, 然后用 1mol/L HCl 调 pH 值至 8.8, 定容至 100mL, 0.22μm 膜过滤, 4℃保存。

(6)0.1g/mL 过硫酸铵　过硫酸铵 1.0g, 加水 10mL 溶解, 现配现用, 冰箱中最多可贮存一周。

(7)2×样品缓冲液(0.25mol/L Tris-HCl, pH 6.8, 40.0g/L SDS, 20% 甘油)　Tris 3.03g, SDS 4.0g, 溶于水, 甘油 20mL, 1mg/mL 溴酚蓝 2mL, 用 HCl 调 pH 值至 6.8, 定容至 100mL, 4℃保存。

①含 2mmol/L EGTA 的 2×样品缓冲液：0.1mol/L EGTA 0.2mL 于 9.8mL 2×样品缓冲液;

②含 0.2mmol/L CaCl$_2$ 的 2×样品缓冲液：10mmol/L CaCl$_2$ 0.2mL 于 9.8mL 4×浓缩胶缓冲液。

(8)染色液(2.5g/L 考马斯亮蓝 R-250)　考马斯亮蓝 R-250 2.50g, 溶于 450mL 甲醇及 100mL 冰醋酸, 溶解后定容至 1 000mL, 过滤备用。

(9)脱色液　甲醇：冰醋酸：水的体积比为 45：10：45。

(10)标准相对分子质量蛋白质　低相对分子质量标准蛋白质溶液, 包括溶菌酶(14 400)大豆胰蛋白酶抑制剂(215 000)、碳酸酐酶(310 000)、卵白蛋白(450 000)、牛血清白蛋白(662 000)、磷酸化酶 B(925 000), 用样品缓冲液配成 2mg/mL 溶液, 在沸水浴中加热 3~4min, 冷却后使用。

(11)TEMED(四甲基乙二胺)　4℃棕色瓶中保存。

(12)SDS　以浓溶液贮存于室温(20℃ 以上, 低温易发生沉淀)　SDS 可配制成 10% SDS 加入以上各种需要 SDS 的溶液中。

3. PAGE 试剂

(1)上槽缓冲液　Tris 6.42g, 谷氨酸 3.98g, β-巯基乙醇 0.7mL, EGTA(0.5mol/L, pH 8.0)2mL, 溶于水, 定容至 1 000mL。

(2)下槽缓冲液　Tris 12.1g, 1mol/L HCl 50mL, 溶于水, 定容至 1 000mL。

(3)5×样品缓冲液　加甘油于含 0.05mg/mL 溴酚蓝的上槽缓冲液中, 至甘油体积分数为 50% 。

(4)染色液　同 SDS-PAGE 试剂。

(5)脱色液　同 SDS-PAGE 试剂。

4. 实验材料

离子交换层析及疏水层析收集的各 CaM 组分。

【操作步骤】

1. SDS-PAGE

(1)样品制备　取实验 4.3.4 和 4.3.5 收集的 CaM 溶液 500μL, 加入 500μL 2×样品缓冲液, 在沸水中加热 3~4min, 待冷却后短暂离心(10s)。

(2)电泳槽的安装　将垂直平板电泳槽装好, 用 15.0g/L 琼脂趁热灌注于电泳槽平板玻璃的底部, 以防漏液。

（3）制胶

①15%分离胶的制备（总体积10mL）：准备50mL烧杯，依次加入Acr（0.3g/mL）/Bis（8.0g/L）5.0mL，pH 8.8 Tris-HCl分离胶缓冲液2.5mL，ddH$_2$O 2.3mL。混匀后减压抽气5min。取出后向烧杯中再加0.1g/mL SDS 0.1mL，0.1g/mL过硫酸铵0.1mL，TEMED 4μL，轻轻摇匀后灌入玻璃板中至适当高度（离玻璃板上边缘3cm），缓慢加入不要产生气泡，立即覆盖2~3mm水层，聚合约1h。

胶聚合好的标志是凝胶与水层之间形成清晰的界面。吸取分离胶面上的水分，将配制好的浓缩胶灌至分离胶上。

②5%浓缩胶的制备（总体积4mL）：另准备一个50mL烧杯，依次加入Acr（0.3g/mL）/Bis（8.0g/L）0.66mL，pH 6.8 Tris-HCl浓缩胶缓冲液1.0mL，ddH$_2$O 2.3mL。混匀后向烧杯中再加0.1g/mL SDS 40μL，0.1g/mL过硫酸铵40μL，TEMED 4μL。轻轻混匀后灌满玻璃板，迅速插入样品梳，静置聚合。浓缩胶应在10min内聚合，在2h内使用。

（4）点样　拔掉样品梳，装好电泳槽，在上、下槽中注入电极缓冲液，用微量注射器点样，每个样品槽点样5~20μL（对于0.15cm的胶最多加15μL样品，样品不能溢出样品槽会导致样品混合）。同时在标准蛋白质泳道点入低分子质量标准蛋白质溶液。在样品上小心地注入电极缓冲液。

（5）电泳　上槽为负极，下槽为正极，连接好电泳仪电源，调节电流为每块胶为8mA，当指示剂进入分离胶后，电流需加大到每块胶16mA，电压恒定在80~100V。当指示染料溴酚蓝到达凝胶前沿还有1~2cm时停止电泳。若pH值不发生变化，电极缓冲液可反复使用，但上、下槽电极液应分开贮存，这样可防止在电泳过程中从凝胶中迁移下来的盐离子等物质干扰下次电泳。

（6）染色　剥胶后用蒸馏水洗涤凝胶，然后浸入染色液中在平台摇床或旋转平台染色1h。取出后用蒸馏水漂洗数次。

（7）脱色　浸入脱色液中振荡脱色，中途经常更换脱色液，至背景清晰透明为止。

（8）照相或凝胶干燥　凝胶可在4℃蒸馏水中长时间保存，或者进行凝胶干燥。凝胶在4%甘油水溶液中平衡至少1h，防止凝胶在干燥时不干裂。先在一块玻璃板上铺一张用水浸润透的玻璃纸，放上胶片，再盖上一张同样处理过的玻璃纸，用玻璃棒赶出可能窝藏的气泡。然后把玻璃纸多余的四边反向贴到玻璃板后面，在室温下自然风干，制成可以长期保存的透明胶片。

2. PAGE

（1）样品制备　取实验4.3.4和4.3.5收集的CaM溶液800μL，加入200μL 5×样品缓冲液，混匀后预备上样。

（2）电泳槽的安装　将垂直平板电泳槽装好，用15.0g/L琼脂趁热灌注于电泳槽平板玻璃的底部，以防漏液。

（3）制胶　准备一个100mL烧杯，依次加入Acr 6.0g，Bis 0.144g，Tris 2.18g，蔗糖4.80g，1mol/L HCl 2.88mL，溶于水并使总体积为47.9mL。向烧杯中再加0.1g/mL过硫酸铵0.1mL，TEMED 5μL，轻轻摇匀后灌入玻璃板中至适当高度（离玻璃板上边缘0.8cm）轻轻叩击玻璃板，释放出所有气泡，插入样品梳，用水覆盖凝胶至凝聚。

（4）点样　拔掉样品梳，装好电泳槽，将上槽缓冲液和下槽缓冲液倒入相应的槽中。用微量注射器点样，每个样品槽点样5~20μL（对于0.15cm的胶最多加15μL样品，样品不能溢出样品槽否则会导致样品混合）。同时，在标准蛋白质泳道点入低分子质量标准蛋白质溶液。在样品上小心地注入电极缓冲液。

（5）～（8）步骤同 SDS-PAGE 的（5）～（8）步骤。

【结果处理】

1. 仔细观察、记录并解释实验过程中的现象。

2. 拍照记录电泳结果，并分析两种电泳的目的及不同之处。

【注意事项】

1. Acr 和 Bis 是强神经毒剂，可通过皮肤吸收。它们的毒性有累积效应，称量时应戴手套和口罩。

2. 过硫酸铵和 TEMED 对黏膜和上呼吸道组织、眼睛和皮肤有很大的破坏作用，吞服可致命。操作时应戴手套、防护镜、面罩及穿防护服，并在通风橱中进行操作。

3. 巯基乙醇如吸入或通过皮肤吸收对人体有害。高浓度对黏膜、上呼吸道、皮肤和眼睛极具破坏性。操作时应配戴手套和防护镜，并在通风橱中进行操作。

4. 操作粉剂 SDS 应戴口罩和面罩。

【思考题】

1. 两种鉴定 CaM 的聚丙烯酰胺凝胶电泳的目的和原理有何区别？

2. 影响聚丙烯酰胺凝胶化学聚合速度的因素有哪些？

4.4　蔗糖酶的提取及纯化

蔗糖酶（sucrase，EC 3.2.1.26）又称转化酶（invertase），可作用于 β-1,2-糖苷键，将蔗糖水解为 D-葡萄糖和 D-果糖。由于果糖甜度高，为蔗糖的 1.36～1.60 倍，在工业上具有较高的经济价值。可用于转化蔗糖，增加甜味，制造人造蜂蜜，防止高浓度糖浆中的蔗糖析出，制造含果糖和巧克力的软心糖，还可为果葡糖浆的工业化生产提供新的方法。

目前，关于酵母中蔗糖酶提取纯化方面的研究较多，以甲苯自溶法最为常见。本实验可以采用甲苯自溶法、菌体自溶法、冻融法、SDS 抽提法 4 种不同的方法从酵母中提取蔗糖酶，将冻融法和 SDS 法提取的蔗糖酶进一步纯化，并对其基本性质进行了研究。通过不同提取方法的比较，为酵母蔗糖酶在食品工业中的应用和蔗糖酶基因工程产品的下游技术开发，提供了实验依据。

4.4.1　蔗糖酶的提取及部分纯化

【实验目的】

1. 学习微生物细胞破壁方法。

2. 了解有机溶剂沉淀蛋白质的原理。

【实验原理】

微生物细胞可以在外界机械压力（如超声波等）和一些酶（如蜗牛酶）的共同作用下使细胞壁破碎，还可以将菌体置于适当的 pH 值和温度下，利用组织细胞自身的酶系将细胞破坏，使细胞内物质释放出来。根据蔗糖酶的性质，通过热处理、离心、有机溶剂沉淀等方法将目的蛋白质进行初步分离纯化。

【主要器材、试剂和实验材料】

1. 主要器材

高速冷冻离心机；离心管（50mL）；水浴锅；研钵；pH 计或广泛 pH 试纸；量筒（50mL）；烧杯（250mL）。

2. 试剂

二氧化硅；冰块；醋酸钠；醋酸；甲苯；乙酸乙酯；SDS；95% 乙醇；蒸馏水。

3. 实验材料

啤酒酵母或面粉发酵用酵母。

【操作步骤】

1. 蔗糖酶的提取

根据干粉酵母和湿酵母的差异，提供 4 种粗提的方法供大家选择。

（1）甲苯自溶法　称取酵母 10g，加入 20mL 蒸馏水使其溶解，加入 2.4g 醋酸钠和 4.5mL 甲苯，摇床振荡 10min，37℃恒温水浴 60h。再加入 4.8mL 4mol/L 醋酸和 15mL 蒸馏水，调 pH 值至 4.5，于 4℃ 3 000r/min 离心 30min，离心后将中层清液移出即为粗制酶液，4℃保存。

（2）菌体自溶法　将 15g 高活性干酵母粉倒入 250mL 烧杯中，少量多次加入 50mL 蒸馏水，搅拌均匀，成糊状后加入 1.5g 醋酸钠、25mL 乙酸乙酯搅匀，再于 35℃水浴锅中搅拌 30min，观察菌体自溶现象。补加蒸馏水 30mL 搅匀、盖好，于 35℃水浴锅中恒温过夜。8 000r/min 离心 10min，弃沉淀、脂层，上清液即为蔗糖酶粗提液，4℃保存。

（3）冻融法　称取酵母 10g，加入 20mL 蒸馏水，置于预先冷却的研钵中，研磨 25min，冰箱中冷冻约 15min（以研磨内液面上刚出现冻结为宜），取出再研磨 25min，重复以上步骤 2 次。后置于冰箱中冷冻 3h 取出，温浴融化，用 1mol/L 醋酸调 pH 值至 5.0，40℃水浴 30min，冷却后 4℃ 12 000r/min 离心 15min，取上清液即为粗制酶液，4℃保存。

（4）SDS 抽提法　称取酵母 10g，加入 60mL 0.3mmol/L SDS 溶解，40℃水浴 12h 后取出，4℃ 12 000r/min 离心 15min，取上清液即为粗制酶液，4℃保存。

2. 热处理纯化

（1）预先将恒温水浴调到 50℃，将盛有粗级分 I 的离心管稳妥地放入水浴中，50℃保温 30min，在保温过程中不断轻摇离心管。

（2）取出离心管，于冰浴中迅速冷却，4℃ 10 000r/min 离心 10min。

（3）将上清液转入量筒，量出体积，留出 1.5mL 测定酶活力及蛋白质含量（称为热级分 II）。

3. 乙醇分级纯化

在冻融法和 SDS 抽提法提取的粗制酶液中加入乙醇使其质量分数达 30%，4℃放置过夜，4℃ 12 000r/min 离心 15min，取上清液，再追加乙醇使其终质量分数达 50%。4℃放置 1h，4℃ 12 000r/min 离心 15min，弃上清液，沉淀用蒸馏水溶解，4℃保存。

【结果处理】

观察、记录并解释实验现象。

【注意事项】

注意热处理纯化的温度是 50℃，高于或低于 50℃均不利于蔗糖酶的活性和纯化。

【思考题】

1. 有机溶剂沉淀的原理是什么？
2. 蛋白质制备可分为哪几个基本阶段？

4.4.2　离子交换层析纯化蔗糖酶

【实验目的】

掌握离子交换层析的原理及其操作要点。

【实验原理】

从复杂的混合物中，分离性质相似大分子的方法之一，依据的原理是物质的酸碱性和极性，也就是所带阴阳离子不同，电荷不同的物质，对管柱上的离子交换剂有不同的亲和力，改变冲洗液的离子强度和 pH 值，物质就能依次从层析柱中分离出来。蛋白质由氨基酸组成，不同的氨基酸有不同的等电点，不同的蛋白质其等电点也是不相同的。这个决定了在同一 pH 值下，蛋白质所带电性和电荷量是有差异的，如在 pH 7.0 时，有些蛋白质带正电，有些带负电，有些蛋白质不带电，在带正电的蛋白质中，不同的蛋白质所带的电荷量也是不同的，带负电的蛋白质也是如此。此外，不同分子质量的蛋白质和折叠而成的空间结构也决定了蛋白质的表面电荷密度是不同的，以上综合因素决定了在同等条件下每种蛋白质都有唯一的特征常数。

蛋白质离子交换层析以离子交换剂为固定相、液体为流动相的系统中进行，蛋白质的特征常数决定了在相同 pH 值下蛋白质与离子交换剂的亲和力是唯一的。当洗脱液的 pH 值改变或者盐离子浓度逐渐提高时，使某一种蛋白质的电荷被中和，与离子交换剂的亲和力降低，不同的蛋白质按所带电荷的强弱逐一被洗脱下来，从而达到分离的目的。离子交换层析具有浓缩效应，可以实现低浓度蛋白质的提取，具有重要的实际意义。

【主要器材、试剂和实验材料】

1. 主要器材

基础柱层析系统或快速蛋白液相系统；真空泵；抽滤瓶；pH 计；磁力搅拌器。

2. 试剂

0.5mol/L HCl；0.5mol/L NaOH；0.02mol/L Tris-HCl 缓冲液（pH 7.0）；0.02mol/L Tris-HCl 缓冲液（pH 7.0，含 0.2mol/L NaCl）。

3. 实验材料

4.4.1 实验所得蔗糖酶醇级分；层析柱材为 DEAE-纤维素（DEAE-23）。

【操作步骤】

1. 离子交换剂的处理

称取 1.5g DEAE 纤维素（DEAE-23）干粉，用水充分溶胀后，加入 0.5mol/L NaOH 溶液（约 50mL），轻轻搅拌，浸泡至少 0.5h，不超过 1h，用玻璃砂漏斗抽滤，并用去离子水洗至近中性。抽干后，放入小烧杯中，加 50mL 0.5mol/L HCl，搅匀，浸泡 0.5h，同上，用去离子水洗至近中性后，抽干备用。实际操作时，通常纤维素浸泡回收后，按"碱—酸"的顺序洗即可。

2. 装柱与平衡

处理过的 DEAE 纤维素放入烧杯，加少量水边搅拌边倒入保持垂直的层析管中，使 DEAE 纤维素缓慢沉降。交换剂在柱内必须分布均匀，等其沉淀完全后用 0.02mol/L Tris-

HCl 缓冲液(pH 7.0)平衡柱床直至中性。

3. 上样和洗脱

上样前先准备好梯度洗脱液，采用 50mL 0.02mol/L Tris-HCl 缓冲液(pH 7.0)和 50mL 0.02mol/L (pH 7.0 含 0.2mol/L NaCl) 的 Tris-HCl 缓冲液进行线性梯度洗脱。分别将含 NaCl 的高离子强度溶液和不含 NaCl 的低离子强度溶液放在梯度混合仪上，在低离子强度溶液的一边放入一个搅拌子，连接好装置。

用 3mL 缓冲液溶解醇级分Ⅲ，留取 1mL 用于测定酶活力及蛋白质含量，剩余的部分 4 000r/min 离心 1min 除去不溶物，取上清液小心地加到层析柱上，不要扰动柱床(上样前在柱床表面需加入一张同样大小的滤纸)。上样后用缓冲液洗去柱中未吸附的蛋白质样品，直至核酸蛋白质检测仪 A_{280} 恢复到上样前的数据时，夹住层析柱出口。将恒流泵与层析柱连接好，打开磁力搅拌器，开始梯度洗脱，连续收集洗脱液，流速控制在 0.25~0.3mL/min。两个小烧杯中的洗脱液用尽后，未洗脱充分，也可将所配制的剩余 30mL 高离子强度洗脱液倒入小烧杯继续洗脱。

4. 各管洗脱液酶活力的定性测定

根据记录仪所出的峰，分别合并每个峰顶周围的 2~3 管，进行蔗糖酶活力测定，以确定样品峰，然后对样品峰进行合并，使用 PEG 2000 透析浓缩为 1mL(该溶液为柱级分Ⅳ)，置于 4℃保存。

【结果处理】

在同一张图上绘制出所有管的酶活力和吸光值 A_{280} 曲线及洗脱梯度线。

根据从收集管中所取样品的检测结果，进行目标峰的判定。

【注意事项】

1. 柱材料处理时最好采用真空泵抽滤的方法，不推荐选用静置弃去上清液，防止材料损失严重。

2. 装柱时注意连续装柱，防止柱材料沉淀不均匀。

3. 上样前样品需离心，并且在柱床表面需加入一同样大小的滤纸或滤膜，防止样品残渣堵塞层析柱。

【思考题】

1. 简述离子交换层析的原理是什么？

2. 离子交换剂类型有哪些？各有何用途？

4.4.3　凝胶过滤层析纯化蔗糖酶

【实验目的】

掌握凝胶过滤层析的基本方法和操作。

【实验原理】

凝胶过滤层析(GFC)法又称排阻层析或分子筛方法，主要是根据蛋白质的大小和形状进行分离和纯化。层析柱中的填料是某些惰性的多孔网状结构物质，多是交联的聚糖(如葡聚糖或琼脂糖)类物质，使蛋白质混合物中的物质按分子大小的不同进行分离。一般是大分子先流出来，小分子后流出来。它的突出优点是层析所用的凝胶属于惰性载体，不带电荷，吸附力弱，操作条件比较温和，可在相当广的温度范围下进行，不需要有机溶剂，并且对分离成分理化性质的保持有独到之处。对于高分子物质有很好的分离效果。

【主要器材、试剂和实验材料】

1. 主要器材

与 4.4.2 实验基本相同。

2. 试剂

平衡缓冲液：0.05mol/L Tris-HCl 缓冲液(pH 7.0)。

3. 实验材料

4.4.2 实验所得蔗糖酶离子交换柱层析产物；凝胶过滤柱材为 Sephadex G-75。

【操作步骤】

1. Sephadex G-75 凝胶的处理

称取 5g Sephadex G-75，加 200mL 蒸馏水在室温下溶胀至少 24h(或在沸水浴中溶胀 1h)。待凝胶溶胀平衡后，用倾泻法除去细小颗粒，再加入与凝胶等体积的平衡缓冲液，在真空干燥器中减压抽气 10min。

2. 装柱

将层析柱垂直固定，在柱内加入少量缓冲液以排尽层析柱下端的气泡，旋紧柱下端的螺旋夹，将处理好的凝胶轻轻搅拌均匀，在玻璃棒引流下注入层析柱中，同时开启螺旋夹，控制一定流速。若分次装入，需用玻璃棒轻轻搅动已沉积的柱床表层凝胶，再进行二次装柱，以免出现界面影响分离效果(最好一次装到所需的凝胶高度)。装柱后形成的凝胶床至少长 45cm，并使胶床表面保持 2~3cm 液层，在胶床表面小心地覆盖上一层滤纸片。

3. 平衡

用平衡缓冲液洗柱，平衡缓冲液所需体积为柱床体积的 2~3 倍。

4. 上样

旋开层析柱下端旋钮，待胶床上部的缓冲液几乎全部进入凝胶(即缓冲液液面与胶床平面相切)时，立即加入 3mL 蔗糖酶溶液，待其刚好完全进入胶床时，沿层析柱内壁缓慢加入 0.5mL 平衡缓冲液。当胶床表面仅留约 1mm 液层时，用胶头滴管在柱床表面小心加入 2cm 左右高的洗脱缓冲液。

5. 洗脱

用 0.05mol/L Tris-HCl 缓冲液(pH 7.0)洗脱，观察记录仪记录的洗脱曲线并确定对应蛋白峰在部分收集器中的管号。收集各蛋白峰，标记清楚后置于-20℃。

6. 凝胶柱的重复使用、凝胶回收与保存

一次装柱后可以反复使用，不必特殊处理，并不影响分离效果。为了防止凝胶染菌，可在一次层析后加入 0.02% 叠氮化钠，在下次层析前应将抑菌剂除去，以免干扰洗脱液的测定。

【结果处理】

观察、记录并解释实验现象。

【注意事项】

1. 凝胶过滤层析过程中特别是上样过程中勿出现干柱，凝胶过滤的上样量一般为柱床体积的 5%~7%。

2. 建议初次上样量控制在柱床体积的 1%~2%，视分离情况逐步增加。

3. 柱高的选择也与分离要求相关，组分复杂的物质要有一定柱高和流速控制。

【思考题】

影响凝胶过滤层析实验结果的主要因素有哪些?

4.4.4　蔗糖酶各级分活力及蛋白质含量测定

【实验目的】

学习蔗糖酶活力测定和酶分离纯化各个步骤可行性，以及分离纯化蛋白质的评价方法。

【实验原理】

为了测定各级分中酶活力大小和比活力，计算出各纯化步骤的纯化倍数，从而对其进行评价。本实验中酶活力定义为一定时间内催化反应生成的还原糖的量，比活力为每毫克蛋白质样品的酶活力大小。

测定还原糖的方法有很多，如斐林试剂法、Nelson's 试剂法、水杨酸试剂法等。Nelson's 试剂法中涉及有毒试剂的使用；而斐林试剂法灵敏度较高，但是数据波动大，反应后溶液的颜色随时间会有变化，因此，加样和测定吸收值需要严格计时。通过对各种方法的比较研究，认为水杨酸试剂法相对较为稳定。

本实验采用 3,5-二硝基水杨酸(dinitrosalicylic acid，DNS)试剂法测定反应中还原糖的生成量，从而确定各级分中蔗糖酶的活力大小。其原理是在碱性条件下，蔗糖酶催化蔗糖水解，生成 1 分子葡萄糖和 1 分子果糖。这些还原糖作用于黄色的 DNS，生成棕红色的 3-氨基-5-硝基水杨酸，还原糖本身被氧化成糖酸及其他产物，生成的棕红色 3-氨基-5-硝基水杨酸产物颜色深浅的程度与还原糖的量成一定的比例关系，在 540nm 波长下测定棕红色物质的吸光值，查对应标准曲线并计算，便可求出样品中还原糖的量。

【主要器材、试剂和实验材料】

1. 主要器材

分光光度计；比色皿；水浴锅；电磁炉；移液管或移液器；试管；试管架。

2. 试剂

(1) 0.4mol/L NaOH。

(2) 3,5-二硝基水杨酸(DNS)　精确称取 1g 3,5-二硝基水杨酸溶于 20mL 1mol/L NaOH 中，加入 50mL 蒸馏水，再加入 30g 酒石酸钾钠，待溶解后用蒸馏水稀释至 100mL，盖紧瓶盖，防止 CO_2 进入。

(3) 0.25% 苯甲酸溶液(200mL)　配葡萄糖用，防止时间长溶液长菌，也可以用去离子水代替。

(4) 20mmol/L 葡萄糖标准液　精确称取无水葡萄糖 0.36g，以 0.25% 苯甲酸溶液溶解后，定容到 100mL 容量瓶中。

(5) 0.2mol/L 蔗糖溶液　50mL 分装于小试管中冻存保存，因蔗糖极易水解，用时取出一管化冻后摇匀。

(6) 0.2mol/L 醋酸缓冲液　pH 4.9，200mL。

(7) 200μg/mL 牛血清白蛋白标准溶液　精确配制 50mL。

(8) 考马斯亮蓝 G-250 染料试剂　100mg 考马斯亮蓝 G-250 全溶于 50mL 95% 乙醇后，加入 100mL 85% 磷酸，用去离子水稀释到 1 000mL。

3. 实验材料

蔗糖酶 4.4.1 实验、4.4.2 实验、4.4.3 实验各个级分材料。

【操作步骤】

1. 各级分蛋白质含量的测定

（1）标准曲线的制备　采用考马斯亮蓝 G-250 法测定蛋白质含量，取不同体积 200μg/mL 牛血清白蛋白标准溶液，用蒸馏水配成一定的梯度溶液，与考马斯亮蓝 G-250 显色后在 595nm 测定其吸光值，以吸光值 A_{595} 对蛋白质含量作标准曲线，具体如下：

试剂	试管编号										
	0	1	2	3	4	5	6	7	8	9	10
牛血清白蛋白/mL	0	0.1	0.2	0.3	0.4	0.5	0.6	0.7	0.8	0.9	1.0
牛血清白蛋白/μg	0	20	40	60	80	100	120	140	160	180	200
H_2O/mL	1.0	0.9	0.8	0.7	0.6	0.5	0.4	0.3	0.2	0.1	0
考马斯亮蓝 G-250/mL	5	5	5	5	5	5	5	5	5	5	5
A_{595}											

（2）各级分蛋白质含量的测定　各级分先要仔细寻找和测试出合适的稀释倍数，下列稀释倍数仅供参考：

粗级分 Ⅰ：5~10 倍；

热级分 Ⅱ：5~10 倍；

醇级分 Ⅲ：10~20 倍；

柱级分 Ⅳ：20~40 倍。

确定了稀释倍数后，按照下表加入各试剂，进行样品测定，然后参照标准曲线计算出各级分蛋白质浓度。

试管编号 试剂	对照管	粗级分 Ⅰ			热级分 Ⅱ			醇级分 Ⅲ			柱级分 Ⅳ		
		1	2	3	4	5	6	7	8	9	10	11	12
酶液/mL	0	1	1	1	1	1	1	1	1	1	1	1	1
H_2O/mL	1	0	0	0	0	0	0	0	0	0	0	0	0
考马斯亮蓝 G-250/mL	5	5	5	5	5	5	5	5	5	5	5	5	5
A_{595}													

2. 还原糖含量测定

采用水杨酸试剂显色法，通过测定反应后样品中还原糖的量来确定酶活力。

（1）标准曲线的制作　取不同体积的 20mmol/L 葡萄糖标准溶液，用蒸馏水配制成一定的梯度溶液，与水杨酸试剂显色后在 540nm 下测定其吸光值，以吸光值 A_{540} 对葡萄糖浓度作标准曲线，具体如下：

试剂	试管编号										
	0	1	2	3	4	5	6	7	8	9	10	
20mmol/L 葡萄糖/mL	0	0.1	0.2	0.3	0.4	0.5	0.6	0.7	0.8	0.9	1.0	
葡萄糖/μmol	0	2	4	6	8	10	12	14	16	18	20	
H_2O/mL	1.0	0.9	0.8	0.7	0.6	0.5	0.4	0.3	0.2	0.1	0	
DNS/mL	2	2	2	2	2	2	2	2	2	2	2	
沸水浴 5min，流水冷却，定容至 25mL												
A_{540}												

（2）级分Ⅰ、Ⅱ、Ⅲ和Ⅳ酶活力大小的测定　用0.02mol/L醋酸缓冲液（pH 4.9）稀释各级分酶液，试测出各级分合适的稀释倍数，下列稀释倍数仅供参考：

粗级分Ⅰ：10~20倍；

热级分Ⅱ：10~20倍；

醇级分Ⅲ：100~200倍；

柱级分Ⅳ：100~200倍。

按照下表的顺序在时试管中加入各试剂，进行测定。

项目	对照	粗级分Ⅰ			热级分Ⅱ			醇级分Ⅲ			柱级分Ⅳ			葡萄糖		
	1	2	3	4	5	6	7	8	9	10	11	12	13	14	15	16
酶液/mL	0	0					0.6							0	0	
醋酸缓冲液/mL	0	0.2					0.2							0	0	
20mmol/L 葡萄糖/mL	0	0														0.2
0.4mol/L NaOH /mL	1.0	0						0							0	0
0.2mol/L 蔗糖 /mL	0	0.2					0.2							0	0	0
				加入蔗糖，立即摇匀开始计时，室温准确反应10min后，向3~14管加入NaOH终止反应												
DNS/mL	2.0	2.0					2.0								2.0	2.0
				沸水浴加热5min，立即用自来水冷却，用蒸馏水 H_2O 定容至25mL												
A_{540}																

（3）计算各级分的比活力，纯化倍数及回收率，并将数据列于下面酶的纯化表。

级分	记录体积/mL	校正体积/mL	蛋白质/(mg/mL)	总蛋白质/mg	酶活力/(U/mL)	总活力/U	比活力/(U/mg)	纯化倍数	回收率/%
Ⅰ								1.0	100
Ⅱ									
Ⅲ									
Ⅳ									

注：一个酶活力单位（U），是在给定的实验室条件下，每分钟能催化1mol蔗糖水解所需的酶量，而水解1mol蔗糖则生成2mol还原糖，计算时请注意。

【结果处理】

依据下列公式计算蔗糖酶活力和酶的比活力

$$酶活力 = \frac{\Delta A_{540} 对照标准曲线得还原糖的含量 \times N}{V_s}$$

式中　ΔA_{540}——540nm 处所测定的样品的吸光值；

　　　V_s——样品测定时所用的体积（mL）；

　　　N——样品稀释的倍数。

$$酶比活力 = \frac{酶活力}{单位体积样品的蛋白质含量}$$

【注意事项】

1. 在进行各级分酶活力大小测定的表格中，第 1 管为 0 时间对照，在加入 0.2mL 蔗糖之前，先加入 NaOH，防止酶解作用。此管只用于观察，不进行计算；15、16 管为葡萄糖的空白与标准。其测定结果可以与标准曲线中测定的结果进行对照，从而对两次操作过程进行严格控制。

2. 标准曲线的制作过程与样品的测定过程中操作一定要严格一致。

3. 结果计算时，注意酶活力和比活力的单位。

【思考题】

1. 通过本实验学习、总结酶的分离纯化过程中有哪些注意事项？

2. 简述酶活力和比活力的概念，它们在蛋白质分离纯化过程中各有什么作用？

4.5　酵母醇脱氢酶的分离纯化和活性测定

醇脱氢酶（alcoholdehydrogenase，ADH，EC1.1.1.1）是一种含锌的金属酶，可催化醇和醛的相互转化，广泛应用于各个领域，因而对其分离纯化和活性测定具有重要的实际意义。除乙醇外，醇脱氢酶还可以催化其他的醇转化为醛。醇脱氢酶也广泛分布于酵母、动物（肝脏）、高等植物（特别在发芽时）及细菌等生物体内。由酵母中获得的醇脱氢酶相对分子质量约 $1.5×10^5$，是由 4 个亚基组成的寡聚疏基酶，能够与 4 个 NAD^+ 及锌结合在人体内，90%~95% 以上的乙醇是由肝脏中的氧化途径完成分解，其中由醇脱氢酶及醛脱氢酶催化的反应是最主要的步骤。

4.5.1　酵母醇脱氢酶的分离纯化

【实验目的】

通过本实验掌握酵母醇脱氢酶的分离纯化原理及方法。

【实验原理】

有机溶剂具有脱水作用和较低的介电常数可导致蛋白质的沉淀。本实验利用热变性和一定浓度的有机溶剂沉淀杂蛋白，初步分离出醇脱氢酶，然后继续用机溶剂沉淀醇脱氢酶，从而达到分离纯化的目的。每个提纯步骤都需要测定酶蛋白质含量和活力，并计算酶的比活力。酶的比活力提高了，才能证明提纯措施有效。

【主要器材、试剂和实验材料】

1. 主要器材

离心机；离心管；水浴锅；烧杯；量筒；容量瓶；天平等。

2. 试剂

(1) 0.066mol/L Na_2HPO_4　称取 NaH_2PO_4 9.37g，溶于水，定容至 1 000mL。

(2) 0.01mol/L K_2HPO_4　称取 K_2HPO_4 1.74g，溶于水，定容至 1 000mL。

(3) 丙酮（预冷）。

3. 实验材料

干酵母粉：将新鲜酵母分散成小块，吹干，然后研磨成粉末，过 80 目筛。

【操作步骤】

1. 酵母醇脱氢酶的提取（1 号酶液）

称取酵母 2.0g，加入少量石英砂和 Na_2HPO_4 溶液 5.0mL，研磨 10min，转入 50mL 离

心管。用 20mL Na_2HPO_4 溶液分次冲洗研钵，转入离心管、混匀。于 4℃ 5 000r/min 离心 5~10min。取上清液，测定体积 V_1。从上清液中取 1.5mL，4℃保存(用于测定酶活力和蛋白质浓度)。剩余的上清液继续下一步实验。

2. 热变性除去杂蛋白(2 号酶液)

剩余的上清液在 55℃ 保温 15~20min，冰浴中冷却 5min。于 4℃ 5 000r/min 离心 5~10min，取上清液，测定体积 V_2。取 1.5mL，4℃保存备用(用于测定酶活力和蛋白质浓度)。剩余的上清液放置于冰浴中。

3. 有机溶剂除去杂蛋白(3 号酶液)

在上清液中加入预冷(−2℃以下)的丙酮(体积比 2∶1)，混匀，4℃静置 15min。于 4℃ 5 000r/min 离心 5~10min，取上清液，测定体积 V_3。取 1.5mL，4℃保存备用(用于测定酶活性力和蛋白质浓度)。剩余上清液转入预冷的 50mL 离心管。

4. 有机溶剂沉淀醇脱氢酶(4 号酶液)

按 100mL 上清液加 55mL 丙酮的比例，加入预冷(−2℃以下)的丙酮，混匀。4℃静置 15min。于 4℃ 5 000r/min 离心 10~15min。弃上清，沉淀溶于 5mL 0.01mol/L K_2HPO_4 中，体积为 V_4(5mL)，4℃保存(用于测定酶活力和蛋白质浓度)。

【结果处理】

保存 1、2、3、4 号酶液并记录其体积。

【注意事项】

1. 有机溶剂加入水溶液时，发生放热反应会引起蛋白质的变性，因此需要预冷有机溶剂至−10℃，而且整个操作需要在低温下进行。

2. 加入适量的中性盐能增加蛋白质在有机溶剂中的溶解度，降低有机溶剂对蛋白质的变性作用，同时还可提高分级分离效果。但加入的盐过多会引起蛋白质的沉淀析出，影响有机溶剂的分级分离效果。因此，有机溶剂沉淀蛋白质时，通常在稀盐溶液或低浓度缓冲液中进行。

【思考题】

为什么可以用不同浓度的丙酮沉淀杂蛋白和醇脱氢酶？

4.5.2　酵母醇脱氢酶的活力测定

【实验目的】

通过本实验掌握酵母醇脱氢酶的活力测定原理及方法。

【实验原理】

醇脱氢酶催化的反应方程式为

$$CH_3CH_2OH + NAD^+ \longrightarrow CH_3CHO + NADH + H^+$$

当乙醇过量时，NAD^+ 被还原成 NADH 的速度与酶活力成正比。NADH 在 340nm 有较强吸收，可测定单位时间内 NADH 的生成量以确定酶的活力。醇脱氢酶 1 个活力单位(U)定义为每分钟 A_{340} 增加 0.001。

【主要器材、试剂和实验材料】

1. 主要器材

紫外光分光光度计；微量移液器。

2. 试剂

（1）3.0mol/L 乙醇　无水乙醇 174.6mL（乙醇相对密度为 0.789，相对分子质量为 46.07），用蒸馏水稀释至 1 000mL。

（2）0.06mol/L 焦磷酸钠（pH 8.5）　$Na_4P_2O_7 \cdot 10H_2O$ 26.76g，溶于水，定容至 1 000mL。

（3）0.001 5mol/L NAD^+　NAD^+ 0.995g，溶于水，定容至 1 000mL。

3. 实验材料

4.5.1 实验分步提取的酶液。

【操作步骤】

1. 稀释酶液

取 4 支试管，分别加入 1~4 号酶液各 0.5mL，再分别加入 0.01mol/L K_2HPO_4 4.5mL，使酶液稀释 10 倍。

2. 酶促反应

另取 4 支试管，每管加入：3.0mol/L 乙醇 0.1mL，0.06mol/L 焦磷酸钠 0.5mL，0.0015mol/L NAD^+ 0.3mL，蒸馏水 1.6mL，置于容量为 4mL 的石英比色杯中。依次加入 0.2mL 上述 1~4 号稀释酶液，混匀后立即测定 A_{340} 的变化，每隔 15s 测定 1 次，直至 A_{340} 不变，记录反应时间和 A_{340}。

【结果处理】

以每分钟 A_{340} 增加 0.001 定义为 1 个酶活力单位（U）。

$$1.0mL\ 酶原液的酶活力 = \Delta A_{340} \times 1\ 000 \times 10/0.2$$

式中　ΔA_{340}——每分钟 A_{340} 的增加值；

1 000——A_{340} 增加 0.001 为 1U；

10——稀释倍数；

0.2——测定时加入酶液的体积。

将结果记录于下表中：

酶液	ΔA_{340}/min	1.0 mL 原液的酶活力/（U/mL）
1 号-粗提液		
2 号-热变性去除杂蛋白		
3 号-有机溶剂去除杂蛋白		
4 号-有机溶剂沉淀酶蛋白		

【注意事项】

注意根据酶活性的高低稀释合适的倍数。

【思考题】

醇脱氢酶的测定原理是什么？

4.5.3　酵母脱氢酶液的蛋白质含量测定

【实验目的】

通过本实验掌握考马斯亮蓝 G-250 法测定蛋白质含量的原理和方法。

【实验原理】

考马斯亮蓝 G-250 法是由 Bradford 在 1976 年根据蛋白质与染料相结合的原理建立的一种蛋白质含量测定方法，也称为 Bradford 法。考马斯亮蓝 G-250 是一种染料，在游离状态下呈棕红色，其最大吸收波长为 465nm。蛋白质中的碱性氨基酸(尤其是精氨酸)和芳香族氨基酸残基能与染料分子结合而变为蓝色，结合后最大吸收波长为 595nm。吸光值与蛋白质含量成正比，可用于蛋白质的微克级定量测定。

【主要器材、试剂和实验材料】

1. 主要器材

可见光分光光度计；微量移液器；试管；容量瓶等。

2. 试剂

(1)标准蛋白质溶液　准确称取 100mg 牛血清白蛋白，溶于蒸馏水，定容至 100mL，配制 1 000μg/L 的蛋白质原液。取 10mL 稀释至 100mL，即为浓度是 100μg/mL 的标准蛋白质溶液。

(2)考马斯亮蓝 G-250 试剂　考马斯亮蓝 G-250 100mg 溶于 50mL 90%乙醇，加 85%磷酸 100mL，用蒸馏水定容到 1 000mL，保存于棕色试剂瓶中。常温下可放置 1 个月。

3. 实验材料

4.5.1 实验分步提取的酶液。

【操作步骤】

1. 标准曲线的制作

取 6 支具塞试管，按下表加入试剂。盖上塞子，摇匀。放置 2min 后在 595nm 波长下比色测定(比色应在 1h 内完成)。以标准蛋白质(μg)为横坐标，以 A_{595} 为纵坐标，绘制标准曲线。

管号	1	2	3	4	5	6
标准蛋白质液/mL	0	0.2	0.4	0.6	0.8	1.0
蒸馏水/mL	1.0	0.8	0.6	0.4	0.2	0
考马斯亮蓝 G-250 试剂/mL	5.0	5.0	5.0	5.0	5.0	5.0
蛋白质含量/μg	0	20	40	60	80	100
A_{595}						

2. 酶液中蛋白质浓度的测定

分别取 1~4 号酶液 0.1mL，各加入 4.9mL 蒸馏水(稀释 50 倍)。混匀后各取 1.0mL 加入试管中，加 G-250 染料 5.0mL，混匀，放置 2min，在 595nm 比色，记录吸光值，通过标准曲线计算蛋白质的含量。

【结果处理】

$$酶液中蛋白质浓度(mg/mL) = m × 50/1\ 000$$

式中　m——根据酶液样品的吸光值从标准曲线上查得的每毫升的蛋白质含量(μg)；

　　　50——稀释倍数；

　　　1 000——1μg 等于 $1×10^{-3}$mg。

将测定的结果记录于下表：

纯化步骤	总体积/mL	蛋白质浓度/(mg/mL)	总蛋白质/mg	1mL 酶活力/(U/mL)	总活力/U	比活力/(U/mg)	蛋白质回收率/%	酶活力的回收率/%
粗提							100	100
热变性去除杂蛋白								
有机溶剂除杂蛋白								
有机溶剂沉淀酶								

注：总蛋白质(mg) = 总体积(mL)×蛋白质浓度(mg/mL)

　　总活力(U)= 总体积(mL)×1mL 原液的酶活力(U/mL)

　　比活力 (U/mg)= 总活力(U)/总蛋白(mg)

　　蛋白质回收率(%)= 每一步总蛋白质/第一步总蛋白质

　　酶的回收率(%)= 每一步总活力/第一步总活力

【注意事项】

注意根据蛋白质含量的高低稀释合适的倍数。

【思考题】

比较考马斯亮蓝法、双缩脲法、Folin−酚试剂法和紫外吸收法测定蛋白质含量的原理和优缺点。

4.6　种子蛋白质系统分析

禾谷类作物种子是人类特别是发展中国家人民的主要蛋白质来源，种子中蛋白质含量是衡量其品质和营养价值的重要指标之一。对现有谷物种质资源进行评价、利用以及对育成品系进行品质筛选，都需要对种子蛋白质组分进行分析。

4.6.1　氨基酸自动分析仪分析种子蛋白质氨基酸组分

氨基酸是蛋白质的基本结构单位。不同蛋白质的性质和功能各异，但都是由 20 种氨基酸按不同比例组合而成，其中 8 种必需氨基酸必须由蛋白质类食物供给。人体和动物的 8 种必需氨基酸分别是缬氨酸、亮氨酸、异亮氨酸、苯丙氨酸、蛋氨酸、色氨酸、苏氨酸和赖氨酸。食品中蛋白质的含量多少、必需氨基酸的含量是否丰富以及比例是否与人体接近，对食品的营养品质影响很大。此外，氨基酸组分分析又是蛋白质一级结构测序的重要组成部分。因此，氨基酸组分分析是生物学研究中常用的重要分析项目。

【实验目的】

通过本实验了解利用氨基酸分析仪测定氨基酸组分的方法以及待测样品的处理及测定方法。

【实验原理】

蛋白质在 110℃条件下，经 6.0mol/L 盐酸作用 22~24h，可被水解生成各种游离的氨基酸，经过上机前处理即可用氨基酸分析仪测定出各种氨基酸的含量。盐酸水解对部分氨基酸有影响，如色氨酸被破坏，天冬酰胺和谷氨酰胺分别转变成天冬氨酸和谷氨酸，因此无法测定色氨酸、天冬酰胺和谷氨酰胺的含量。

【主要器材、试剂和实验材料】

1. 主要器材

水解试管；喷灯；台式高速离心机；121MB 或其他型号氨基酸自动分析仪。250mL 具塞磨口锥形瓶。

2. 试剂

（1）6.0mol/L 盐酸（恒沸点）　浓盐酸 500mL，蒸馏水定容至 1 000mL。

（2）柠檬酸缓冲液（pH 2.2）　柠檬酸 21.0g，氢氧化钠 8.4g，浓盐酸 16.0mL，蒸馏水溶解并定容至 1 000mL。

3. 实验材料

小麦面粉或其他谷物种子全粉（干燥、粉碎并过 60~80 目筛）。

【操作步骤】

①准确称取谷物全粉 30.0mg，小心送入水解试管底部，加 8mL 6.0mol/L 盐酸。在超声波水槽中振荡除气后于喷灯上封闭管口，置（110±1）℃烘箱中水解 22~24h。

②冷却后切开试管，倒出水解液，过滤，并用去离子水多次冲洗试管和滤纸，然后定容至 25mL。

③取 5mL 滤液置于蒸发皿中，在水浴上蒸干。残留物用 3~5mL 去离子水溶解并蒸干，反复 3 次。

④准确加入 5mL 柠檬酸缓冲液溶解提取物。取 1.0mL 样品，10 000r/min 离心 20min。

⑤用氨基酸分析仪专用注射器吸取上清液 50μL 于样品贮存螺旋管中，上机分析。

【结果处理】

氨基酸分析仪采用外标法，根据标准氨基酸校正液的浓度和保留时间确定样品液中各种相应氨基酸的浓度。主机带有数据处理机和打印机，可自动打印出各种氨基酸的浓度。样品中各种氨基酸的含量可由下式计算：

$$氨基酸含量（g/100g）= \frac{A_1 \times C_0 \times V}{A_0} \times \frac{D \times M \times 100}{m \times 10^6}$$

式中　A_1——样品中氨基酸峰面积；

　　　A_0——标准氨基酸峰面积；

　　　C_0——标准氨基酸浓度（μmol/mL）；

　　　V——样品总体积（mL）；

　　　D——样品稀释倍数；

　　　M——氨基酸相对分子质量；

　　　m——样品质量（g）；

　　　100——100g 样品；

　　　10^6——1mol 等于 10^6μmol 的单位换算。

【注意事项】

注意盐酸水解对部分氨基酸有影响，如色氨酸被破坏，天冬酰胺和谷氨酰胺分别转变成天冬氨酸和谷氨酸。

【思考题】

1. 氨基酸自动分析仪分析氨基酸组分及含量的原理是什么？

2. 其他定量测定氨基酸含量的方法有哪些？其原理分别是什么？

4.6.2　连续累进提取法分析种子蛋白质组分

种子中 85% ~ 90% 的蛋白质是贮藏蛋白质，主要分布在胚乳中。1907 年，T. B. Osborne 在种子中发现并分离出了清蛋白、球蛋白、谷蛋白和醇溶蛋白 4 个组分。不同作物种子中各种蛋白质组分的比例有差异，不同蛋白质组分的必需氨基酸含量也不同，通常醇溶蛋白中缺乏赖氨酸、色氨酸、蛋氨酸和异亮氨酸等必需氨基酸，其营养价值最低。因此，根据种子蛋白质中各组分的相对含量，可以评价谷物种子的营养品质。

【实验目的】

通过本实验学习并掌握用连续累进提取法分离种子蛋白质各组分。

【实验原理】

清蛋白溶于水，球蛋白溶于稀盐溶液，醇溶蛋白溶于乙醇，谷蛋白可溶于稀碱或稀酸溶液。在实验中根据各蛋白质组分溶解性质的不同，用不同溶剂把 4 种组分分别从样品中进行分离提取。然后用凯氏定氮法分别定量测定或利用 SDS-PAGE 进行各组分亚基分析。

【主要器材、试剂和实验材料】

1. 主要器材

摇床；离心机；凯氏定氮仪；250mL 具塞磨口锥形瓶。

2. 试剂

(1) 0.5mol/L NaCl　称取 NaCl 29.22g，溶于蒸馏水，定容至 1 000mL。

(2) 50% 异丙醇或 70% 乙醇(体积分数)。

(3) 0.1mol/L KOH　称取 KOH 5.61g，溶于蒸馏水，定容至 1 000mL。

(4) 凯氏定氮法的相关试剂　浓硫酸、混合催化剂、0.4g/mL NaOH、20.0g/L 硼酸-混合指示剂、0.010 0 标准盐酸、50g/mL 三氯乙酸等。

3. 实验材料

小麦面粉或其他谷物种子全粉(干燥、粉碎并过 60~80 目筛)。

【操作步骤】

1. 清蛋白的提取

取 2.000g 烘干的小麦面粉放入 250mL 具塞磨口锥形瓶中，加 50mL 蒸馏水，振荡器中提取 2h 后静置 0.5h，4 000r/min 离心 15min，取其上清液。将残渣合并于原锥形瓶中，再分别用 30mL 和 20mL 蒸馏水重复振荡提取，离心，合并上清液并定容至 100mL。残渣合并于原锥形瓶中。

2. 球蛋白的提取

原锥形瓶中加入 50mL 0.5mol/L NaCl 溶液，振荡器中提取 2h 后静置 0.5h，4 000r/min 离心 15min，取其上清液。将残渣合并于原锥形瓶中，再分别用 30mL 和 20mL 0.5mol/L NaCl 溶液重复振荡提取，离心，合并上清液并定容至 100mL。残渣合并于原锥形瓶中。

3. 醇溶蛋白的提取

原锥形瓶中加入 50mL 70% 乙醇，振荡器中提取 2h 后静置 0.5h，4 000r/min 离心 15min，取其上清液。将残渣合并于原锥形瓶中，再分别用 30mL 和 20mL 70% 乙醇重复振荡提取，离心，合并上清液并定容至 100mL。残渣合并于原锥形瓶中。

4. 谷蛋白的提取

原锥形瓶中加入 50mL 0.1mol/L KOH，振荡器中提取 2h 后静置 0.5h，4 000r/min 离

心 15min，取其上清液。将残渣合并于原锥形瓶中，再分别用 30mL 和 20mL 0.1mol/L KOH 重复振荡提取，离心，合并上清液并定容至 100mL。

5. 提取液中蛋白质含量测定

①摇匀后，从每一容量瓶中吸取 10mL 提取液放入消化管中。然后加 3mL 浓硫酸，0.25g 混合催化剂。150℃加热 0.5h 蒸干溶剂，然后用 200℃消化 0.5h，400℃消化 0.5h。

②消化管自然冷却后，即可用自动凯氏定氮仪进行含氮量测定。

6. 样品总蛋白质含量测定

①称取 0.200 0g 样品加入 5mL 50g/L 三氯乙酸溶液，在 90℃水浴中浸提 15min，浸提过程中不时搅拌，取出后冷却至室温，4 000r/min 离心 15min，弃去上清液。沉淀用 50g/L 三氯乙酸溶液洗涤 2 次，离心，弃去上清液。用无氨蒸馏水将沉淀全部转移至滤纸上，50℃烘干，用于蛋白氮的测定。

②将烘干的滤纸和沉淀转入消化管底部，加入 5mL 浓硫酸和 0.25g 混合催化剂，放置过夜。然后用 200℃消化 0.5h，400℃消化 0.5h。

③消化管自然冷却后，即可用自动凯氏定氮仪进行含氮量测定。

注意同时做滤纸和试剂空白对照。

【结果处理】

1. 如何计算样品中总蛋白质含量？

2. 如何计算各蛋白质组分在样品中的含量及占总蛋白质的比例？

【注意事项】

根据溶解度提取不同蛋白质提取时，注意重复振荡提取。

【思考题】

连续累进提取法分析种子蛋白质组分的原理是什么？

4.6.3　SDS-PAGE 分析种子蛋白质亚基

蛋白质分为单体蛋白和寡聚蛋白，组成寡聚蛋白质的具有三级结构的多肽链称为亚基。通过对天然蛋白质的 PAGE 和变性蛋白质的 SDS-PAGE 图谱的比较，可以研究种子蛋白质分子组成和结构，了解种子的营养品质。

【实验目的】

通过本实验学习 SDS-PAGE 的原理和方法。

【实验原理】

SDS 可使蛋白质亚基带上大量负电荷，从而消除蛋白质各种亚基间原有的电荷差异。同时，SDS 可使亚基的构象均呈长椭圆棒状。因此，各种 SDS-蛋白质（或蛋白质亚基）复合物在电场中的迁移速率不再受原有电荷和分子形状的影响，而只按照分子的大小通过凝胶的分子筛效应加以分离。SDS-PAGE 可以进行蛋白质亚基分离，并用来测定蛋白质亚基的相对分子质量。

【主要器材、试剂和实验材料】

1. 主要器材

电泳仪；垂直板电泳槽及附件；真空泵；脱色摇床；微量注射器；烧杯；白瓷盘。

2. 试剂

（1）10×电极缓冲液（0.25mol/L Tris-1.92mol/L 甘氨酸，10.0g/L SDS，pH 8.3）　Tris

30.3g，甘氨酸 144.0g，SDS 10.0g，去离子水溶解后，用 HCl 调 pH 值至 8.3，定容至 1 000mL。用前稀释 10 倍。

（2）15.0g/L 琼脂 1.5g 琼脂加 1×电极缓冲液 100mL，水浴中溶化。

（3）Acr（0.3g/mL）/Bis（8.0g/L）储备液 Acr 30g，Bis 0.8g，水溶后定容至 100mL，过滤，冰箱中贮存备用。

（4）4×浓缩胶缓冲液（0.5mol/L Tris-HCl，pH 6.8，4.0g/L SDS） Tris 6.06g，SDS 0.4g，适量水溶解，然后用 1mol/L HCl 调 pH 值至 6.8，定容至 100mL。

（5）4×分离胶缓冲液（1.5mol/L Tris-HCl，pH 8.8，4.0g/L SDS） Tris 18.17g，SDS 0.4g，适量水溶解，然后用 l mol/L HCl 调 pH 值至 8.8，定容至 100mL。

（6）0.1g/mL 过硫酸铵 过硫酸铵 1.00g，加蒸馏水溶解并定容至 10mL，现配现用，冰箱中最多可贮存一周。

（7）5×样品缓冲液（0.5mol/L Tris-HCl，pH 8.0，0.1g/mL SDS，50%甘油，25%巯基乙醇） Tris 6.06g，SDS 10.0g，溶于水，甘油 50.0mL，β-巯基乙醇 25mL，0.1% 溴酚蓝 12.5mL，用 HCl 调 pH 值 至 8.0，定容至 100mL，4℃保存。

（8）染色液（2.5g/L 考马斯亮蓝 R-250） 考马斯亮蓝 R-250 2.50g，溶于 450mL 甲醇及 100mL 冰醋酸，溶解后定容至 1 000mL，过滤备用。

（9）脱色液 甲醇：冰醋酸：水的体积比为 45：1：45。

（10）标准相对分子质量蛋白质 低相对分子质量标准蛋白质溶液包括溶菌酶（14 400）大豆胰蛋白酶抑制剂（215 000）、碳酸酐酶（310 000）、卵白蛋白（450 000）、牛血清白蛋白（662 000）、磷酸化酶 B（925 000），用样品缓冲液配成 2mg/mL 溶液，在沸水浴中加热 3~4 min，冷却后使用；高相对分子质量标准蛋白质溶液包括卵白蛋白（450 000）、牛血清白蛋白（662 000）、磷酸化酶 B（925 000）、β-半乳糖苷酶（1 162 500）、肌球蛋白重链（2 000 000），用样品缓冲液配成 2mg/mL 溶液，在沸水浴中加热 3~4min，冷却后使用。

（11）TEMED（四甲基乙二胺） 4℃棕色瓶中保存。

3. 实验材料

实验 4.6.2 提取的麦谷蛋白溶液，或小麦面粉或其他谷物种子全粉（干燥、粉碎并过 60~80 目筛）。

【操作步骤】

1. 样品制备

取实验 4.6.2 提取的麦谷蛋白溶液 800μL，加入 200μL 5×样品缓冲液，在沸水中加热 3~4min，待冷却后短暂离心（10s）于 4℃保存备用。

2. 电泳槽安装

将垂直平板电泳槽装好，用 15.0g/L 琼脂趁热灌注于电泳槽平板玻璃的底部，以防漏液。

3. 制胶

①12%分离胶的制备（总体积 10mL）：准备 50mL 烧杯，依次加入 Acr（0.3g/mL）/Bis（8.0g/L）4.0mL，pH 8.8 Tris-HCl 缓冲液 2.5mL，ddH₂O 3.3mL。混匀后减压抽气 5min。取出后向烧杯中再加 0.1g/mL SDS 0.1mL，0.1g/mL 过硫酸铵 0.1mL，TEMED 4μL，轻轻摇匀后灌入玻璃板中至适当高度（离玻璃板上边缘 3cm，缓慢加入，避免产生气泡），立即覆盖 2~3mm 水层，聚合约 40min，胶聚合好的标志是胶与水之间形成清晰的界面。吸取

分离胶面上的水分，将配制好的浓缩胶灌至分离胶上。

②5% 浓缩胶的制备（总体积 4mL）：另外准备一个 50mL 烧杯，依次加入 Acr（0.3g/mL）/Bis（8.0g/L）0.66mL，pH 6.8 Tris-HCl 缓冲液 1.0mL，ddH$_2$O 2.3mL。混匀后减压抽气 5min。取出后向烧杯中再加 0.1g/mL SDS 40μL，0.1g/mL 过硫酸铵 40μL，TEMED 4μL。轻轻混匀后灌满玻璃板，迅速插入样品梳，静置聚合。

4. 点样

拔掉样品梳，装好电泳槽，在上、下槽中注入电极缓冲液，用微量注射器点样，每个样品槽点样 5~20μL。在标准蛋白质泳道点标准蛋白质溶液。在样品上小心地注入电极缓冲液。

5. 电泳

上槽为负极，下槽为正极，连接好电泳仪电源，调节电流为 15mA，当指示剂进入分离胶后，电流需加大到 30mA，电压恒定在 80~100V。当指示染料溴酚蓝到达凝胶前沿还有 1~2cm 时停止电泳。若 pH 值不发生变化，电极缓冲液可反复使用，但上、下槽电极液应分开贮存，这样可防止在电泳过程中从凝胶中迁移下来的盐离子等物质干扰下次电泳。剥胶染色。

6. 染色

剥胶后用蒸馏水洗涤凝胶，测定凝胶长度（D_1）然后浸入染色液中 1h。取出后用蒸馏水漂洗数次。

7. 脱色

浸入脱色液中振荡脱色，中途更换脱色液数次，至背景清晰透明为止。精确测定凝胶长度（D_2）。照相或进行凝胶干燥。

8. 凝胶干燥

先在一块玻璃板上铺一张用水浸润透的玻璃纸，放上胶片，再盖上一张同样处理过的玻璃纸，用玻璃棒赶出可能窝藏的气泡。然后把玻璃纸多余的四边反向贴到玻璃板后面，在室温下自然风干，制成可以长期保存的透明胶片。

【结果处理】

精确测量溴酚蓝的迁移距离（d_1）和各种蛋白质的迁移距离（d_2）。按下式计算相对迁移率 R_m：

$$R_m = \frac{d_2}{d_1} \times \frac{D_1}{D_2}$$

以标准蛋白质的迁移率为横坐标，以其对应的相对分子质量的常用对数值为纵坐标，绘制标准曲线，然后根据未知样品的迁移率，查出对应的相对分子质量。

【注意事项】

1. Acr、Bis 有神经毒性，操作时要小心。

2. 不同的凝胶浓度适用于不同的分子质量范围。可根据所测分子质量的范围选择最适的凝胶浓度，并尽量选择分子质量范围与待测样品分子质量相近的蛋白质作标准蛋白质。

3. 凝胶的聚合时间控制在 30~40min 为宜（室温下），可通过调整 TEMED 的加入量进行调节。

4. 为避免电泳过程中凝胶温度过高而引起谱带扩散、变形等，除了控制电流或电压外，可在 0~4℃ 的低温下进行。

【思考题】

1. 样品缓冲液中各种试剂的作用是什么?

2. 采用凝胶电泳法测定蛋白质相对分子质量时, 为何向样品缓冲液中加入 SDS? 实验操作中注意事项有哪些?

4.7　小麦 1,5-二磷酸核酮糖羧化酶/加氧酶的分离及鉴定

1,5-二磷酸核酮糖羧化酶/加氧酶(ribulose-1,5-bisphosphate carboxylase/oxygenase, Rubisco)是在光合作用卡尔文循环中 CO_2 的固定阶段, 催化第一个主要的碳固定反应的酶, 将大气中游离的 CO_2 转化为生物体内的有机化合物, 如蔗糖。1,5-二磷酸核酮糖羧化酶/加氧酶在生物学上有重要的意义, 是植物叶片中含量最丰富的蛋白质。

小麦 1,5-二磷酸核酮糖羧化酶/加氧酶的纯化通常用到粗分级分离和层析技术。粗分级分离包括硫酸铵沉淀法、凝胶过滤层析。

4.7.1　小麦 1,5-二磷酸核酮糖羧化酶/加氧酶的分离

【实验目的】

通过本实验掌握解硫酸铵分级沉淀的原理与操作方法。

【实验原理】

高浓度的盐离子在蛋白质溶液中可与蛋白质竞争水分子, 从而破坏蛋白质表面的水化膜, 降低其溶解度, 使其从溶液中沉淀出来。各种蛋白质的溶解度不同, 因而可利用不同浓度的盐溶液来沉淀不同的蛋白质。这种方法称为盐析。盐浓度通常用饱和度来表示。硫酸铵因其溶解度大, 温度系数小和不易使蛋白质变性而应用最广。

【主要器材、试剂和实验材料】

1. 主要器材

离心机和离心管; 制冰机; 研钵。

2. 试剂

提取缓冲液(50mmol/L, pH 7.5, 含 EDTA 1mmol/L, β-巯基乙醇 15mmol/L, 1% PVP); 硫酸铵粉末。

3. 实验材料

生长两周的小麦幼苗叶片。

【实验步骤】

①取小麦幼苗叶片 2.5g, 用剪刀剪成小段, 立即放入研钵中, 加入 7mL 提取液于冰浴上研磨匀浆。

②将匀浆的酶液转入离心管, 平衡后, 4℃ 10 000r/min 离心 30min。

③取离心后的上清液, 量出体积, 放置在冰浴备用。

④查阅硫酸铵饱和度用量表, 计算出达到 35% 硫酸铵饱和度需要加入的固体硫酸铵克数, 并称取该量的硫酸铵。

⑤将酶液倒入小烧杯, 置于冰浴中, 一边缓慢加入硫酸铵粉末, 一边缓慢搅拌, 待全部加入后, 再缓慢搅拌 20min, 静置 1h。

⑥将上述溶液倒入离心管, 平衡后于 4℃ 10 000r/min 离心 10min, 量出上清液的体

积，并将上清液放置在冰浴备用。

⑦查阅硫酸铵饱和度用量表，计算出从 35%~60% 的硫酸铵饱和度需要加入的固体硫酸铵克数，并称取该量的硫酸铵。

⑧重复步骤⑤。

⑨将上述溶液倒入离心管，平衡后于于 4℃ 10 000r/min 离心 10min，保留沉淀待用。

【结果处理】

保留硫酸铵沉淀并备用。

【注意事项】

小麦叶片研磨充分，研磨过程在冰上操作。

【思考题】

1. 何为盐析与盐溶？硫酸铵分级沉淀的原理是什么？

2. 硫酸铵分级沉淀时硫酸铵加入的方法有哪些？分别有什么注意事项？

4.7.2   凝胶过滤层析纯化 1,5-二磷酸核酮糖羧化酶/加氧酶

【实验目的】

通过本实验掌握学习分子筛层析的原理与操作方法。

【实验原理】

Sephadex 是一种常用的层析介质。它是由一定平均分子质量的葡聚糖和交联剂 1-氯-2,3-环氧丙烷交联成的具有三维结构不溶于水的高分子化合物。调节葡聚糖和交联剂配比，可以获得网眼大小不同、型号各异的凝胶。当葡聚糖分子质量越小，交联剂用量越大，则交联度越大，凝胶网眼越小，吸水量越小，G 值也越小。G 值表示每克干胶吸水量（mL）的 10 倍。如本次实验用的 Sephadex G-100 其吸水量应为 10mL/g 干胶。

当混合样液加到凝胶柱上，随着洗脱剂而通过凝胶柱时，分子大小不同的物质受到不同的阻滞作用。颗粒接近或大于网眼的分子，不能进入凝胶的网眼中，在重力作用下它们随着溶剂在凝胶颗粒之间沿较短流程向下流动，受到的阻滞作用小，移动速度快，先流出层析柱(此现象叫作被排阻。被排阻的最小分子质量称为该规格凝胶的排阻极限)；而颗粒小于网眼的分子可渗入凝胶网眼中，它们被洗脱时不断地从一个网眼穿到另一个网眼，逐层扩散，阻滞作用大，流程长，移动速度慢，因而后出层析柱。在层析柱的出口处，我们用多个试管分步收集洗脱液，就可将混合物中各组分彼此分离。

【主要器材、设备和实验材料】

1. 主要器材

基础柱层析系统或快速蛋白质液相系统；微量取样器。

2. 试剂

Sephadex G-100；洗脱缓冲液(磷酸缓冲液，50mmol/L, pH 7.5)。

3. 实验材料

4.7.1 实验中获得的沉淀物。

【操作步骤】

1. 凝胶溶胀

根据预计的总床体积和所用干胶床体积，称取所需的 Sephadex G-100 放入大烧杯中，加入过量的去离子水，沸水浴中煮沸溶胀 2h。

2. 清洗层析柱

层析柱用清水冲洗干净，若层析柱较脏，先入洗液中浸泡 2h。

3. 装柱

固定好层析柱，使其保持垂直，夹上止水夹，取一定量蒸馏水加入柱内排气泡，最后在柱内保留约 3cm 高的水柱，把处理好的 Sephadex G-100 加适量缓冲液轻轻搅匀，尽量一次加入柱内。

4. 平衡

连接好整套层析设备，打开恒流泵、紫外检测仪，平衡约 30min。注意：不要将气泡带入层析柱。同时学习伍豪色谱工作站的使用，并将硫酸铵沉淀制备的样品加 0.5mL 洗脱液溶解。

5. 上样

打开层析柱出水口排水，当胶床与上方水层的弯月面相切时，关闭出口，用胶头滴管将 0.5mL 样品溶液沿柱内壁缓缓加入，勿冲动胶面。上样完毕，打开出水口。当样液进入胶床，其弯月面与胶平面相切时，暂停排液，用滴管将洗脱液沿柱内壁旋转着加入 0.5mL 洗脱液，然后排液，至其弯月面与胶平面相切，再缓缓注入 0.5mL 洗脱液，然后排液，至其弯月面与胶平面相切，加满洗脱液。连接好层析设备，点击计算机桌面色谱工作站的开始按钮，开始记录，收集。

6. 洗脱收集

取刻度试管，根据洗脱曲线，每管收集洗脱液 1mL。

7. 重新平衡

洗脱结束后，重新平衡层析柱。

【结果处理】

观察、记录并解释实验现象。

【注意事项】

1. 葡聚糖凝胶溶胀要充分；装柱前层析柱要洗干净和排气泡。

2. 葡聚糖凝胶悬液装柱时，动作要轻缓；加注样品溶液及洗脱液时，动作要轻缓。

【思考题】

1. 利用凝胶层析柱分离混合样品时，如何才能得到较好的分离效果？

2. 除了本实验用到的凝胶层析方法，还有哪些方法可以将盐析沉淀的目的蛋白质与盐分离？这些方法有何特点？

4.7.3　小麦 1,5-二磷酸核酮糖羧化酶/加氧酶 SDS-PAGE 鉴定

【实验目的】

通过本实验掌握 SDS-PAGE 的原理和方法。

【实验原理】

SDS-PAGE 所用的凝胶由两部分组成，一部分是分离胶，用于把各蛋白质组分分开；另一部分是浓缩胶，位于分离胶的上方，它使样品在分离之前先压缩成一条很窄的区带，从而提高电泳的分辨率。在这种不连续的凝胶体系中进行电泳时，除了分离胶中存在的两种效应：电荷效应和分子筛效应外，在浓缩胶中还存在另一种效应：样品的浓缩效应。不连续电泳的主要作用就是使蛋白质样品经浓缩胶后形成紧密的压缩层而进入分离胶。这样

可以减少在电泳时各组分间由于扩散作用而造成的区带的相互重叠，从而提高电泳的分辨率。

在整个电泳体系中添加 SDS，可以将蛋白质解离成亚基并测定亚基的相对分子质量。

【主要器材、试剂和实验材料】

1. 主要器材

恒压稳流电泳仪；24D 型双垂直电泳槽；电泳图像扫描及分析系统；脱色摇床；电子天平；微量取样器。

2. 试剂

(1)凝胶储备液   ACr30g，Bis0.8g，双蒸水溶解后定容至 100mL，滤纸过滤后 4℃避光保存。

(2)分离胶缓冲液   1.5mol/L Tris-HCl(pH 8.8)。

(3)浓缩胶缓冲液   0.5mol/L Tris-HCl(pH 6.8)。

(4)10% SDS。

(5)10%过硫酸铵溶液(APS 液)。

(6)四甲基乙二胺(TEMED)。

(7)电极缓冲液(pH 8.3)   Tris 15.1g，甘氨酸 72g，SDS 5g，溶于 1 000mL 水中，临用时稀释 5 倍。

(8)2× 样品缓冲液   SDS 500mg，β-巯基乙醇 1mL，甘油 3mL，溴酚蓝 4mg，1mol/L Tris-HCl(pH 6.8) 2mL，用蒸馏水溶解并定容到 10mL，1mL 分装，-20℃贮存。使用时，与样品液等体积混合。

(9)固定液   乙醇 500mL，冰醋酸 100mL，用蒸馏水定容至 1 000mL。

(10)染色液   考马斯亮蓝 R-250 0.29g 溶解在 250mL 脱色液中。

(11)脱色液   乙醇 250mL，冰醋酸 80mL，用蒸馏水定容至 1 000mL。

(12)低分子质量标准蛋白质。

3. 实验材料

4.7.2 从凝胶层析柱收集的小麦 1,5-二磷酸核酮糖羧化酶/加氧酶蛋白质组分。

【操作步骤】

1. 电泳样品制备

从收集的试管中各取 0.5mL 样品，分别加入等体积的 2× 样品稀释液，混匀，于 100℃水浴 5min，冷却后待用。

2. SDS-PAGE

(1)玻璃板的准备   将一套电泳玻璃板用洗液洗干净；将两块玻璃板装在制胶模具上，形成三侧封闭不渗漏的、厚 1mm 的腔体。

(2)分离胶的制备(12.5%)   凝胶储备液 3mL，1.5mol/L Tris-HCl(pH 8.8) 1.8mL，ddH$_2$O 2.4mL，10% SDS 72μL，10% APS 40μL，TEMED 10μL，APS 和 TEMED 在灌胶前加入；迅速混匀后，立即沿壁加入两玻璃板的腔体中；缓缓沿壁滑入蒸馏水约 0.5cm 高；静置直至水和凝胶之间出现界面时，再静置 10~20min；除去分离胶表面的水分。

(3)浓缩胶的制备(4.5%)   凝胶储备液 0.45mL，1.5mol/L Tris-HCl(pH 6.8) 0.75mL，ddH$_2$O 1.8mL，10% SDS 30μL，10% APS 20μL，TEMED 8μL。APS 和 TEMED 在灌胶前加入；迅速混匀后，立即用滴管沿壁加入浓缩胶至分离胶上方，注满腔体；插入

加样梳，保证加样梳水平放置，并且梳齿与胶液之间无气泡。静置，直至浓缩胶完全聚合。约 30min 取出加样梳。

（4）加样　用微量进样器吸取所制备电泳样品液 15μL，分别加入各个加样孔，同时留一个加样孔加 10μL 低分子质量标准蛋白质。

（5）电泳　电泳槽的上下槽加入电极缓冲液，并在上槽中加一滴溴酚蓝指示剂。将电泳槽接上电泳仪，正确接入电源正负极；打开电泳仪，调节电压，样品在浓缩胶时 80V，在分离胶时 120V。室温下电泳。当溴酚蓝行至凝胶下端，关闭电源以停止电泳。

3. 剥胶

取出夹有凝胶的玻板，轻轻将凝胶和玻板分离；将凝胶用于直接染色。

4. 染色

将凝胶浸泡在固定液中至少 30min，然后将固定后的凝胶置于染色液中 2~3h，再用脱色液多次脱色，直至凝胶背景脱净为止。拍照记录电泳结果或在凝胶成像系统拍照记录。

【结果处理】

根据电泳图谱，以亚基迁移率为横坐标，已知低分子质量蛋白质亚基的分子质量的常用对数作纵坐标，计算 1,5-二磷酸核酮糖羧化酶加氧酶的亚基分子质量，并分析 1,5-二磷酸核酮糖羧化酶加氧酶的亚基组成情况。

【注意事项】

1. APS 和 TEMED 在灌胶前加入，迅速混匀后，立即用滴管沿玻璃板壁灌胶，注意灌胶过程不能引入气泡。插入加样梳时。要保证加样梳水平放置，并且梳齿与胶液之间无气泡。

2. 剥离胶时，动作要轻缓，防止胶片撕裂。

【思考题】

SDS-PAGE 的分离蛋白质的原理原理是什么？

4.7.4　小麦 1,5-二磷酸核酮糖羧化酶/加氧酶定量分析（ELISA 法）

【实验目的】

通过本实验掌握 ELISA 法定量分析蛋白质的原理和方法。

【实验原理】

ELISA 是由 Engvall 和 Perlmann 在 1971 年创建的，具有重大意义和深远影响的免疫技术。ELISA 技术利用抗原-抗体特异性反应固定于固相载体表面进行，同时结合酶对底物的高效催化作用（颜色）而产生高灵敏度的检测效果。

【主要器材、试剂和实验材料】

1. 主要器材

酶标仪；酶标板；移液器。

2. 试剂

（1）标准蛋白质溶液　配制成 1mg/mL 牛血清白蛋白溶液，稀释至 100μg/mL。

（2）考马斯亮蓝 G-250 试剂　考马斯亮蓝 G-250 100mg 溶于 50mL 90% 乙醇，加 85% 磷酸 100mL，加蒸馏水定容至 1 000mL，保存于棕色瓶中。

（3）Rubisco 标准溶液　浓度分别为 0ng/mL、3ng/mL、6ng/mL、12ng/mL、24ng/mL、48ng/mL。

（4）包被缓冲液　10mmol/L Tris-HC（pH 7.4）。

（5）一抗　1∶2 000~1∶10 000（Anti-Rubisco Large subunit 多克隆兔抗体）。

（6）二抗　1∶10 000（山羊抗兔-HRP 多克隆抗体）。

（7）洗涤缓冲液　TBS 缓冲溶液（50mmol/L Tris，150mmol/L NaCl，pH 7.4）。

（8）显色液　TMB（四甲基联苯胺）。

（9）终止液　2mol/L HCl。

3. 实验材料

4.7.1 实验中硫酸铵沉淀的小麦 1,5-二磷酸核酮糖羧化酶/加氧酶蛋白质组分。

【操作步骤】

1. Bradford 法测定蛋白质含量（Rubisco 粗酶液）

（1）标准曲线的制作　取 6 支具塞试管，按下表加入试剂。盖上塞子，摇匀。放置 2min 后在 595nm 波长下比色测定（比色应在 1h 内完成）。以标准蛋白质（μg）为横坐标，以 A_{595} 为纵坐标，绘制标准曲线。

管号	1	2	3	4	5	6
标准蛋白质液/mL	0	0.2	0.4	0.6	0.8	1.0
蒸馏水/mL	1.0	0.8	0.6	0.4	0.2	0
考马斯亮蓝 G-250 试剂/mL	5.0	5.0	5.0	5.0	5.0	5.0
蛋白质含量/μg	0	20	40	60	80	100
A_{595}						

（2）Rubisco 粗酶液中蛋白质含量的测定　取 4.7.1 中硫酸铵沉淀的 Rubisco 蛋白质组分用提取缓冲液溶解，并进行测定（按 0.1g 新鲜叶片的 Rubisco 粗酶液铵沉淀物溶于 1.0mL 提取缓冲液，并稀释 100 倍进行测定）。

2. 包被——物理吸附

（1）加样及标准品　设置样品孔和标准品孔。用包被缓冲液将样品（0.1g 叶片提取液的沉淀物溶于 1mL）稀释 5 000 倍，酶标板每孔加 0.1mL 样品。标准品孔各加不同浓度标准品 0.1mL。同时做空白（不加样品及酶标试剂）、阴性（不加样品，加酶标试剂）及对照于反应孔中。37℃静置 2h。

（2）洗涤　弃去孔内溶液，用洗涤缓冲液洗 3 次。

3. 抗原抗体反应

（1）一抗与抗原的反应　加 0.1mL 1∶2 000 和 1∶10 000 稀释的一抗到反应孔中，置于 37℃孵育 2h，弃去孔内溶液，用洗涤缓冲液洗 3 次。

（2）二抗与一抗的反应　加 0.1mL 1∶10 000 稀释的二抗到反应孔中，置于 37℃孵育 30~60min，弃去孔内溶液，用洗涤缓冲液洗 3 次。

4. 显色反应

（1）显色　加 0.1mL 显色液到反应孔中，置于 37℃在暗处孵育 10~30min。

（2）终止　加 0.05mL 终止液到反应孔中，平衡数分钟。

（3）测定　酶标仪于 450nm 条件测定吸光值。测定应在加终止液后 15min 内进行。

【结果处理】

1. 样品中蛋白质浓度

$$样品中蛋白质浓度(mg/g 新鲜样品) = \frac{m \times 100}{0.1 \times 1\,000}$$

式中　m——根据样品的吸光值从标准曲线上查得的蛋白质含量(μg)；

　　　100——稀释倍数；

　　　0.1——样品质量(g)；

　　　1 000——1mg 等于 $1 \times 10^3 \mu g$。

2. 样品中 Rubisco 浓度

$$样品中 Rubisco 浓度(mg/g 新鲜样品) = \frac{m_1 \times 5\,000}{0.1 \times 0.1 \times 10^6}$$

式中　m_1——根据样品的吸光值从 Rubisco 标准曲线上查得的 Rubisco 含量(ng)；

　　　5 000——稀释倍数；

　　　0.1——测定时取 0.1mL 样品；

　　　0.1——样品质量(g)；

　　　10^6——1 mg 等于 1×10^6ng。

　　　Rubisco 含量(%) = (样品中 Rubisco 浓度/样品中蛋白质浓度)×100%

【注意事项】

1. 包被时应注意温度均一，用封口膜封住酶标板。

2. 请每次测定的同时做标准曲线。若样品中待测物含量过高，请稀释后再测定。

【思考题】

定量分析特异蛋白质的实验方法有哪些？其原理分别是什么？

4.8　植物超氧化物歧化酶的提取及鉴定

超氧化物歧化酶(SOD)，作为一种专一清除生物体内超氧阴离子自由基($O_2^- \cdot$)的酶，催化超氧阴离子自由基发生歧化反应，减少超氧阴离子自由基对生物体的毒害。到目前为止，人们已经从动物、植物和微生物等多种生物体内分离出 SOD，并且通过多种方法应用到实际中，如应用到医药方面、食品、农业、化妆品及人和动植物许多疾病的监测方面等。

SOD 的提取及鉴定实验流程如下：材料准备→材料的处理→粗酶液的制备→热变性沉淀→等电点沉淀硫酸铵分级沉淀→DEAE-纤维素离子交换色谱→SOD 的鉴定→SOD 活力测定→蛋白质含量测定→透析、浓缩、冷冻干燥→提交工作任务报告单。

4.8.1　粗酶液的提取及沉淀

【实验目的】

1. 理解掌握植物超氧化物歧化酶的制备原理。

2. 熟练掌握植物超氧化物歧化酶的制备方法。

【实验原理】

植物超氧化物歧化酶的制备主要目的是纯化植物中的 SOD，最大限度地清除杂蛋白。

常用的方法主要有热变性法、等电点沉淀法、盐析法、有机溶剂沉淀法、超滤法、色谱法等。本实验用热变性沉淀、等电点沉淀，45%、90%硫酸铵分级沉淀、DEAE-纤维素离子交换色谱，冷冻浓缩干燥等方法，从黄瓜中制备 SOD，并用聚丙烯酰胺凝胶电泳鉴定。用考马斯亮蓝 G-250 法测定蛋白质含量，用 NBT 光还原法测定 SOD 活性。该工艺简便高效地从植物中提纯 SOD，可用于生产实际。

【主要器材、试剂和实验材料】

1. 主要器材

高速组织捣碎机；真空冷冻干燥机；分光光度计；磁力搅拌器；电子天平；酸度计；烧杯；量筒；透析袋等。

2. 试剂

0.05mol/L 磷酸盐缓冲液(pH 7.8)；0.1mol/L 盐酸；硫酸铵。

3. 实验材料

新鲜黄瓜。

【操作步骤】

1. 材料的处理

将黄瓜用清水洗净、称重，以 1.5∶1 加入 0.05mol/L 磷酸盐缓冲液(pH 7.8)，先加一半磷酸盐缓冲液，用高速组织捣碎机充分搅碎。

2. 粗酶液的制备

在 4℃ 12 000r/min 离心 40min，使悬浮物完全沉淀，取沉淀再加入剩余的磷酸盐缓冲液，冰浴充分研磨，并 4℃ 12 000r/min 离心 40min，弃去沉淀，合并两次上清液，制得粗酶液。

3. 热变性沉淀

将粗酶液静置于 55℃ 恒温水浴锅中 25min，进行热变性，使杂蛋白变性沉淀下来。在 4℃ 12 000r/min 离心 20min，弃去沉淀，保留上清液。SOD 是一种热稳定性很好的酶。当温度低于 80℃，短时间的热处理，酶活力不会有明显的变化。

4. 等电点沉淀

用 0.1mol/L 盐酸调节上清液，使其 pH 值达到 5.0，在 4℃ 12 000r/min 离心 20min，弃去沉淀，收集上清液。

5. 硫酸铵分级沉淀

在上清液中加入固体硫酸铵粉末，使溶液达到 45% 的饱和度后，用玻璃棒搅拌 30min，然后冷藏静置 2h，再在 4℃ 12 000r/min 离心 40min，去除沉淀，取上清液；再加入固体硫酸铵固体粉末到 90%饱和度，搅拌 30min，冷藏过夜，再在 4℃ 12 000r/min 离心 60min，取沉淀，溶解于 0.05mol/L 磷酸盐缓冲液(pH 7.8)中，4℃透析过夜，待上柱。

【结果处理】

观察、记录实验现象及结果，并合理分析。

【注意事项】

注意热变性沉淀杂蛋白的温度和时间分别是 55℃ 和 25min。温度过高和时间过长会导致酶活性的降低。

【思考题】

沉淀蛋白质的物理和化学方法有哪些？

4.8.2　DEAE-纤维素离子交换层析纯化 SOD

【实验目的】

熟练掌握离子交换柱层析分离纯化蛋白质的原理及操作方法。

【实验原理】

离子交换层析中，基质是由带有电荷的树脂或纤维素组成。DEAE-纤维素是阴离子交换剂带正电。由于蛋白质也有等电点，当蛋白质处于不同的 pH 值条件下，其带电状况也不同。阴离子交换基质结合带有负电荷的蛋白质，所以这类蛋白质被留在层析柱上，然后通过提高洗脱液中的盐浓度等措施，将吸附在层析柱上的蛋白质洗脱下来。结合较弱的蛋白质首先被洗脱下来。反之阳离子交换基质结合带有正电荷的蛋白质，结合的蛋白质可以通过逐步增加洗脱液中的盐浓度或是提高洗脱液的 pH 值洗脱下来。

【主要器材、试剂和实验材料】

1. 主要器材

基础柱层析系统 [梯度混合仪；恒流泵；层析柱（1.6cm×20cm）；核酸蛋白质检测仪；自动部分收集器；数据采集系统] 或 FPL（系统）。

2. 试剂

DEAE-纤维素离子交换剂；0.05mol/L 的磷酸盐缓冲液（pH 7.8）；0.2mol/L NaCl（配于 pH 7.8 0.05mol/L 的磷酸盐缓冲液）。

3. 实验材料

4.8.1 实验所得 SOD 粗酶沉淀。

【操作步骤】

预先处理 DEAE-纤维素，装柱，用 0.05mol/L 磷酸盐缓冲液（pH 7.8）平衡柱材。平衡后，将待上柱的酶液加入层析柱中，先用柱平衡液先淋洗柱材，去除多余的未吸附的蛋白质和其他杂质蛋白。然后用 0.2mol/L NaCl（配于 pH 7.8 0.05mol/L 磷酸盐缓冲液）进行洗脱，洗脱速度控制在 3mL/min，以每管 3mL 收集洗脱物，收集 70 管，将收集 SOD 活性峰的部分合并。测定蛋白峰处各管的酶活力（U）及蛋白质含量（mg）。

【结果处理】

观察、记录并解释实验现象。

【注意事项】

注意将洗脱速度控制在 3mL/min。

【思考题】

DEAE-纤维素离子交换层析纯化 SOD 的原理是什么？

4.8.3　SOD 的活力测定及纯度鉴定

【实验目的】

1. 熟悉 NBT 法测定 SOD 活性的基本操作及原理。

2. 掌握电泳鉴定蛋白质纯度的原理及方法。

【实验原理】

本实验依据 SOD 抑制氮蓝四唑（NBT）在光下的还原作用来确定酶活性大小。在有氧化物质存在下，核黄素可被光还原，被还原的核黄素在有氧条件下极易再氧化而产生氧自由基，可将氮蓝四唑还原为蓝色的甲腙，甲腙在 560nm 处有最大吸收。而 SOD 可清除氧自由基,从而抑制了甲腙的形成。于是,光还原反应后,反应液蓝色越深,说明酶活性越低,反之酶活性越高。据此可以计算出酶活性大小。

【主要器材、试剂和实验材料】

1. 主要器材

垂直板凝胶电泳系统;脱色摇床。

2. 试剂

(1)电泳试剂   参见实验3.9过氧化物酶及酯酶同工酶聚丙烯酰胺凝胶电泳。

(2)电泳染色液   0.028mol/L四甲基乙二胺、2.5×10^{-5} mol/L核黄素和0.036mol/L磷酸盐缓冲液(pH 7.8)。

(3)显色液   0.05mol/L磷酸盐缓冲液(pH 7.8),含有10^{-4} mol/L EDTA。

(4)130mmol/L甲硫氨酸(Met)溶液   称1.939 9g Met用磷酸缓冲液定容至100mL。

(5)750μmol/L氮蓝四唑溶液   称取0.061 33g NBT用磷酸缓冲液定容至100mL,避光保存。

(6)100μmol/L EDTA-Na$_2$溶液   称取0.037 21g EDTA-Na$_2$用磷酸缓冲液定容至1 000mL。

(7)20μmol/L核黄素溶液   称取0.075 3g核黄素用蒸馏水定容至1 000mL避光保存。

(8)标准蛋白质溶液及考马斯亮蓝G-250试剂。

3. 实验材料

4.8.1实验以及4.8.2实验所得SOD粗酶液稀释至适当倍数。

【操作步骤】

1. SOD的鉴定

采用PAGE及SOD活性染色来鉴定纯化物确为SOD。

SOD酶活性染色:凝胶浸泡在0.245mmol/L NBT溶液中20min,然后转移到28mmol/L四甲基乙二胺、25μmol/L核黄素和36mmol/L磷酸盐缓冲液(pH 7.8)的电泳染色液中浸泡20min,最后将凝胶放在含有0.1mmol/L EDTA的0.05mol/L磷酸盐缓冲液(pH 7.8)显色液中光照20min显色,记录谱带并分析。

2. SOD活力测定

用NBT光还原法来测定SOD的活性,根据光照时体系中产生氧自由基使NBT还原成蓝色二甲腙(在560nm处有一吸收峰),而SOD作为氧自由基的清除剂可抑制此反应。酶活性单位用抑制NBT光还原50%为一个酶活力单位表示。

显色反应:取5mL玻璃试管6支,3支为测定管,另3支为对照管,按下表依次加入各溶液:

试剂(酶)	用量/μL	终浓度(比色时)
0.05mol/L磷酸缓冲液	600	
130mmol/L Met溶液	120	13mmol/L
750μmol/L NBT溶液	120	75μmol/L
100μmol/L EDTA-Na$_2$液	120	10μmol/L
20μmol/L核黄素	120	2.0μmol/L
酶液	20	对照以缓冲液代替酶液
蒸馏水	100	
总体积	1 200	

3 支对照管以缓冲液代替酶液，蒸馏水 0.1mL，总体积 3.0mL。混匀后将 1 支对照管置暗处，其他各管于 4 000lx 日光灯下反应 20min(要求各管受光情况一致，温度高时间缩短，低时延长)。

3. 蛋白质含量测定

以考马斯亮蓝 G-250 在 595nm 波长下制作标准曲线，再进行样品液中蛋白质含量测定，根据所测定的 A_{595} 值，在标准曲线上查出其相当于标准蛋白质的量，重复 3 次取平均值，通过计算求出样品中蛋白质含量(mg)。

【结果处理】

SOD 活性测定与计算：至反应结束后，以不照光的对照管作空白，分别测定 560nm 下各管的吸光值。已知 SOD 活性单位以抑制 NBT 光化还原的 50% 为一个酶活性单位表示，按下式计算 SOD 活性：

$$SOD\ 总活性 = \frac{(A_{ck} - A_E) \times V}{A_{ck} \times 0.5 \times W \times V_u} \times 100\%$$

$$SOD\ 比活力 = \frac{SOD\ 总活性}{蛋白质含量}$$

式中　A_{ck}——照光对照管的吸光值；

　　　A_E——样品管的吸光值；

　　　V——样品液总体积(mL)；

　　　V_u——测定时样品用量(mL)；

　　　W——样品鲜重(g)。

SOD 总活性以每克鲜重酶单位表示；比活力单位以酶单位/mg 蛋白质表示；蛋白质含量单位为 mg 蛋白质/g 鲜重。

【注意事项】

NBT 溶液注意避光保存，反应过程中注意各管的光照度要求均匀一致。

【思考题】

SOD 活性测定时设置暗对照和光对照的作用分别是什么？

4.8.4　SOD 浓缩干燥

【实验目的】

了解蛋白质浓缩、干燥的基本原理及方法。

【实验原理】

蛋白质是生物生物大分子不能透过半透膜(透析膜)，透析膜是半透膜，蛋白质是大分子物质，它不能透过透析膜，而小分子物质(无机盐、单糖等)可以自由通过透析膜与周围的缓冲溶液进行溶质交换，进入透析液中。在实验室分离纯化蛋白质的过程中，常利用透析的方法除去蛋白质溶液中的小分子物质。

【主要器材、试剂和实验材料】

1. 主要器材

透析袋；大烧杯；磁力搅拌器；冷冻干燥机。

2. 试剂

pH 7.8 磷酸盐缓冲液。

3. 实验材料

4.8.1 实验以及 4.8.2 实验所得 SOD 粗酶液。

【操作步骤】

将收集的酶液，用 pH 7.8 磷酸盐缓冲液 4℃进行透析。透析后的酶液用 PEG 6000 进行浓缩，再置于−70℃冰箱中冷冻过夜，用冷冻干燥机将酶液制成干粉，即为成品。

【结果处理】

保存 SOD 的冻干粉。

【注意事项】

注意用 pH 7.8 磷酸盐缓冲液 4℃进行透析。

【思考题】

透析和 PEG 浓缩的原理分别是什么？

4.9　GST 融合蛋白的纯化和鉴定

谷胱甘肽−S−转移酶(GST，26 000)主要催化各种化学物质及其代谢产物与 GSH 的巯基共价结合，使亲电化合物变为亲水化合物。GST 是一种蛋白质标签，插入在目标蛋白质的 C 末端或 N 末端，大肠杆菌中常插在目标蛋白质的 N 末端。GST 标签可以提高目标蛋白质的可溶性和稳定性，很好地保留目标蛋白质的抗原性和生物活性；其与配体 GSH 结合特异性高，纯化条件温和且步骤简便；标签可用位点特异性蛋白酶切除。GST 标签比较大，融合蛋白纯化后根据目标蛋白质的后续应用决定是否切除标签。检测方法可用 GST 抗体或目标蛋白质的特异性抗体检测。本实验中，亲和层析纯化 GST−融合蛋白后不切除 GST 标签，利用 GST 抗体通过 Western blotting 检测目标蛋白质。

4.9.1　亲和层析纯化 GST 融合蛋白

亲和层析是一种由经典的吸附层析发展而来的分离纯化方法，根据生物分子与其特定的固相化的配基或配体之间具有特异的亲和力而使生物分子得以分离。许多生物分子具有能和某些对应的专一性分子可逆结合的特性(分子间通过某些次级键结合，如范德华力、疏水力、氢键等，在一定条件下可解离)。如酶和底物(包括酶的底物类似物、抑制剂、产物及辅酶等)的结合，特异性的抗体与抗原(包括病毒、细胞)的结合，激素与其受体、载体蛋白质的结合，植物凝集素与淋巴细胞表面抗原及某些多糖的结合，基因与其互补 DNA、mRNA 及阻遏蛋白的结合等，都属于专一性地可逆结合。亲和层析过程中，把具有识别能力的配体(如酶的底物、底物类似物、抑制剂等)共价结合到在含有活化基团的载体上(如 Sepharose 4B)，制成亲和吸附剂。固相化的配体仍保持与特异生物分子(如酶)可逆结合的能力。当待分离的样品溶液流经含有亲和吸附剂的层析柱时，与配体有亲和力的物质被吸附到固定相上，无亲和力或非特异性吸附的物质则被平衡溶液洗涤出来；改变平衡溶液的条件，可使待分离的目标物质从固定相上解离下来。

【实验目的】

通过本实验掌握 GST 融合蛋白的原理和实验方法。

【实验原理】

GST 亲和层析是利用 GST 融合蛋白与固定的 GSH 通过特异亲和力结合，然后通过 GSH 交换洗脱的原理来进行纯化。GSH 通过二硫键与琼脂糖凝胶（Sepharose 4B）结合制成亲和吸附剂后填装层析柱。然后利用 GST 与 GSH 之间酶和底物的特异性作用力使得带 GST 标签的融合蛋白能够与凝胶上的 GSH 结合，从而将带标签的蛋白质与其他蛋白质分离。在一定条件下使用 GSH 洗脱时，GSH 竞争结合融合蛋白从而将目标蛋白质洗脱下来。

【主要器材、试剂和实验材料】

1. 主要器材

基础柱层析系统或 FPLC 系统；离心机和离心管；制冰机；超声仪；层析柱（5mL）。

2. 试剂

（1）磷酸盐缓冲溶液（PBS，pH 7.4）　NaCl 8.0g，KCl 0.2g，KH$_2$PO$_4$ 0.24g，Na$_2$HPO$_4$·12H$_2$O 3.62g，加水溶解，定容到 1 000mL。

（2）50mmol/L Tris-HCl（pH 8.0）　Tris 6.06g 溶于 700mL 水，用 1.0mol/L HCl 调 pH 值到 8.0，用水定容至 1 000mL。

（3）洗脱液　还原型谷胱甘肽 0.15g，溶于 50mL 50mmol/L Tris-HCl（pH 8.0）中。

3. 实验材料

IPTG 诱导后的大肠杆菌菌液（表达 GST 融合蛋白）；GSH-Sepharose 4B 凝胶材料。

【操作步骤】

1. 大肠杆菌细胞的破碎

1 000mL 经 IPTG 诱导后的大肠杆菌菌液，离心分装到 4 只 50mL 离心管，−20℃保存。每管加 40mL PBS 缓冲液，混匀。超声 3s，暂停 5s，持续 15min。4℃ 10 000r/min，离心 10min。每组取 80μL 上清液，作为纯化前的样品（1 号）；每组取 2~3mL 上清液，上柱纯化。

2. 装填层析柱

清洗和安装好层析柱，用塑料滴管加入 5mL 蒸馏水，待水全部流出，关闭层析柱出口，加入 2mL PBS 溶液。取 3mL GSH-Sepharose 4B 混悬液，加入层析柱中，打开层析柱出口，使 PBS 流出，等到液面下降到接近凝胶（白色不透明）顶部时，关闭层析柱出口。

3. 平衡层析柱

缓慢加入 5mL PBS 溶液，打开层析柱出口，待液面下降到接近凝胶顶部时，关闭层析柱出口。重复操作 3 次。

4. 上样

取 2~3mL 样品溶液加到层析柱中，打开层析柱出口，待液面下降到接近凝胶顶部时，关闭层析柱出口。

5. 洗涤杂质

加入 5mL PBS 溶液，打开层析柱出口，等液面下降到接近凝胶顶部时，关闭出口。重复操作 3 次。

6. 洗脱目标蛋白质

加入 1.0mL GSH 洗脱液，打开层析柱出口，用 1.5mL 离心管收集洗脱液，每管收集

0.2mL(3滴)，共收集5管。用SDS-PAGE检测第2、3、4管中的目标蛋白质。

【结果处理】

观察、记录并解释实验现象。

【注意事项】

避免GST变性。GST标签蛋白质可在温和、非变性条件下洗脱，因此保留了目标蛋白质的抗原性和生物活性。在变性条件下，GST会失去对GSH树脂的结合能力，因此不能在纯化缓冲液中加入强变性剂(如盐酸肌或尿素等)，如果蛋白质表达在包涵体中，可复性后再纯化。

【思考题】

亲和层析纯化GST融合蛋白的原理是什么？

4.9.2　SDS-PAGE鉴定GST融合蛋白

【实验目的】

通过本实验学习SDS-PAGE的原理和技术。

【实验原理】

SDS使蛋白质亚基带上大量负电荷，从而消除了蛋白质各种亚基间原有的电荷差异；同时，SDS使亚基的构象均呈长椭圆棒状。因此，各种SDS-蛋白质(或蛋白质亚基)复合物在电场中的迁移速率只受分子质量大小的影响而分离。

【主要器材、试剂和实验材料】

1. 主要器材

台式高速离心机；真空泵；脱色摇床；电泳仪；垂直板电泳槽及附件；微量注射器；烧杯；白瓷盘；移液器。

2. 试剂

(1)10×电极缓冲液(0.25mol/L Tris，1.92mol/L 甘氨酸，10.0g/L SDS，pH 8.3)　Tris 30.3g，甘氨酸144.0g，SDS 10.0g，去离子水溶解后，用HCl调pH值至8.3，定容至1 000mL。用前稀释10倍。

(2)15.0g/L琼脂　1.5g琼脂加1×电极缓冲液100mL，微波炉中溶化。

(3)Acr(0.3g/mL)/Bis(8.0g/L)储备液　Acr 30.0g，Bis 0.8g，水溶后定容至100mL，过滤，冰箱中贮存备用。

(4)4×浓缩胶缓冲液(0.5mol/L Tris-HCl，pH 6.8，4.0g/L SDS)　Tris 6.06g，SDS 0.4g，适量水溶解，然后用1mol/L HCl调pH值至6.8，定容至100mL。

(5)4×分离胶缓冲液(1.5mol/L Tris-HCl，pH 8.8，4.0g/L SDS)　Tris 18.17g，SDS 0.4g，适量水溶解，然后用1mol/L HCl调pH值至8.8，定容至100mL。

(6)0.1g/mL过硫酸铵　过硫酸铵1.00g，加水10mL溶解，现配现用。

(7)5×样品缓冲液(0.5mol/L Tris-HCl pH 8.0，0.1g/mL SDS，50%甘油，25%巯基乙醇)　Tris 6.06g，SDS 10.0g，溶于水，甘油50.0mL，β-巯基乙醇25mL，0.1% 溴酚蓝12.5mL，用HCl调pH值至8.0，定容至100mL，4℃保存。

(8)染色液(2.5g/L考马斯亮蓝R-250)　考马斯亮蓝R-250 2.50g，溶于450mL甲醇及100mL冰醋酸，溶解后定容至1 000mL，过滤备用。

（9）脱色液　甲醇：冰醋酸：水的体积比为 45：1：45。

（10）TEMED（四甲基乙二胺）　原液 4 ℃棕色瓶中保存。

（11）标准相对分子质量蛋白质低分子质量标准蛋白质溶液　包括溶菌酶（14 400）大豆胰蛋白酶抑制剂（215 000）、碳酸酐酶（310 000）、卵白蛋白（450 000）、牛血清白蛋白（662 000）、磷酸化酶 B（925 000），用样品缓冲液配成 2mg/mL 溶液，在沸水浴中加热 3~4min，冷却后使用。

3. 实验材料

GST 融合蛋白纯化前和亲和层析纯化后样品。

【操作步骤】

此实验同时做两块凝胶，一块用于 SDS-PAGE，用考马斯亮蓝 R-250 染色后作对照；另一块用于 Western 杂交分析，不染色。

1. 样品制备

取纯化前和纯化后的样品各 80μL，加入 20μL 5×样品缓冲液，在沸水中加热 3~4min，待冷却后短暂离心（10s）于 4℃保存备用。

2. 电泳槽的安装

将垂直平板电泳槽装好，用 15.0g/L 琼脂趁热灌注于电泳槽平板玻璃的底部，以防漏液。

3. 制胶

（1）12%分离胶的制备（总体积 10mL）　准备 50mL 烧杯，依次加入 Acr（0.3g/mL）/Bis（8.0g/L）4.0mL，pH 8.8 Tris-HCl 缓冲液 2.5mL，ddH$_2$O 3.3mL。混匀后减压抽气 5min。取出后向烧杯中再加 0.1g/mL SDS 0.1mL，0.1g/mL 过硫酸铵 0.1mL，TEMED 4μL，轻轻摇匀后灌入玻璃板中至适当高度（离玻璃板上边缘 3cm，缓慢加入，避免产生气泡），立即覆盖 2~3mm 水层，聚合约 40min。胶聚合好的标志是胶与水之间形成清晰的界面。吸取分离胶面上的水分，将配制好的浓缩胶灌至分离胶上。

（2）5%浓缩胶的制备（总体积 4mL）　另外准备一个 50mL 烧杯，依次 Acr（0.3g/mL）/Bis（8.0g/L）0.66mL，pH 6.8 Tris-HCl 缓冲液 1.0mL，ddH$_2$O 2.3mL。混匀后减压抽气 5min。取出后向烧杯中再加 0.1g/mL SDS 40μL，0.1g/mL 过硫酸铵 40μL，TEMED 4μL。轻轻混匀后灌满玻璃板，迅速插入样品梳，静置聚合。

4. 点样

拔掉样品梳，装好电泳槽，在上、下槽中注入电极缓冲液，用微量注射器点样，每个样品槽点样 20~40μL。标准相对分子质量蛋白质溶液 5μL（Western blotting 分析的凝胶为预染蛋白质 Marker 5μL）预染蛋白质 Marker 5μL 在样品上小心地注入电极缓冲液。

5. 电泳

上槽为负极，下槽为正极，连接好电泳仪电源，调节电流为 15mA，当指示剂进入分离胶后，电流需加大到 30mA，电压恒定在 80~100V。当指示染料溴酚蓝到达凝胶前沿还有 1~2cm 时停止电泳。若 pH 值不发生变化，电极缓冲液可反复使用，但上、下槽电极液应分开贮存，这样可防止在电泳过程中从凝胶中迁移下来的盐离子等物质干扰下次电泳。

6. 染色

剥胶后用蒸馏水洗涤凝胶，浸入染色液中 1h。取出后用蒸馏水漂洗数次。

接着做 Western blotting 实验的凝胶，不需要染色。拆开玻璃板，切除多余凝胶。

7. 脱色

浸入脱色液中振荡脱色，中途更换脱色液数次，至背景清晰透明为止。照相或保存。SDS-PAGE 染色后的凝胶作为 Western blotting 实验的对照，便于分析结果。

【结果处理】

拍照记录电泳结果并分析。

【注意事项】

注意用于 Western 杂交分析的凝胶不能用考马斯亮蓝 R-250 染色。

【思考题】

SDS-PAGE 与 PAGE 的区别是什么？

4.9.3　蛋白质印迹法检测 GST 融合蛋白

蛋白质印迹法即 Western 印迹(Western blotting)，是生物化学、分子生物学和免疫遗传学中常用的一种实验方法。蛋白质印迹法是将电泳技术的高分辨率与免疫探测技术的高灵敏、高专一性结合起来的实验技术。其基本原理是通过特异性抗体对凝胶电泳处理过的蛋白质进行杂交。通过分析杂交信号的位置和强度来获得特定蛋白质在所待分析的细胞或组织中表达的情况。

【实验目的】

通过本实验学习蛋白质印迹法的原理和方法。

【实验原理】

GST 融合蛋白附着于固体基质上，用特异性的兔抗 GST 抗体(一抗)为探针检测目标蛋白质。然后用辣根过氧化物酶标记的羊抗兔抗体(酶联二抗)与第一抗体结合，通过酶促颜色反应观察目标蛋白质的表达情况。酶促显色原理是二氨基联苯胺(3,3-diaminobenzidine，DAB)作为过氧化物酶的底物，在过氧化氢存在下 DAB 失去电子，生成棕褐色沉淀。

【主要器材、试剂和实验材料】

1. 主要器材

半干转移槽(或电泳槽)；电泳仪(大电流)。

2. 试剂

(1)转膜缓冲液(25mmol/L Tris-0.2mol/L 甘氨酸)　Tris 3.03g，甘氨酸 14.4g，10% SDS 3.7mL，甲醇 200mL，定容至 1 000mL，4℃冰箱贮存。

(2)10× Tris 缓冲盐(TBS，0.2mol/L Tris-HCl，pH 7.5，1.5mol/L NaCl)　Tris 24.2g，NaCl 87.7g，溶于 800mL 水，用 HCl 调 pH 值至 7.5，定容至 1 000mL。

(3)TTBS 缓冲液　1 000mL 1×TBS 缓冲液，加入 500μL Tween-20。

(4)封闭液　脱脂奶粉 5.0g 溶于 100mL TTBS 中。

(5)DAB/NiCl 显色液(现配现用)　100mmol/L Tris-HCl(pH 7.5)10mL，DAB 储备液(40mg/mL)200μL，NiCl 溶液(80mg/mL)50μL，30% H_2O_2 30μL。

(6)兔抗 GST 抗体(一抗)　按 1∶1 000 稀释，15mL TTBS 中加入 15μL 抗体。回收后可重复使用。

(7)辣根过氧化物酶标记的羊抗兔 IgG 抗体(二抗)　按照 1∶5 000 稀释，15mL TTBS 中加入 3μL 羊抗兔的第二抗体。回收后可重复使用。

3. 实验材料

硝酸纤维素膜（NC 膜，0.45μm，GST 融合蛋白相对分子质量大于 2×10^4）；亲和层析纯化前后的样品。

【操作步骤】

1. 转膜

①测量凝胶长度和宽度。

②用裁纸刀裁出 12 张与凝胶大小一样的滤纸和 1 张同样大小 NC 膜。

③加 20mL 转膜缓冲液到培养皿中，将凝胶、NC 膜、滤纸浸泡 3~15min。

④按负极-6 层滤纸-凝胶-NC 膜-6 层滤纸-正极安装在转移槽上，各层之间勿留气泡和皱褶。

⑤连接半干转移槽和大电流电泳仪，电压 15V（电流可能会达到 1.5A），电转移 20~30min。或连接电泳槽和电泳仪（湿转膜），电压 30~50V，在 4℃电转移过夜。

2. 封闭

将 NC 膜放在小塑料盒内，加入 10mL 封闭液，平缓摇动 1h（对于背景较高的抗体，可以 4℃封闭过夜）。封闭液中非特异性的蛋白质可填充和覆盖 NC 膜上未吸附目标蛋白质的区域，以避免抗体蛋白质被非特异性地吸附到 NC 膜上，而保证抗体蛋白质只与目标蛋白质特异性结合。回收封闭液，用 10mL TTBS 洗涤 NC 膜 5min，重复 3 次，洗掉过量的奶粉。

3. 杂交

①加入 10mL 一抗溶液（与抗原 GST 融合蛋白结合），室温摇动孵育 1~2h（也可 4℃缓慢摇动过夜）；回收一抗溶液（一抗可以重复使用），加 10mL TTBS 洗涤 NC 膜 5min，重复 3 次。

②加入 10mL 二抗溶液（与一抗结合），室温缓慢摇动孵育 0.5~1h；回收二抗溶液（二抗可以重复使用），加 10mL TTBS 洗涤 NC 膜 5min，重复 3 次。

4. 显色

倒掉 TTBS，加入显色液，摇动显色 5~15min；膜上出现明显条带时倒掉显色液，用蒸馏水漂洗 3min，晾干。

【结果处理】

拍照、记录并分析实验结果。

【注意事项】

1. 转膜时需带手套，避免用手接触滤纸、凝胶和 NC 膜，防止手上的油脂阻断转印。

2. 注意封闭液的封闭。转膜后，NC 膜上的空白位置需要用封闭液封闭，Western blotting 的灵敏度受限于封闭做的好不好。

【思考题】

酶联二抗的显色原理是什么？

4.10　豌豆 BIO 和 ELE1 的蛋白质相互作用检测

在所有生命活动中，蛋白质之间的相互作用是必不可少的，它是细胞进行一切代谢活动的基础。虽然有一些蛋白质可以以单体的形式发挥作用，但是大部分的蛋白质都是和伴侣分子或是与其他蛋白质形成复合体来发挥作用的。BIO 和 ELE1 是控制豆科植物豌豆叶片和花瓣大小及形状的两个关键基因，BIO 和 ELE1 基因分别编码了接头因子和转录调控因子，进一步的分析结果提示 BIO 和 ELE1 可能以复合体的形式调控植物器官发育。

为了更好地理解 BIO-ELE1 蛋白质复合体的功能，这就会涉及蛋白质相互作用的研究。在现代分子生物学中，蛋白质相互作用的研究占有非常重要的地位，包括酵母双杂交实验、蛋白质免疫共沉淀实验、双分子荧光互补实验等。

4.10.1 酵母双杂交实验检测 BIO 和 ELE1 的相互作用

【实验目的】

通过本实验掌握酵母双杂交实验的原理和操作步骤。

【实验原理】

酵母双杂交系统通过激活报告基因的表达探测蛋白质-蛋白质的相互作用。真核生物的转录激活因子含有两个不同的结构域：DNA 结合结构域（BD）和转录激活结构域（AD）。这两个结构域可以独立分开。转录因子的 BD 和 AD 单独作用并不能激活转录反应，只有当二者在空间上充分接近时，才能呈现完整的转录激活因子活性，使下游基因得到转录。

根据这一原理，设计酵母双杂交系统。将蛋白质 X 与蛋白质 Y 分别与 BD 和 AD 结构域构建融合质粒，并将两个质粒转入同一酵母细胞中表达。如果蛋白质 X 和 Y 之间不存在相互作用，则报告基因不会表达；如果蛋白质 X 和 Y 之间存在相互作用，则 BD 与 AD 两个结构域空间上很接近，从而激活报告基因表达。根据判断通过报告基因表达与否，来推断蛋白质 X 和 Y 之间是否存在相互作用。

【主要器材、试剂和实验材料】

1. 主要器材

离心机和离心管；水浴锅；摇床；恒温培养箱；培养皿；微量移液器。

2. 试剂

（1）10× Dropout/-Trp-Leu 溶液　3.2g DO Supplement（-Leu-Trp）溶于 500mL ddH$_2$O 中。

（2）10× Dropout/-Trp-Leu-His-Ade 溶液　3.0g DO Supplement（-Trp-Leu-His-Ade）溶于 500mL ddH$_2$O 中。

（3）0.2% Adenine　0.2g Adenine Hemisulfate Salt 溶于 100mL ddH$_2$O 中，121℃高压灭菌 20min，4℃保存备用。

（4）5mol/L 3-AT　4.202g 3-AT 溶于 10mL ddH$_2$O，温水浴（小于 50℃）溶解，无菌滤器过滤后分装离心管，-20℃保存。

（5）X-α-Gal（20mg/mL）　1.25mg X-α-Gal 溶于 1.25mL DMF 中。

（6）50% PEG 4000　用前抽滤或高压蒸汽灭菌。

（7）100% DMSO。

（8）10× TE　0.1mol/L Tris-HCl（pH 7.5），10mmol/L EDTA，121℃高压蒸汽灭菌。

（9）10× LiAc　1mol/L LiAc，用醋酸调 pH 7.5，121℃高压蒸汽灭菌。

（10）40%葡萄糖溶液　按 50mL/瓶分装。121℃高压灭菌 15min，室温放置，备用。

（11）YPDA 液体培养基　YPD 15.0g，0.2% Adenine 4.5mL，加 ddH$_2$O 定容到 300mL，121℃灭菌 15min。

（12）SD/-Trp-Leu 固体培养基　SD Agar Base 4.67g，10×Dropout 溶液（-Leu-Trp）

10.0mL，加 ddH$_2$O 定容到 100mL，121℃灭菌 15 min。

（13）SD/-Trp-Leu-His-Ade/3-AT/X-α-Gal 固体培养基 SD Agar Base 4.67g，10× Dropout 溶液（-Leu-Trp-His-Ade）10.0mL，加 ddH$_2$O 定容到 100mL，121℃灭菌 15min，冷却到 50℃加入适量 5mol/L 3-AT（至终浓度 15mmol/L）和 100μL X-α-Gal。

（14）PCR 加 A 体系 3μL PCR 回收产物，1μL 10× Taq 酶 buffer，1μL 2mmol/L dATP，4μL ddH$_2$O，1μL 5U/μL Taq 酶。

（15）引物序列

BIO-F1：CATATGATGCCGCGGCCAGGGCCAAG。

BIO-R1：GGATCCCTACGAACCTGGCCTACCAGTAAAA。

ELE1-F1：CATATGATGAACGCCGGAGCCACCGTC。

ELE1-R1：GGATCCTTAGCATTCTTGAACATCTTTATCA。

（16）鲑鱼精 Carrier DNA（10mg/mL） 新配制时水浴煮沸 20min，立即插入冰浴，保存于-20℃。

3. 实验材料

生长 2 周的豌豆幼苗（提取 RNA，反转录成 cDNA）。

【操作步骤】

1. BIO-AD、BIO-BD 和 ELE1-AD、ELE1-BD 质粒构建

首先利用引物 BIO-F1/R1、ELE1-F1/R1 扩增豌豆 cDNA，PCR 产物回收加 A（在 0.2mL 离心管中分别加入：3μL PCR 回收产物，1μL 10× Taq 酶 buffer，1μL 2mmol/L dATP，4μL ddH$_2$O，1μL 5U/μL Taq 酶；72℃，反应 30min）后，连接到 pBS-T 载体，转化大肠杆菌鉴定阳性克隆，提取质粒 DNA，经过测序验证后，*Nde*I/*Bam*HI 双酶切质粒及酵母杂交载体 pGBKT7 和 pGADT7，回收目的片段后进行连接化，转化大肠杆菌鉴定阳性克隆，抽提质粒 DNA 备用。

2. 酵母感受态细胞制备

①从已经鉴定的 AH109 菌株中，用牙签刮取直径大于 2mm 的单克隆，接种至 3mL 液体 YPDA 培养基中，充分涡旋 5min 使细胞完全悬浮扩散。于 30℃ 250r/min 摇床培养过夜培养（8~12h）。

②在 250mL 锥形瓶中，取 10μL 菌液接种到 50mL 液体 YPDA 培养基中，于 30℃ 250r/min 摇床培养（16~20h）使酵母生长到 OD_{600} 在 0.15~0.3。

③将上述菌液转接到 100mL 液体 YPDA 培养基中，于 30℃ 250r/min 摇床培养，至 OD_{600} 为 0.4~0.6。

④于 4℃ 3 500r/min 离心 5min，弃上清，沉淀用 50mL 无菌水重悬。

⑤离心弃上清液，重复洗涤一次。

⑥弃上清液，沉淀用 3mL 1× TE/LiAc 重悬，即为酵母感受态细胞。

3. PEG/LiAc 法转化酵母细胞

①准备下列试剂：

1× TE/LiAc：1.5mL（150μL 10× TE，150μL 10× LiAc，1.2mL ddH$_2$O）。

1× PEG/LiAc：2.0mL（200μl 50% PEG，200μL 10× LiAc，1.60mL ddH$_2$O）。

1× TE：1.0mL（100μL 10× TE，900μL ddH$_2$O）。

②分装待转化的质粒 DNA：

实验组：pGADT7-ELE1+pGBKT7-BIO 和 pGADT7-BIO+pGBKT7-ELE1。

阳性对照：pGADT7-T+pGBKT53。

阴性对照：pGADT7-T+pGBKT7-lam。

取无菌 1.5mL 离心管，按顺序加入如下转化体系：

鲑鱼精 Carrier DNA	5μL
ELE1-AD 质粒/空载体质粒 DNA	2~5μL(200ng)
BIO-BD 质粒/空载体质粒 DNA	2~5μL(200ng)
酵母 AH109 感受态细胞	100μL
PEG/LiAc	500μL

③剧烈振荡混匀(提高转化效率)，于30℃ 200r/min 振荡培养 30min。

④各加入 70μL DMSO，缓缓倒置混匀(不能振荡)，42℃水浴热休克 15min，迅速插入冰浴冷却 2min。

⑤室温 12 000r/min 离心 5s，尽量弃尽上清液，每管各取 0.1mL 1× TE 重悬沉淀细胞，涂布 SD/-Trp-Leu 固体培养平板，30℃倒置培养 3~5d。

⑥挑取菌落点种于 SD/-Trp-Leu-His-Ade/3-AT/X-α-Gal 平板，30℃倒置培养 2~5d。

【结果处理】

观察培养平板菌落生长情况。实验组菌落若无生长，说明蛋白间无相互作用；实验组菌落若生长且变蓝，说明蛋白有相互作用。

【注意事项】

1. 注意超净台内无菌操作，避免杂菌污染。

2. 实验过程中一定要有阳性对照和阴性对照。

【思考题】

1. 酵母双杂交的检测原理是什么？

2. 如何判断酵母双杂交实验中的假阳性？

4.10.2 双子分子荧光互补实验检测 BIO 和 ELE1 的相互作用

【实验目的】

通过本实验掌握双子分子荧光互补实验的原理和操作步骤。

【实验原理】

双分子荧光互补技术本质上是一种蛋白质片段互补技术，是将荧光蛋白多肽链在某些不保守的氨基酸处切开，形成不发荧光的 N 和 C 末端两个多肽片段。将这两个荧光蛋白质片段分别连接到蛋白质 X 和 Y 上，在细胞内共表达这两个融合蛋白时，由于 X 和 Y 的相互作用，荧光蛋白质的两个片段在空间上互相靠近互补，重新构建成具有活性的荧光蛋白质分子，从而产生荧光。

【主要器材、试剂和实验材料】

1. 主要器材

PCR 仪；荧光显微镜。

2. 试剂

（1）PCR 引物

BIO-F3：CCGCTCGAGCATGCCGCGGCCAGGGCCAAG。

BIO-R3：CGCGGATCCCCGAACCTGGCCTACCAGTAA。

ELE1-F3：TCCGAGCTCAATGAACGCCGGAGCCACCG。

ELE1-R3：CGCGGATCCCGCATTCTTGAACATCTTTATC。

（2）PEG 4000 溶液　PEG 4000 1g，1mol/L CaCl$_2$，0.25mL 甘露醇，0.625mL ddH$_2$O，0.75mL（溶液现配现用，每个样品需要 0.1mL）。

（3）纤维素酶解液试剂 15mL 酶液体系　0.225g 纤维素酶干粉，0.045g 果胶酶干粉，1.09g 甘露醇干粉，1mL 0.3mol/L KCl，1mL 0.3mol/L MES，pH 5.7，加水 10mL，55℃ 水浴加热 10min，冷却至室温后加入以下试剂：1mL 0.15mol/L CaCl$_2$，1mL 1.5% BSA，1mL 75mmol/L β-巯基乙醇，用 0.45μm 滤膜过滤后即可使用。

（4）W5 溶液　NaCl 9g，CaCl$_2$·H$_2$O 18.4g，KCl 0.37g，葡萄糖 0.9g，MES 0.3g 定容至 1 000mL，1mol/L KOH 调 pH 值至 5.8，高温高压灭菌 20min，室温保存。

（5）MMG 溶液（500mL）　MgCl 0.71g，MES 0.5g，甘露醇 36.5g，用 1mol/L KOH 调 pH 值至 5.6，高温高压灭菌 20 min，室温保存。

（6）PCR 加 A 体系　3μL PCR 回收产物，1μL 10× Taq 酶 buffer，1μL 2mmol/L dATP，4μL ddH$_2$O，1μL 5U/μL Taq 酶。

3. 实验材料

生长 2 周的豌豆幼苗叶片。

【操作步骤】

1. 质粒制备

首先利用引物 BIO-F3/R3、ELE1-F3/R3 扩增豌豆 cDNA，PCR 产物回收加 A（72℃，反应 30min）连接到 pBS-T 载体，转化大肠杆菌鉴定阳性克隆，提取质粒 DNA，经过测序验证后，*Xho*I/*Bam*HI（BIO）、*Sac*I/*Bam*HI（ELE1）双酶切质粒及 pSAT-nYFP 和 pSAT-cYFP 载体，回收目的片段后进行连接化，转化大肠杆菌鉴定阳性克隆，提取质粒 DNA 备用。

2. 农杆菌 EHA105 转化

①将 EHA105 感受态细胞置于冰上融解。

②加入 1~2μg 质粒，轻柔混匀后冰上放置 45min，液氮中速冻 1min，37℃ 水浴中放置 3min，加入 600μL LB 液体培养基，于 28℃，200r/min 摇床振荡培养 3h，取 200μL 培养物涂布于 Kan$^+$ LB 固体培养基，28℃ 倒置培养。

③2d 后挑取单克隆进行菌落 PCR 鉴定。

④挑取阳性克隆接种至 5mL LB（Kan$^+$）液体培养基，28℃，180r/min 摇菌过夜。

⑤对过夜培养物进行 PCR 鉴定，并保存菌株。

3. 原生质体的制备

①配制酶解液，准备 55℃ 水浴锅，用 50mL 的离心管配制 15mL 酶解液。先在管子里加 ddH$_2$O、KCl、MES，再称量纤维素酶和离析酶溶于离心管中，混匀后放置在 55℃ 水浴锅加热 10min，冷却后再加入 BSA 和 CaCl$_2$，加水补齐后用 0.45μm 滤膜过滤备用。

②选取新鲜的植物材料，生长 2~4 周的豌豆叶片较好，用"三明治法"撕去下表皮，

尽量多的露出叶肉细胞并迅速将其置于酶解液中，最后将培养皿用锡箔纸盖上，黑暗条件下静置酶解 3h。

③将酶解液用 70μm 孔径的尼龙筛过滤到 14mL 圆底离心管中，并加入等量 W5 溶液（注意提前从冰箱拿出来恢复至室温）。

④水平转子 100~200r/min 室温下离心 5min，尽量去除上清。

⑤轻弹管底重悬原生质体，再加入 10mL W5 溶液，轻轻混匀后 100~200r/min 离心 5min。尽量去除上清。

⑥轻弹管底重悬原生质体，加 4~8mL W5 溶液，混匀置于冰上 30min，此时可计数。

⑦100~200r/min 离心 3min 后，加 2~4mL MMG 溶液，置于室温，准备转化。

4. 原生质体转化

①提前准备好质粒和 40% PEG 溶液，质粒浓度至少 1μg/μL。

②至少加 10μg 质粒于 2mL 的圆底离心管中，然后加 100μL 原生质体，轻弹管底混匀后加入 110μL 40% PEG 溶液并混匀，室温放置 5min。

③加入 440μL 的 W5 溶液并轻轻颠倒混匀，100~200r/min 离心 3min。

④尽量吸干净上清，加入 50μL 的 W5 于离心管中并轻弹混匀，加入细胞培养板中，轻摇混匀。

⑤用锡箔纸盖上培养皿，黑暗培养 12~6h 后离心收集细胞，吸取上清留 100μL 左右。

5. 荧光显微镜观察 BIO 和 ELE1 的相互作用。

【结果处理】

拍照记录并解释实验现象。

【注意事项】

1. 选取新鲜的生长良好的植物材料准备原生质体。

2. 原生质体转化时，质粒浓度至少 1μg/μL，最好将质粒浓度调到一致。

【思考题】

1. 双子分子荧光互补实验其原理是什么？

2. 比较几种常用的检测蛋白质相互作用的实验方法的优点和缺点？

4.10.3 免疫共沉淀检测 BIO 和 ELE1 的相互作用

【实验目的】

通过本实验掌握蛋白质免疫共沉淀的原理和方法。

【实验原理】

免疫共沉淀（CoIP）是以抗体和抗原之间的专一性作用为基础的用于研究蛋白质相互作用的方法，是确定两种蛋白质在完整细胞内相互作用的有效方法。其原理是：当细胞在非变性条件下被裂解时，细胞内存在的许多蛋白质-蛋白质间的相互作用被保留了下来。如果用蛋白质 X 的抗体免疫沉淀 X，那么与 X 在体内结合的蛋白质 Y 也被能沉淀下来。这种方法常用于测定两种目标蛋白质是否在体内结合，也可用鉴定某个大的蛋白复合物的组分。

【主要器材、试剂和实验材料】

1. 主要器材

同 4.10.1 及 4.10.2 实验。

2. 试剂

（1）裂解缓冲液　50mmol/L HEPS（pH 7.5），100mmol/L NaCl，10mmol/L EDTA（pH 8.0），0.2% Nonidet P-40，10%甘油，1% PVPP，2mmol/L DTT，1× Complete Protease Inhibitor Cocktail。

（2）清洗缓冲液　50mmol/L HEPS（pH 7.5），200mmol/L NaCl，10mmol/L EDTA（pH 8.0），0.1% Nonidet P-40，10%甘油。

（3）10× TBST 溶液（pH 7.6）　Tris-碱 24.2g/L，NaCl 80g/L，Tween 20 10mL/L。

（4）引物

BIO-F2：ggatccATGCCGCGGCCAGGGCCAAG。

BIO-R2：actagtCGAACCTGGCCTACCAGTAAAACGA。

ELE1-F2：cccgggATGAACGCCGGAGCCACCGT。

ELE1-R2：actagtGCATTCTTGAACATCTTTATCATTC。

（5）PCR 加 A 体系　3μL PCR 回收产物，1μL 10× Taq 酶 buffer，1μL 2mmol/L dATP，4μL ddH$_2$O，1μL 5U/μL Taq 酶。

3. 实验材料

生长 2 周的本氏烟草（*Nicotiana benthamiana*）幼苗。

【实验步骤】

1. BIO-HA 和 ELE1-FLAG 质粒构建

①首先利用引物 BIO-F2/R2、ELE1-F2/R2 扩增豌豆 cDNA，PCR 产物回收加 A（72℃ 反应 30min）连接到 pBS-T 载体。

②转化大肠杆菌鉴定阳性克隆，抽提质粒 DNA。

③经过测序验证后，*Bam*HI/*Spe*I（BIO）、*Sma*I/*Spe*I（ELE1）双酶切质粒及 PHB-HA 和 PHB-FLAG 载体，回收目的片段后进行连接化。

④转化大肠杆菌鉴定阳性克隆，提取质粒 DNA 备用。

2. 根癌农杆菌 EHA105 感受态细胞的制备

①挑取 EHA105 单克隆接种于 10mL 无抗 LB 液体培养基，28℃，180r/min 摇菌过夜。

②取 5mL 培养物接种到 500mL LB 液体培养基中，28℃，180r/min 摇菌约 6h，OD_{600} 约为 0.5，培养物冰浴 10min。

③4℃ 4 500r/min 离心收集菌体，弃上清，加入 20mL 预冷的 0.1mol/L CaCl$_2$ 溶液悬浮沉淀，冰上放置 10min。

④重复步骤③2 次。

⑤4℃ 4 500r/min 离心并弃上清，加入 5mL 预冷的 0.1mol/L CaCl$_2$ 溶液悬浮沉淀，再加入预冷的无菌甘油至终浓度为 20%，每个离心管分装成 100μL，在液氮中速冻，置于 -70℃保存。

3. 农杆菌转化

①将 EHA105 感受态细胞置于冰上融解。

②加入 1~2μg 质粒，轻柔混匀后冰上放置 45min，液氮中速冻 1min，37℃水浴中放置 3min，加入 600μL LB 液体培养基，28℃，200r/min 振荡培养 3h，取 200μL 培养物涂布于 Kan$^+$ LB 固体培养基，28℃倒置培养。

③2d 后挑取单克隆进行菌落 PCR 鉴定。

④挑取阳性克隆接种至 5mL LB(Kan⁺)液体培养基，28℃，180r/min 摇菌过夜。

⑤对过夜培养物进行 PCR 鉴定，并保存菌株。

4. 根癌农杆菌的注射及根癌农杆菌介导的蛋白质表达

①分别取 50μL 保存的菌液(p19、PHB-BIO-FLAG、PHB-ELE1-HA)接种至 20mL LB(Kan⁺)液体培养基，28℃ 180r/min 摇菌过夜。

②于 4℃ 3 500r/min 离心 5min 收集菌体。

③用 1× 烟草瞬时转化缓冲液重悬菌体至 $OD_{600}=0.8\sim1.2$。

④按照 1∶1∶1 比例混合菌液，室温静置 90min。

⑤将一片完整健康的烟草叶片平分成 3 等份，分别注射 p19+PHB-BIO-FLAG、p19+PHB-ELE1-HA、p19+PHB-BIO-FLAG + PHB-ELE1-HA，避免交叉污染(每注射完一个样品及时擦干)。

⑥接种后 72h 后，收集烟草材料。对烟草叶片进行称重，按 0.15g/1.5mL 离心管进行分装，对来自同一叶片的 3 种材料进行标记。将收集好的烟草材料于液氮中速冻，置于 -70℃ 保存备用。

5. 蛋白提取和免疫共沉淀

①将 -80℃ 保存的材料(0.15g/1.5mL 离心管)在液氮中充分研磨，并加入 1.5mL 裂解缓冲液和 3μL 1mol/L DTT(终浓度为 2mmol/L)，混匀，冰上放置 15min。

②4℃ 12 000r/min 离心 15min，吸取上清，取上清置于新的 1.5mL 离心管中。

③4℃ 12 000r/min 离心 15min，取上清并用 0.45μm 滤膜过滤(留取 30~50μL 上清作为 input，并加入等体积 SDS 上样缓冲液，SDS-PAGE 作为对照)。

④将 1mL 清洗缓冲液加入约 15μL anti-HA-tag magnetic beads 或 anti-FLAG-tag magnetic beads 中，颠倒混匀，于 4℃ 3 500r/min 离心 30s，小心吸去上清，平衡 beads。

⑤将经过滤的蛋白质上清加入预平衡的 anti-HA-tag magnetic beads 或 anti-FLAG-tag magnetic beads 中约 15μL，颠倒混匀，4℃ 孵育 3h。

⑥4℃ 13 000r/min 离心 15s，用枪头吸去 Co-IP 反应液。

⑦加入 1mL 清洗缓冲液，然后 4℃ 13 000r/min 离心 15s，清洗珠子 4 次。最后将管中液体吸干净。

⑧加入 30μL 2× 上样缓冲液重悬沉淀。

⑨将 input 和 IP 样品沸水浴煮 5min，冰浴 2min，12 000r/min 离心 2min。

⑩点样，SDS-PAGE 后，Western blotting 检测。

6. Western blotting 检测

①将电泳完毕的凝胶去除浓缩胶后，放入 1× 转移缓冲液平衡 5min。

②剪取与凝胶大小相等的 PVDF 膜做好标记后，用甲醇预处理 10s，并放入 1× 转移缓冲液平衡 5min。

③转膜：将平衡好的凝胶和 PVDF 膜按负极-海绵-滤纸-凝胶-PVDF 膜-滤纸-海绵-正极的顺序放好，用转膜夹夹好，放入转膜槽，转膜电压为 9V，过夜。

④封闭：小心将转移膜取出，正面朝上，加入适量封闭液(1× TBST 配制的 5% 脱脂奶粉)，室温封闭 1h(脱脂奶粉现配现用，必须溶解完全)。

⑤用 1× TBST 缓冲液洗涤 5min，洗涤 3 次。

⑥一抗孵育 3h。将 anti-HA 和 anti-FLAG 一抗按 1∶1 000 分别溶于 10mL 封闭液，并

按 1∶1 000 加入叠氮化钠，混匀后，加在 PVDF 膜上，4℃孵育 3h 或过夜(一抗可重复利用 3~5 次)。

⑦用 1× TBST 缓冲液洗涤 5min，洗涤 4 次。

⑧二抗孵育 1h：将羊抗鼠 IgG 抗体按 1∶10 000 溶于 10mL 封闭液，混匀后，加在 PVDF 膜上，室温孵育 1h。

⑨用 1× TBST 缓冲液洗涤 5min，洗涤 4 次。

⑩将 PVDF 膜放在吸水纸上晾干，正面朝上，放置在保鲜膜上，加入荧光底物，室温反应 5min(反应时注意控制时间，尽量保证膜始终浸泡于反应液中)。

⑪将 PVDF 膜晾干后用保鲜膜包好，放入暗盒，在暗室中曝光、显影、定影，将底片在自来水下冲洗干净后，烘干，保存，分析结果。

【结果处理】

根据 Western blotting 检测结果，判断蛋白质间是否存在相互作用。

【注意事项】

1. 将烟草注射农杆菌菌液时，避免交叉污染，每注射完一个样品及时擦干。

2. 转膜时，凝胶放置平整，避免产生气泡，膜和凝胶都需做好标记，注意方向和顺序。由于转膜过程中会产热，需要将转膜仪置于4℃或使其处于冰浴状态。实验所需试剂，耗材需要提前预冷。

【思考题】

蛋白质免疫共沉淀的原理?

参考文献

伯吉斯 R R, 2017. 蛋白质纯化指南[M]. 北京：科学出版社.

陈钧辉, 李俊, 张太平, 等, 2008. 生物化学实验[M]. 4 版. 北京：科学出版社.

陈鹏, 2018. 生物化学实验技术[M]. 2 版. 北京：高等教育出版社.

陈毓荃, 2002. 生物化学实验方法和技术[M]. 北京：科学出版社.

丁益, 2012. 生化分析技术实验[M]. 北京：科学出版社.

郭陈刚, 2014. 等电聚焦理论、方法研究及其应用[D]. 上海：上海交通大学.

郭立安, 2020. 生物工程下游技术[M]. 3 版. 北京：化学工业出版社.

郭尧君, 1999. 蛋白质电泳实验技术[M]. 北京：科学出版社.

郭勇, 2005. 现代生物技术[M]. 北京：科学出版社.

李述刚, 邱宁, 耿放, 2019. 食品蛋白质科学与技术[M]. 北京：科学出版社.

李维平, 2013. 蛋白质工程[M]. 北京：科学出版社.

李玉花, 2011. 蛋白质分析实验技术指南[M]. 北京：高等教育出版社.

吕宪禹, 2010. 蛋白质纯化实验方案与应用[M]. 北京：化学工业出版社.

马歇克 D R, 门永 J T, 布格斯 R R, 等, 1999. 蛋白质纯化与鉴定实验指南[M]. 朱厚础, 译. 北京：
科学出版社.

彭小清, 2021. 蛋白质网络建模及预测[M]. 3 版. 北京：电子工业出版社.

钱小红, 2018. 蛋白质组学与精准医学[M]. 上海：上海交通大学出版社.

萨姆布鲁克 J, 拉塞尔 D W, 2016. 分子克隆实验指南（下册）[M]. 3 版. 黄培堂, 等译. 北京：科学出版
社.

宋德伟, 董方霆, 张养军, 2020. 色谱在生命科学中的应用[M]. 2 版. 北京：化学工业出版社.

谭天伟, 2012. 生物分离技术[M]. 北京：化学工业出版社.

田亚平, 周楠迪, 夏海锋, 2020. 生化分离原理与技术[M]. 2 版. 北京：化学工业出版社.

汪家政, 范明, 2002. 蛋白质技术手册[M]. 北京：科学出版社.

汪少芸, 2016. 蛋白质纯化与分析技术[M]. 北京：中国轻工业出版社.

汪世华, 2017. 蛋白质工程[M]. 北京：科学出版社.

王关林, 方宏筠, 2016. 植物基因工程实验技术指南[M]. 2 版. 北京：科学出版社.

王镜岩, 朱圣庚, 徐长法, 2008. 生物化学教程[M]. 3 版. 北京：高等教育出版社.

王克夷, 2007. 蛋白质导论[M]. 北京：科学出版社.

王廷华, 张云辉, 邹晓莉, 2013. 蛋白质理论与技术[M]. 北京：科学出版社.

王学奎, 黄见良, 2015. 植物生理生化实验原理和技术[M]. 3 版. 北京：高等教育出版社.

王雪燕, 2016. 蛋白质化学及其应用[M]. 北京：中国纺织出版社.

王永芬, 2010. 生物技术综合实训教程[M]. 北京：化学工业出版社.

威尔金斯 M R, 阿佩尔 R D, 威廉斯 K L, 等, 2010. 蛋白质组学研究——概念、技术及应用[M]. 2 版.
张丽华, 梁振, 张玉奎, 等译. 北京：科学出版社.

魏开华, 应天翼, 2010. 蛋白质组学实验技术精编[M]. 北京：高等教育出版社.

夏其昌, 曾嵘, 2004. 蛋白质化学与蛋白质组学[M]. 北京：科学出版社.

严真, 张英起, 2007. 蛋白质研究技术[M]. 西安：第四军医大学出版社.

杨建雄, 2009. 生物化学与分子生物学实验技术教程[M]. 2 版. 北京：科学出版社.

叶正华，郭季芳，孙大业，1990. 应用磷酸二酯酶定量测定植物钙调素[J]. 植物生理学通讯(1)：54-58.

余冰宾，2004. 生物化学实验指导[M]. 北京：清华大学出版社.

张艳贞，宣劲松，2013. 蛋白质科学——理论、技术与应用[M]. 北京：北京大学出版社.

赵永芳，2015. 生物化学技术原理及应用[M]. 5版. 北京：科学出版社.

郑海金，胡建成，陈鑫阳，等，1994. 植物钙调素的分离纯化及其特性研究[J]. 兰州大学学报(自然科学版)，30(3)：97-101.

中国科学院上海植物生理研究所，1999. 现代植物生理学实验指南[M]. 北京：科学出版社.

AMERSHAM PHARMACIA BIOTECH, 2001. Handbooks from amersham pharmacia biotech[M]. Sweden：Amersham Pharmacia Biotech Company.

BERG J M, TYMOCZKO J L, GATTO G J, et al, 2012. Biochemistry[M]. 8th edition. New York：W. H. Freeman & Company.

BRANDEN C I, TOOZE J, 2012. Introduction to protein structure[M]. UK：Garland Science.

HARRISON R, 2019. Protein purification process engineering[M]. UK：Routledge of Taylor & Francis.

JANSON J C, 2012. Protein purification：principles, high resolution methods, and applications[M]. Hoboken：John Wiley & Sons Inc.

PAIN R H, 2000. Mechanisms of protein folding[M]. Oxford：Oxford University Press.

PATIL G, KUMAR R R, RANJAN T, 2018. Plant biotechnology (Protein purification：Science and technology)[M]. Canada：Apple Acad Press Inc.

PHILIP B, 2018. Protein purification[M]. 2nd edition. UK：Garland Science.

SCOPES R K, 2013. Protein purification：principles and practice[M]. Berlin：Springer Science & Business Media.

附　录

附录 1　常用缓冲溶液的配制方法

附录 2　硫酸铵饱和度的常用表

附录 3　层析法常用数据表及凝胶材料性质

附录 4　常见蛋白质数据表

附录 5　常用蛋白酶抑制剂